高职高专"十三五"规划教材

《Visual FoxPro程序设计》
实训与上机指导

主　编　　邓阿琴　尹迎菊

副主编　　龚　静　邓晨曦　胡平霞　李安民

　　　　　李婷妤　李英杰　胡　灿　李合军

参　编　　拖洪华　邓金国　曾　斯　曾　莉

　　　　　王　晟　尹　婷　卢华灯　吴　翔

　　　　　李春媚　赵思佳

西安电子科技大学出版社

内 容 简 介

　　本书是与《Visual FoxPro 程序设计》配套使用的实验教材，主要包括两篇，第一篇为实验篇，作为教材配套的上机实验指导，涵盖了《Visual FoxPro 程序设计》教材的全部上机操作内容，可作为学生上机实验操作指南；第二篇为考级篇，包括 10 套完整的二级无纸化考试模拟考试题及解题分析，给读者提供了数据库开发的基础知识和考级模拟操作练习。

　　本书既可以作为高等院校、职业院校、成人教育各专业的实验指导教材，也可作为学生参加全国计算机等级考试的复习资料。

图书在版编目(CIP)数据

《Visual FoxPro 程序设计》实训与上机指导/邓阿琴，尹迎菊主编.
—西安：西安电子科技大学出版社，2015.2(2019.1 重印)
高职高专"十三五"规划教材
ISBN 978-7-5606-3677-1

Ⅰ. ① Ⅴ… Ⅱ. ① 邓… ② 尹… Ⅲ. ① 关系数据库系统—程序设计—高等职业教育—教学参考资料 Ⅳ. ① TP311.138

中国版本图书馆 CIP 数据核字(2015)第 032229 号

策　　划　杨丕勇
责任编辑　杨丕勇　伍　娇
出版发行　西安电子科技大学出版社(西安市太白南路 2 号)
电　　话　(029)88242885　88201467　　　邮　　编　710071
网　　址　www.xduph.com　　　　　电子邮箱　xdupfxb001@163.com
经　　销　新华书店
印刷单位　陕西天意印务有限责任公司
版　　次　2015 年 2 月第 1 版　　2019 年 1 月第 5 次印刷
开　　本　787 毫米×1092 毫米　1/16　　印　张　16
字　　数　379 千字
印　　数　18 001～22 000 册
定　　价　36.00 元
ISBN　978-7-5606-3677-1/TP
XDUP　3969001-5
如有印装问题可调换

前　言

本书是与《Visual FoxPro 程序设计》(西安电子科技大学出版社)配套使用的实验教材，是对《Visual FoxPro 程序设计》教材的进一步充实和完善，主要包括两个部分的内容。

一、实验篇。由十个模块共 27 个上机实验任务和 1 个上机实训任务组成，涵盖了《Visual FoxPro 程序设计》教材的全部上机操作内容，可作为 Visual FoxPro 的上机实验操作指南。每个任务力求做到步骤清晰，可操作性强，突出应用，注重提高动手和应用能力，同时结合了计算机等级考试题型。通过有针对性的上机实验，可以进一步熟悉和掌握 Visual FoxPro 程序设计的方法，进而逐步掌握数据库应用系统的开发，培养解决实际问题的能力。建议读者在实验前要复习好实验中可能要用到的相关知识，实验后写出实验报告，这样才能收到更理想的实验效果。

二、考级篇。考虑读者参加全国计算机等级考试的需要，根据 2013 版全国计算机等级考试考试大纲的要求，作者组织了 10 套针对性很强的最新无纸化上机模拟试题。每套试题包括选择题、基本操作题、简单应用题和综合应用题，知识涉及面广，对动手操作能力要求高。为此，本书对每套上机试题都作了解题分析，并给出了详细的操作步骤和程序运行界面，是读者参加全国计算机等级考试进行自我测试的很好资料。建议读者认真完成这部分的模拟试题测试，对自己会有很大的提高。

本书集实验、模拟试题于一体，各部分内容力求做到条理清晰，内容丰富，重点突出，同时注重实用性，讲究实效。本书内容全面且相对独立，可以和其他类似教材配合使用。同时，对于非计算机专业学生参加全国计算机等级考试，本书也是一本很好的复习资料。本书中提及的下载资源可登录出版社网站免费下载。

本书由湖南环境生物职业技术学院邓阿琴、尹迎菊主编，龚静、邓晨曦、胡平霞、李安民、李婷妤、李英杰、胡灿、李合军任副主编，拖洪华、邓金国、曾斯、曾莉、王晟、尹婷、卢华灯、吴翔、李春媚、赵思佳等老师为本书的编写做了许多有益的工作，在此一并表示感谢。

由于编者水平有限，书中错误和不足之处在所难免，敬请读者批评指正。

编　者

2014 年 12 月

目　　录

实　验　篇

考 级 篇

实　验　篇

　　Visual FoxPro 程序设计是一门实践性非常强的课程，除了要求掌握 Visual FoxPro 程序设计的方法外，还必须具备一定的应用开发能力和较强的动手能力，只有这样才能真正解决所遇到的实际问题。因此学习 Visual FoxPro 程序设计，上机实验就显得十分重要。

　　上机实验操作，对于熟悉 Visual FoxPro 系统的功能，提高数据库应用开发水平，增强动手操作能力无疑具有十分重要的作用。为了方便读者上机练习，根据教材不同章节的教学内容，对于每一章节，本篇都设计了与之相关的上机实验任务，共计 27 个实验任务，每个任务分基础练习与拓展练习，具有较强的针对性和实用性。

模块一 数据库系统基础

任务 1 Visual FoxPro 6.0 使用初步

任务目标

(1) 了解 Visual FoxPro 6.0 的运行环境。
(2) 掌握 Visual FoxPro 6.0 的安装。
(3) 学会 Visual FoxPro 6.0 的启动与退出。
(4) 掌握 Visual FoxPro 6.0 的环境配置。

任务内容

(1) 安装 Visual FoxPro 6.0。
(2) 用多种方法启动与退出 Visual FoxPro 6.0。
(3) 用多种方法显示与隐藏命令窗口。
(4) 使用"选项"对话框配置 Visual FoxPro 6.0 的系统环境，包括设置日期和时间的显示方式、设置默认目录和搜索路径。

操作步骤

1. 安装 Visual FoxPro 6.0

(1) 在网络上下载一个 Visual FoxPro 6.0 安装文件，如图 1-1-1 所示。
(2) 对 Microsoft Visual FoxPro 6.0 .rar 文件解压缩，如图 1-1-2 所示。

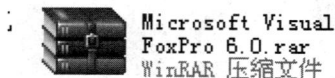

图 1-1-1 Visual FoxPro 6.0 压缩文件

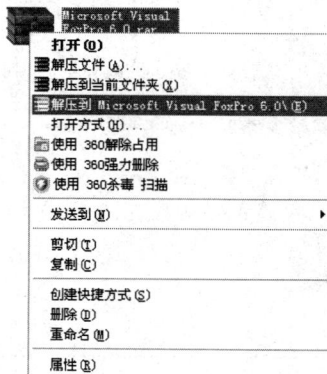

图 1-1-2 解压缩文件

（3）解压缩后，找到 Microsoft Visual FoxPro 6.0 目录下的 **SETUP.EXE** 文件，双击该文件运行，如图 1-1-3 所示。

图 1-1-3　运行 setup.exe 文件

（4）进入安装向导，点击"下一步"按钮，如图 1-1-4 所示。

（5）选择"接受协议"，点击"下一步"按钮，如图 1-1-5 所示。

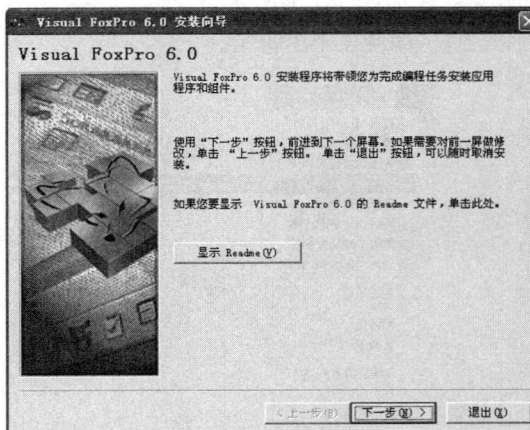

图 1-1-4　进入安装向导

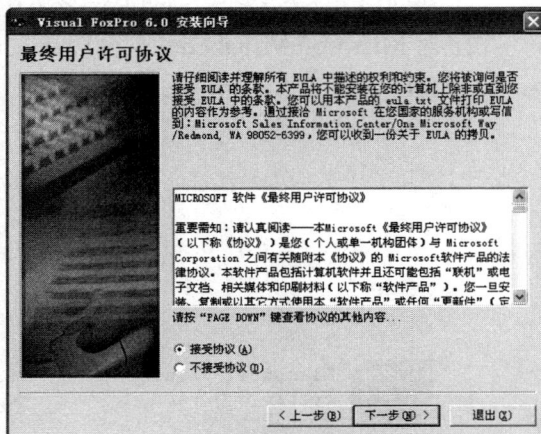

图 1-1-5　接受协议

(6) 输入产品 ID 号：全部为"1"，然后输入姓名和公司名称，再点击"下一步"按钮，如图 1-1-6 所示。

(7) 选择安装目录，如果想改变安装目录，点击"浏览"按钮。设置好安装目录后，再点击"下一步"按钮，如图 1-1-7 所示。

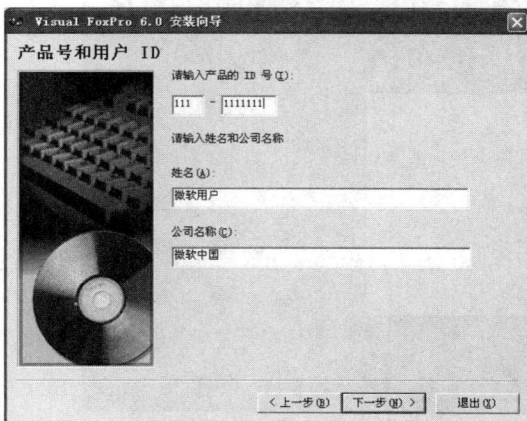

图 1-1-6 输入 ID 号　　　　　　图 1-1-7 选择安装目录

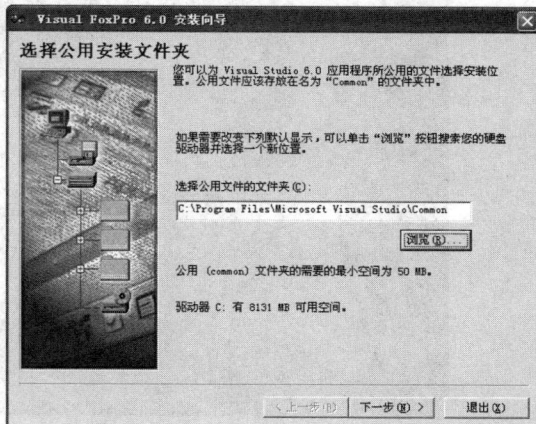

(8) 进入 Visual FoxPro 6.0 安装程序界面，点击"继续"按钮，如图 1-1-8 所示。

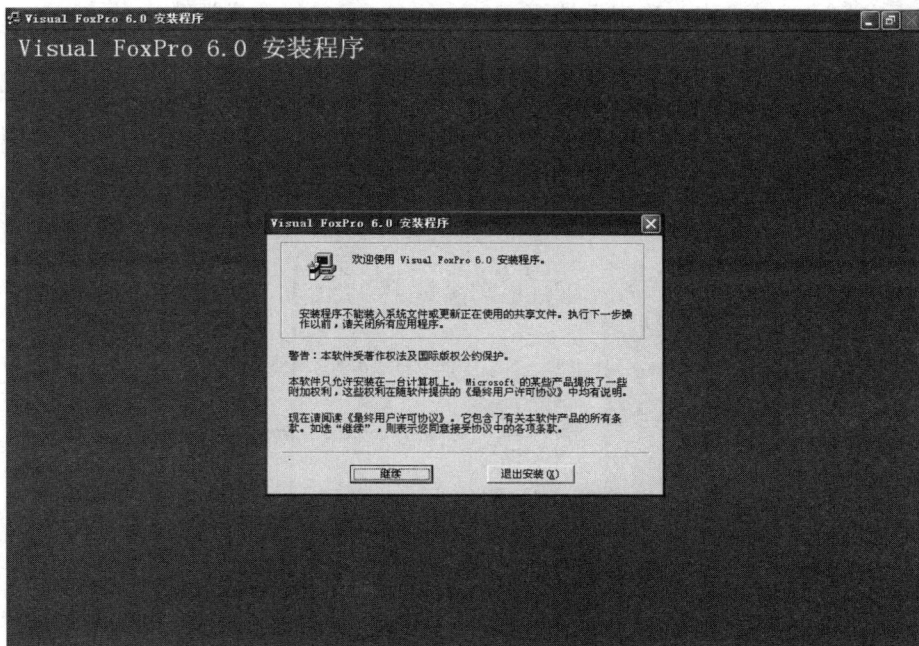

图 1-1-8 安装程序界面

(9) 点击"典型安装"按钮(也可选择"自定义安装"，但此操作要求用户熟悉哪些组件需要安装)，如图 1-1-9 所示。

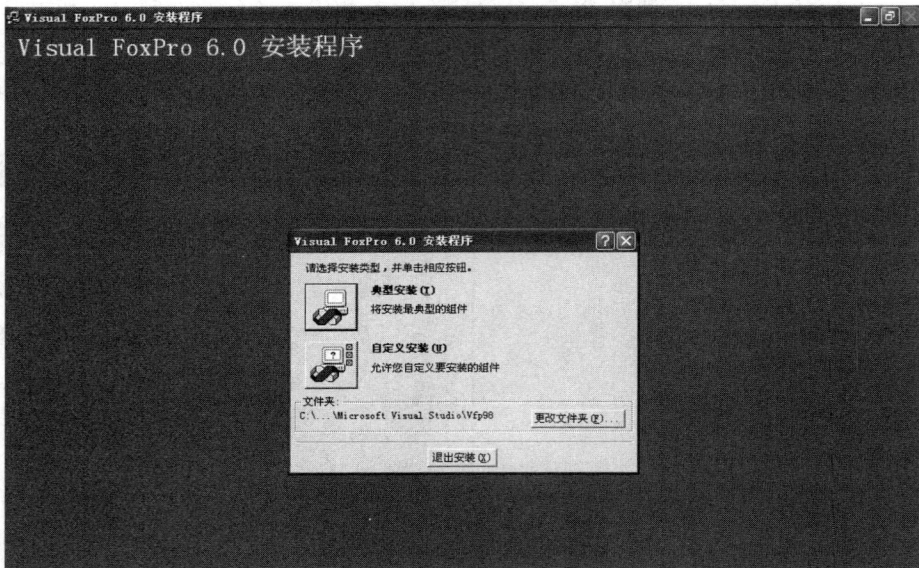

图 1-1-9　"典型安装"界面

(10) 安装过程如图 1-1-10 所示。

(11) 安装完成，点击"确定"按钮。

(12) 无需安装 MSDN，去掉"安装 MSDN"前面的勾，
点击"下一步"按钮，如图 1-1-11 所示。

图 1-1-10　安装进行中

图 1-1-11　是否安装 MSDN

(13) 无需注册，去掉"现在注册"前面的勾，点击"完成"按钮，如图 1-1-12 所示。

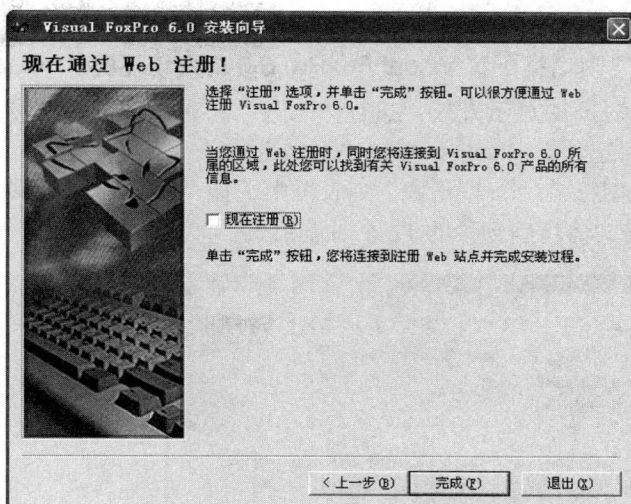

图 1-1-12 是否注册

2．启动与退出 Visual FoxPro 6.0

启动 Visual FoxPro 6.0 有多种方法，通常采用以下三种方式之一：

(1) 从"开始"菜单中启动。选择"开始"→"程序"→Microsoft Visual FoxPro 6.0 命令，进入"Microsoft Visual FoxPro 6.0"系统。

(2) 从"Windows 资源管理器"窗口中启动。打开"开始"菜单，选择"程序"子菜单；在"程序"子菜单下，选择"附件"子菜单，再选择"Windows 资源管理器"选项，进入"Windows 资源管理器"窗口；利用资源管理器找到"C:\Program Files\Microsoft Visual Studio\Vfp98"目录，再从此目录下找到 VFP6 图标，在 VFP6 图标上双击鼠标左键，完成"Microsoft Visual FoxPro 6.0"系统的启动。

(3) 从"运行"对话框中启动。打开"开始"菜单，选择"运行"子菜单，进入"运行"对话框；在下拉式列表框中输入"\VFP6.EXE"，再按"确定"按钮，完成"Microsoft Visual FoxPro 6.0"系统的启动。

当要退出 Visual FoxPro 6.0 系统时，可以使用以下五种方法之一：

(1) 在"Microsoft Visual FoxPro 6.0"系统主菜单中，打开"文件"菜单项，再选择"退出"命令。

(2) 按 Alt+F4 键。

(3) 按 Ctrl+Alt+Del 键，进入"关闭程序"窗口，单击"结束任务"按钮。

(4) 在"Microsoft Visual FoxPro 6.0"系统环境窗口，单击"退出"按钮。

(5) 在命令窗口中，输入 QUIT 命令，并按 Enter 键执行。

3．显示与隐藏命令窗口

命令窗口的显示与隐藏可以通过以下三种方法实现：

(1) 通过"窗口"菜单项控制，在"窗口"菜单项下，选择"隐藏"命令，可以关闭命令窗口，再选择"命令窗口"命令，可以显示命令窗口。

(2) 单击"常用"工具栏中的"命令窗口"按钮，显示或隐藏命令窗口。

(3) 通过按 Ctrl+F2 键来显示命令窗口，通过按 Ctrl+F4 键来隐藏命令窗口。

4. 使用"选项"对话框配置 Visual FoxPro 6.0 的系统环境

(1) 设置日期和时间的显示方式。执行"工具"菜单项下的"选项"命令，即可打开如图 1-1-13 所示的"选项"对话框，单击"区域"选项卡，在这里就可以设置用户自己的日期和时间的显示方式。在"日期格式"列表框中选择"汉语"，则日期就自动变成年月日的格式，设置时间格式为精确到秒的 12 小时制形式。

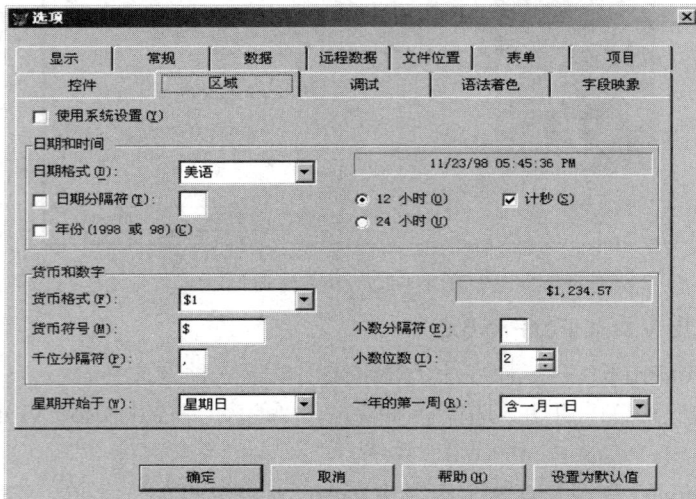

图 1-1-13　"选项"对话框的"区域"选项卡

(2) 设置默认目录和搜索路径。首先，在 D 盘驱动器上创建一个文件夹，将此文件夹命名为"专业班级+姓名+学号后两位"。然后，执行"工具"菜单项下的"选项"命令，即可打开如图 1-1-14 所示的"选项"对话框，单击"文件位置"选项卡，在这里就可以设置用户自己的默认目录和搜索路径，具体设置步骤如下：

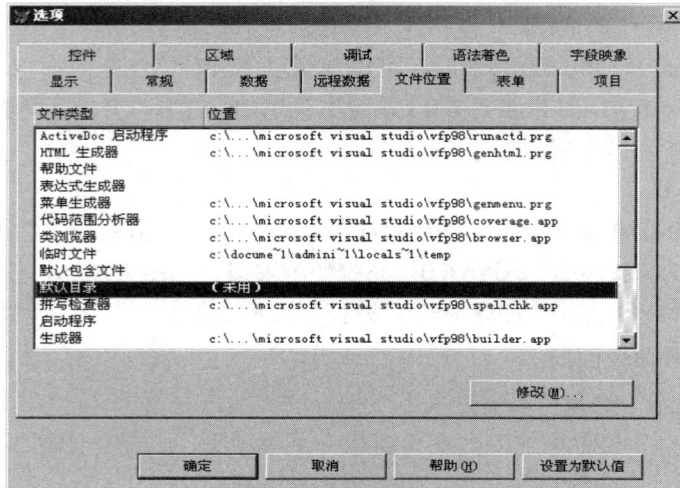

图 1-1-14　"选项"对话框的"文件位置"选项卡

① 在"文件类型"列表框中选中"默认目录",然后单击"修改"按钮,将弹出如图 1-1-15 所示的"更改文件位置"对话框。

② 在"更改文件位置"对话框中选中"使用默认目录"复选框,然后在"定位默认目录"文本框中输入所创建的文件夹名作为默认磁盘目录,或者单击该文本框右侧的"..."按钮,在弹出的"选择目录"对话框中选取所创建的文件夹名作为默认磁盘目录,然后单击"选定"按钮关闭"选择目录"对话框。

③ 单击"确定"按钮,关闭"更改文件位置"对话框。

④ 在"文件类型"列表框中选中"搜索路径",然后单击"修改"按钮,弹出与图 1-1-15 类似的"更改文件位置"对话框。

图 1-1-15 "更改文件位置"对话框

⑤ 在"更改文件位置"对话框中,在"定位搜索路径"文本框中键入所创建的文件夹名作为搜索路径;或者单击该文本框右侧的"..."按钮,在弹出的"选择"对话框中选取所创建的文件夹名作为搜索路径,然后单击"选定"按钮,关闭"选择"对话框。

⑥ 单击"确定"按钮,关闭"选项"对话框,则用户所作的设置仅在本次 Visual FoxPro 6.0 运行期间有效。值得注意的是,若要永久保存用户所作的设置,应在单击"确定"按钮关闭"选项"对话框之前,单击对话框右下角的"设置为默认值"按钮。

拓展练习

(1) 尝试从网上下载并在自己的个人计算机上安装 Visual FoxPro 6.0。

(2) 想一想,还有没有其他安装 Visual FoxPro 的方法。

任务 2 项目管理器

任务目标

(1) 掌握项目文件的建立、打开、关闭的方法。

(2) 掌握项目管理器中各选项卡的基本用法。

(3) 掌握项目管理器中新建、添加、删除文件的操作过程。

(4) 了解文件连编的方法。

任务内容

(1) 建立一个项目文件"学生管理"。

(2) 在"学生管理"项目管理器中建立"学生"数据库，将本教材下载资源"模块一任务 2 任务内容"目录下的自由表"学生基本情况表"、"学生成绩表"和"课程表"添加到该数据库中。

(3) 将本教材下载资源"模块一任务 2 任务内容"目录下的"教师表"作为自由表添加到"学生管理"项目中。

(4) 为"学生基本情况表"建立主索引，索引名为 primarykey，索引表达式为学号；为"学生成绩表"建立普通索引，索引名为 regularkey，索引表达式为课程代号。

(5) 对"学生管理"项目中的文件进行连编。

操作步骤

本任务的操作步骤如下：

(1) 在菜单栏中选择"文件"菜单中的"新建"选项，选定文件类型为"项目"。单击"新建文件"按钮，指定文件存储路径，并指定文件名"学生管理"，单击"确定"。出现如图 1-2-1 所示窗口，表示项目创建成功。

(2) 在图 1-2-1 所示的项目管理器中选中数据选项卡并选中"数据库"，单击"新建"按钮，在"新建数据库"对话框中点击"新建数据库"按钮，在随后展开的数据库名输入框中输入：学生.dbc，单击"保存"，则在"学生管理"项目中新建了一个不含库表的"学生"数据库，如图 1-2-2 所示。选中"学生"展开项中的"表"，单击"添加"按钮，依次选取"学生基本情况表"、"学生成绩表"和"课程表"，单击"确定"，则所选的自由表依次添加到"学生"数据库中，如图 1-2-3 所示。

(3) 运用同样的方法，选中自由表"教师表"后单击"添加"按钮，可以将"教师表"作为自由表添加到"学生管理"项目中。

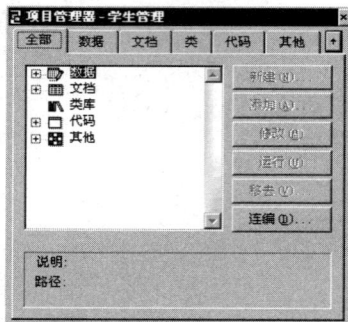

图 1-2-1   建立项目文件"学生管理"   图 1-2-2   建立数据库文件"学生"

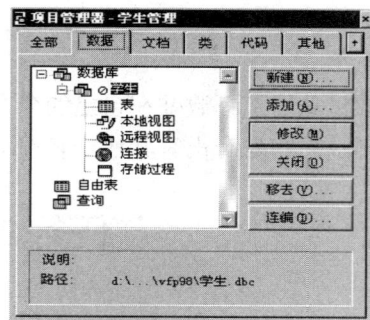

(4) 在项目管理器中，选中"学生"数据库中的"学生基本情况表"，单击"修改"按钮，在随后出现的表设计器中选中"学号"字段，然后选取索引选项卡，输入索引名"primarykey"和索引表达式"学号"，单击"确定"。运用同样的操作步骤可以为"学生成绩表"建立普通索引。

(5) 在图 1-2-3 所示的界面中，单击"连编"按钮，出现如图 1-2-4 所示的界面，设置选项和操作选项，单击"确定"按钮，完成该项目的连编过程。

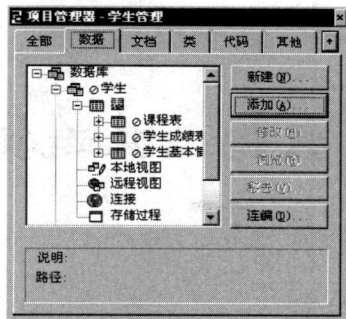

图 1-2-3 添加库表和自由表

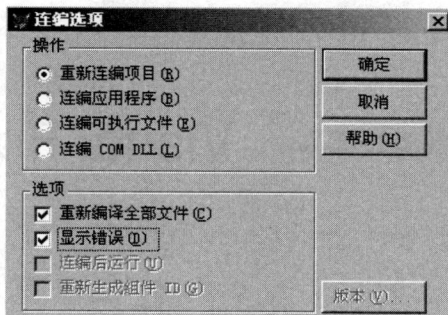

图 1-2-4 连编项目文件

说明：如果整个项目有一个入口程序，应该在图 1-2-4 选择"连编可执行文件"，这样可以保证项目启动时执行入口程序。一般入口程序是一个经编译后的菜单程序。

拓 展 练 习

(1) 项目管理器具有哪些主要功能？项目文件给开发者带来什么好处？

(2) 建立一个"图书信息管理"项目文件。

(3) 在"图书信息管理"项目中建立一个"图书管理"数据库。

(4) 将本教材下载资源"模块一任务 2 拓展练习"目录下的自由表"读者表"、"图书表"、"借书表"和"作者表"添加到"图书管理"数据库中。

(5) 将本教材下载资源"模块一任务 2 拓展练习"目录下的"通讯录"表作为自由表添加到"图书信息管理"项目中。

模块二 Visual FoxPro 数据及其运算

任务 基本数据运算

任务目标

(1) 进一步熟悉 Visual FoxPro 的基本操作。

(2) 初步掌握 Visual FoxPro 的基本数据类型。

(3) 掌握 Visual FoxPro 的运算符、表达式以及常用内部函数的使用。

(4) 掌握交互式命令执行方法。

任务内容

在表 2-1-1 中填写命令的执行结果和命令功能。

表 2-1-1 常量、变量、函数与表达式的使用

在命令窗口中执行命令	命令执行结果	命令功能
? 2*3^3+2*8/4%5−2^3 ? "abc"−'abc'+"abc" ? INT(−3.1415926),INT(ABS(99−100)/2) ? ROUND(−3.1415926,5) ? AT("ll", "Hello") ? VAL("16 Year")*SIN(7*3−6*4) ? NOT(3>5 .AND. 5>3 .OR. MOD(3,5)<2) ? INT(RAND()*10)>10.AND. SQRT(10)>3		
STORE 4*3−7 TO m, n, k ? "L=", 2*PI()*m ? "S=", PI()*m*m DISP MEMO LIST MEMO		
Stitle=[Visual FoxPro 程序设计] ? LEN(stitle) ? SUBSTR(stitle,14,4)+LEFT(stitle,13) ? STR(12345.678,8,1) ? STR(12345.678,8,2) ? STR(12345.678,8)		

续表

在命令窗口中执行命令	命令执行结果	命令功能
? {^2004-04-28}>DATE()		
? DATE()- {^2002-06-10}		
? DATE()-100		
? SUBSTR(DTOC(DATE()),7)		
? MONTH({^2000/12/22}-40)		
N='213.4'		
? 21+&N		
? STR(&N,2)+ '45&N'		

操 作 步 骤

(1) 启动 Visual FoxPro 系统。

(2) 启动 Visual FoxPro 以后，对命令窗口调整其大小和位置。当该窗口没有出现时，可按复合键 **Ctrl+F2** 调出命令窗口。

(3) 进入命令窗口，按表 2-1-1 的第一列的命令依次输入命令，将命令结果填入表格第二列，结合命令前后的相关内容写出命令功能填入表格第三列。

注意：输入命令时所有运算符均应在英文状态下输入。

(4) 退出 Visual FoxPro 系统。

拓 展 练 习

(1) 写出下列命令运行后的结果。

① ? 7*(7-1)^2

② ? "中国"+ "北京" - "奥运"

③ ? INT(3.5+9%4)

④ ? "奥运"$'北京 2008 奥运'

⑤ ? HOUR({^2002/11/22})

⑥ ? 0.01*(INT(100*(23.456-0.005)))

(2) 建立两个内存变量，变量名分别为 a1，a2，其值分别为 100，"奥运会"，用 DISPLAY MEMORY 命令、?与??命令分别显示变量值，再将其保存到 abc 文件中，然后将内存变量全部删除，最后从内存变量文件 abc 中恢复 a1 和 a2 并予以显示。

(3) 通过实例，练习使用如下函数。

UPPER()，LOWER()，AT()，LEFT()，RIGHT()，ALLTRIM()，ASC()，SPACE()

(4) 分析下列命令中连续两个 SET 命令的作用。

    SET CENTURY ON

    SET DATE TO ANSI

    ? DATE()-{^2004.09.21}

去掉前两个语句后会影响结果吗？在不同机器上运行结果是否相同，为什么？

模块三 数据库与表的基本操作

任务1 自由表的建立和操作

任务目标

(1) 学会将现实问题抽象为关系数据表的方法，从而为解决实际问题奠定数据基础。
(2) 掌握表的建立与操作的一般方法。
(3) 学会表的打开、关闭、浏览、显示、复制等操作方法。
(4) 掌握表结构的修改，包括字段的增加、删除、修改以及索引字段的设置等操作。
(5) 掌握表记录的定位、添加、删除、修改、替换等操作。
(6) 掌握与表有关的测试函数的使用。

任务内容

根据表 3-1-1 提供的 student 表完成：

表 3-1-1　student 表数据

Xh	Xm	Xb	Csrq	Ssmzf	Jg	Rxcj	J1	Zp
200401	吴敏棋	男	06/17/81	T	湖北	579.0	memo	gen
200402	刘苹苹	女	09/10/82	F	湖南	598.0	memo	gen
200403	胡平	男	07/03/83	T	江苏	601.0	memo	gen
200404	袁英	女	09/03/82	F	湖南	610.0	memo	gen
200405	张明康	男	04/12/82	T	湖北	572.0	memo	gen
200406	程替金	男	09/12/82	T	湖南	582.0	memo	gen
200407	吴静颖	女	06/28/80	F	湖北	620.0	memo	gen
200408	胡棋频	男	11/27/82	T	江苏	569.0	memo	gen
200409	王丽平	女	03/29/81	F	山东	598.0	memo	gen
200410	王大力	男	12/09/80	F	山西	621.0	memo	gen
200411	赵四明	男	02/19/83	F	湖南	592.0	memo	gen
200412	邹德明	男	04/19/80	T	山西	578.0	memo	gen
200413	曾强福	男	02/03/81	F	山东	591.0	memo	gen
200414	万其灿	男	05/12/83	F	湖北	574.0	memo	gen

(1) 设计表 3-1-1 的结构，定义字段的数据类型及相关属性，字段名用英文字符表示。
(2) 分别用命令方式和菜单方式建立表 student.dbf，输入表中的数据，并将表保存在所需目录中。
(3) 打开表 student.dbf，浏览表中记录信息。
(4) 显示表中第 12 号记录。

(5) 显示姓名为"王大力"的记录信息，修改该记录 jl 字段的内容为"多次评为三好学生"。

(6) 显示所有姓"吴"且性别为"女"的记录信息。

(7) 将全部"湖南"籍学生的入学成绩加 10 分。

(8) 将 student.dbf 表的姓名字段的宽度修改为 8，并将该字段设置为普通索引。

(9) 在表的顶部及尾部分别增加一个新的空白记录。

(10) 在表的第 5 号记录和第 6 号记录之间增加一个新的空白记录。

(11) 对表中姓名为"赵四明"的记录进行逻辑删除、恢复和物理删除。

(12) 将湖南籍 1981 年以后出生的学生记录复制到 student1.dbf 中。

(13) 将 student.dbf 原样复制为 student2.dbf，并物理删除 student2.dbf 中记录号为奇数的记录。

(14) 复制一个包含字段：xh、xm、csrq、jg、rxcj 等 5 个字段的表 student3.dbf。

(15) 将 student.dbf 复制为一个 stuexc.xls 的 Excel 文件。

(16) 关闭所有打开的表。

操作步骤

本任务的操作步骤如下：

(1) 设计表结构：如表 3-1-2 所示。

表 3-1-2　　student 表结构

中文意义	字段名	类型	字段宽度	小数位数	索　引	NULL
学号	xh	字符型	6			否
姓名	xm	字符型	10			是
性别	xb	字符型	2			是
出生日期	csrq	日期型				是
少数名族否	ssmzf	逻辑型				是
籍贯	jg	字符型	10			是
入学成绩	rxcj	数值型	5	1		是
简历	jl	备注型				是
照片	zp	通用型				是

(2) 建立 student.dbf 表。

菜单方式：选择"文件"菜单项中的"新建"选项，指定文件类型为"表"，单击"新建文件"按钮，再以文件名 student 保存到 D:\vfp 目录下。如图 3-1-1 所示，进入表设计器。

命令方式：在命令窗口输入：

```
CREATE   D:\vfp\student.dbf
```

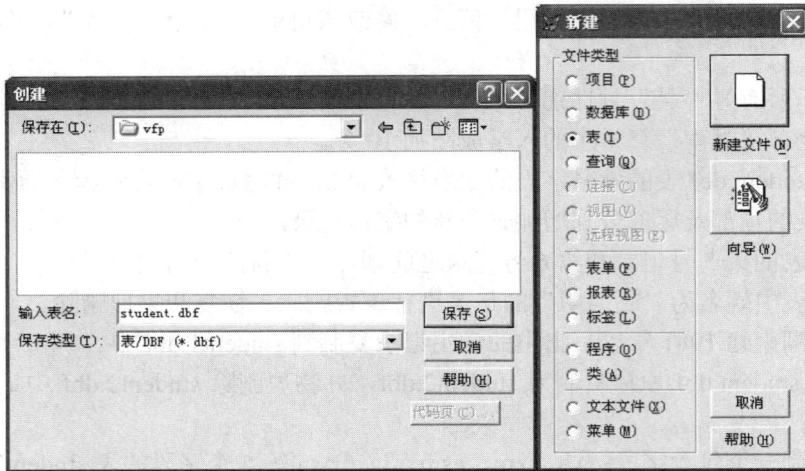

图 3-1-1　建立表 student

在出现的表设计器中，根据表 3-1-2 设计的表结构，输入各字段名、类型、宽度与小数位数，如图 3-1-2 所示。点击"确定"，在弹出的对话框中选择"是"，如图 3-1-3 所示。输入学生记录信息(选择"显示"菜单，再选择"浏览"方式)，记录输入完毕，直接关闭编辑窗口退出，至此完成了表的建立与数据输入工作。

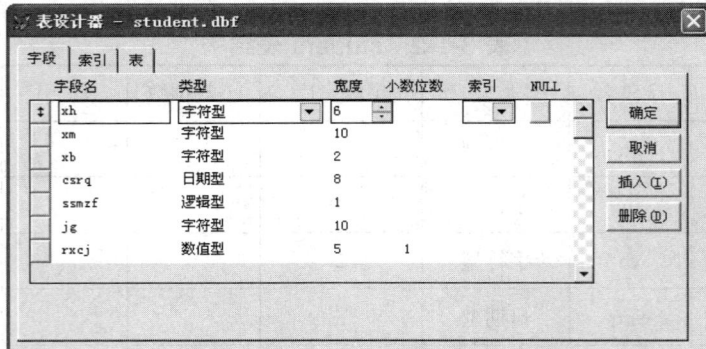

图 3-1-2　定义表字段的属性

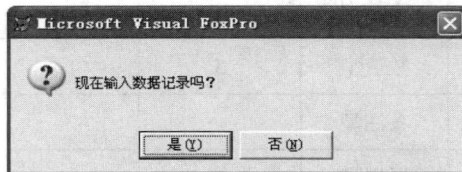

图 3-1-3　记录输入对话框

(3) 点击"显示"菜单，选择"浏览表 student"，即可查看表。
或者输入命令：
    BROWSE
(4) 输入命令：
    GOTO　12

DISPLAY

(5) 输入命令(注意：命令中的标点符号必须为英文标点，之后的命令符号也一样)：

LOCATE　FOR　xm="赵四明"

DISPLAY

修改"赵四明"同学的简历：

点击"显示"菜单，选择"浏览表 student"(或者输入命令：BROWSE)，在弹出的浏览窗口中找到"赵四明"的记录，双击 jl 字段"memo"，出现一个编辑窗口，在该窗口中输入"多次评为三好学生"，再关闭编辑窗口。此时 jl 字段标志"memo"变为"Memo"，表示该字段添加了内容，如图 3-1-4 所示。

图 3-1-4　修改备注字段

(6) 输入命令：

LIST　FOR　xm="吴"　AND　xb="女"

(7) 输入命令：

REPLACE　ALL　rxcj　WITH　rxcj+10　FOR　jg="湖南"

(8) 点击"显示"菜单，选择"表设计器"。

或者输入命令：

MODIFY　STRUCTURE

进入表设计器界面，选中要修改的 xm 字段，将其宽度修改为 8。然后选择"索引"选项卡，输入索引名 xm，选择索引类型为普通索引，索引表达式为 xm，点击"确定"，如图 3-1-5 所示。

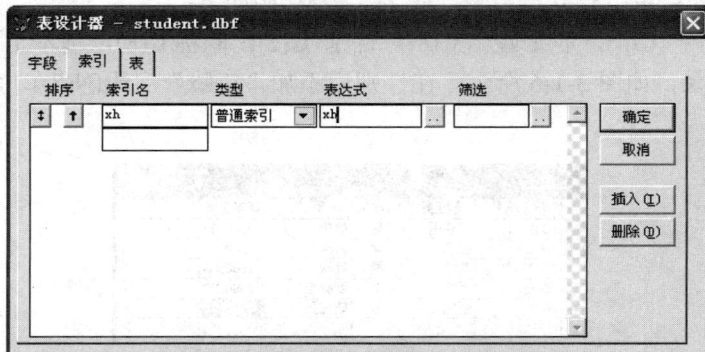

图 3-1-5　设置表的索引字段

(9) 输入命令：

```
GOTO  TOP
INSERT  BEFORE  BLANK
APPEND  BLANK
```

(10) 输入命令：

```
GOTO  5
INSERT  BLANK
```

(11) 输入命令(应该先打表的浏览窗口，注意每条命令的执行效果)：

```
DELETE  FOR  xm="赵四明"        && 逻辑删除记录
RECALL                          && 恢复逻辑删除
DELETE  FOR  xm="赵四明"
PACK                            && 物理删除记录
```

(12) 输入命令：

```
COPY  TO  student1  FOR  jg="湖南"  AND  csrq>={^1981-01-01}
```

(13) 输入命令：

```
COPY  TO  student2
USE  student2
DELETE  FOR  RECNO()%2=1
PACK
```

(14) 输入命令：

```
SELECT  student
COPY  FIELD  xh,xm,csrq,jg,rxcj  TO  student3
```

(15) 输入命令：

```
COPY  TO  stuexc.xls
```

(16) 输入命令：

```
CLOSE  ALL
```

拓展练习

(1) 在 D:\vfp 目录下建立自由表“职工”，表结构如下：

职工(职工编号 C(4)，职工姓名 C(8)，性别 C(2)，职称 C(8)，基本工资 N(8,2))

输入五条记录，如图 3-1-6 所示。在性别后添加“年龄”字段(N(8))，年龄数据自己任意添加。

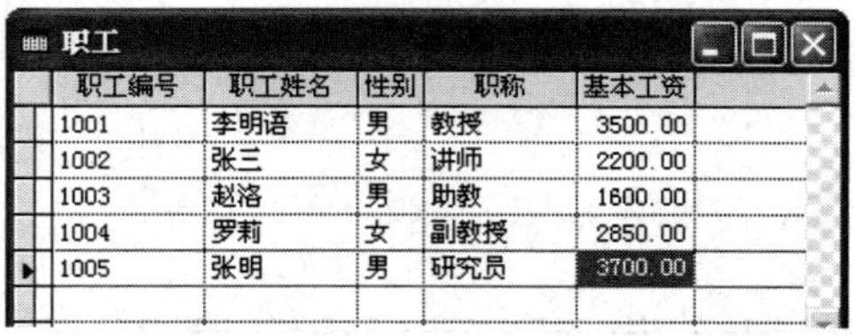

职工

职工编号	职工姓名	性别	职称	基本工资
1001	李明语	男	教授	3500.00
1002	张三	女	讲师	2200.00
1003	赵洛	男	助教	1600.00
1004	罗莉	女	副教授	2850.00
1005	张明	男	研究员	3700.00

图 3-1-6　职工.dbf

(2) 打开职工表完成以下操作:

① 分别用命令 LIST 和 DISPLAY 显示职工表中的记录,观察这两个命令有什么区别?

② 显示 30<年龄<50 的所有男职工的记录。

③ 为职工表增加一个备注字段"系部",在每个职工的备注字段中输入所在系部。

④ 在第 2 条记录和第 3 条记录之间插入一条空白记录,然后对该记录进行逻辑删除、恢复,最后进行物理删除。

⑤ 显示所有女职工的姓名、性别和职称信息。

(3) 如果 LIST 命令分别带有 FOR <条件>或 FOR <条件>两个子句,该命令显示的结果有什么不同?

(4) 复制职工表中性别为男的职工编号、职工姓名和基本工资形成新的表工资 .dbf。

任务 2 表的索引以及多表操作

任务目标

(1) 掌握建立索引、条件查询与索引查询的操作要领及其区别。

(2) 熟练运用条件查询与索引查询完成记录的查找操作。

(3) 熟悉多工作区的概念,掌握工作区的相关命令。

(4) 掌握多表间的关联和连接操作。

(5) 了解数据工作区窗口的使用,掌握多表操作的方法。

任务内容

(1) 打开模块三任务 1 所建立的表 student.dbf。

(2) 分别用命令方式和表设计器建立索引 xb_age:记录以性别降序排列,性别相同的情况下按出生日期升序排列。

(3) 确定索引 xb_age 为主控索引,查看 student 表。

(4) 显示入学成绩在前六名的学生记录。

(5) 使用 LOCATE 命令直接查询入学成绩大于 600 分的学生记录。

(6) 利用索引查询少数民族同学的记录。

(7) 为 student_cj.dbf 添加两个字段:姓名 C(10),入学成绩 N(5,1)。

(8) 使用 REPLACE 命令将 student 表中的姓名添加至 student_cj 表。

(9) 使用 UPDATE 命令将 student 表中的入学成绩添加至 student_cj 表。

(10) 为 student 表和 student_cj 表建立联系,使用 LIST 命令显示所有学生的学号、姓名、性别、出生日期、语文、数学、外语、综合及入学成绩。

(11) 使用相关命令实现多工作区的选择。

操作步骤

本任务的操作步骤如下:

(1) 选择"文件"菜单项中的"打开"选项,指定文件类型为"表",在"打开"窗口中选择 student 表，如图 3-2-1 所示，再点击"确定"按钮。

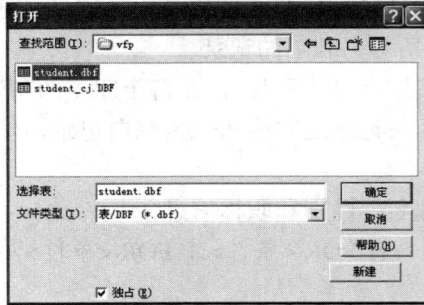

图 3-2-1　打开 student 表

或者输入命令：

　　　USE　　student

　　(2) 点击"显示"菜单，选择"表设计器"，再点击设计器"索引"选项，如图 3-2-2 所示。输入索引名"xb_age"，排序方式为降序，索引表达式为"性别+STR(DATE()–出生日期)"。可点击索引表达式右边按钮使用表达式生成器，如图 3-2-3 所示。

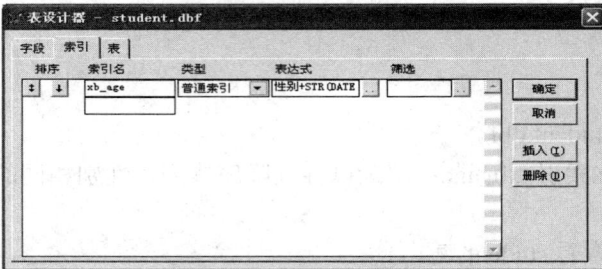

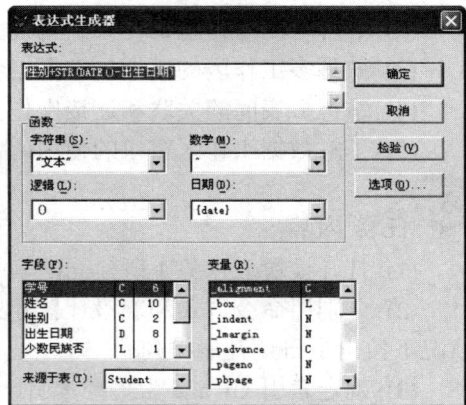

图 3-2-2　设置索引　　　　　　　　　　　图 3-2-3　索引表达式生成器

或者输入命令：

　　　INDEX　　ON　性别+STR(date()–出生日期)　DESC　TAG　xb_age

　　(3) 输入命令：

　　　SET　ORDER　TO　xb_age　　　　　　　　　　&&设置索引 xb_age 为主控索引

　　　BROWSE

　　(4) 可以手动为 student 设置入学成绩的索引(降序)，方法同第 2 步。

　　命令方式如下，输入命令：

　　　INDEX　ON　入学成绩　DESC　TAG　rxcj　　　　&&建立入学成绩索引 rxcj

　　　LIST　　NEXT　　6　　　　　　　　　　　　　　&&显示前 6 名学生记录

　　(5) 输入命令：

　　　SET　ORDER　TO　　　　　　　　　　　　　&&取消主控索引

LOCATE   ALL   FOR 入学成绩>600   &&查询入学成绩大于 600 分的记录

?FOUND()   && FOUND()函数显示为.T.，表示找到满足条件的记录

?RECNO()   &&RECNO()函数满足条件的记录号

DISPLAY   &&显示满足条件的记录

CONTINUE   &&继续查找满足条件的记录

注意：若要查看所有满足条件的记录，需要重复执行后 4 行命令！

(6) 输入命令：

INDEX   ON 少数民族否 tag ssmzf   &&建立少数民族否索引 ssmzf

SEEK   .T.   &&查询是少数民族的记录

DISPLAY   &&显示满足条件的记录

CONTINUE   &&继续查找满足条件的记录

注意：若要查看所有满足条件的记录，需要重复执行后 2 行命令！

(7) 采用第(1)步的方式打开本教材下载资源"模块三任务 2 任务练习"目录下的表 student_cj，再选择"窗口"菜单项中的"数据工作期"选项，然后在"数据工作期"窗口中选择 student_cj，如图 3-2-4 所示。点击"显示"菜单，选择"表设计器"，为表 student_cj 添加姓名和入学成绩两个字段，如图 3-2-5 所示。

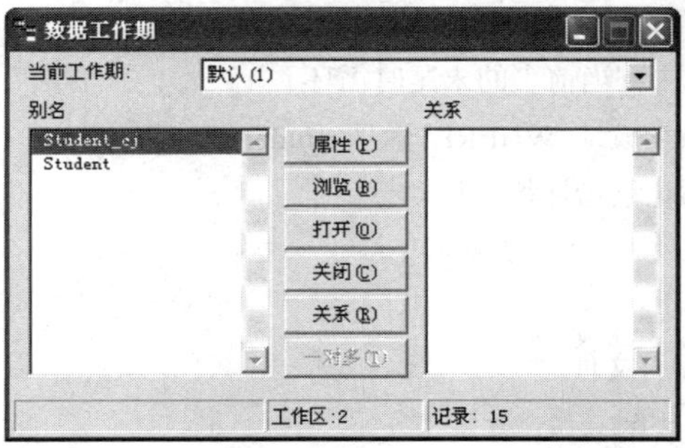

图 3-2-4   打开数据工作期 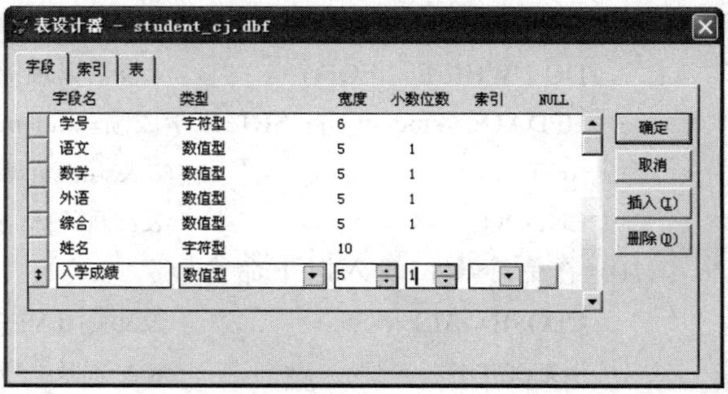   图 3-2-5   在 student_cj 表设计器添加字段

如果使用命令方式添加字段，输入如下命令：

ALTER TABLE student_cj add 姓名 C(10) ADD 入学成绩 N(5,1)

(8) 在命令窗口输入以下命令：

CLOSE   ALL   &&关闭 VFP 所有文件

SELECT 1   &&选择 1 号工作区

USE   student   &&在 1 号工作区打开表 student

SELECT 2   &&选择 2 号工作区

USE   student_cj   &&在 2 号工作区打开表 student_cj

DO WHILE !EOF()   &&当记录指针未到当前表的末尾时循环

SELECT 2   &&选择 2 号工作区

REPLACE 姓名 WITH student->姓名   &&把 student_cj 的姓名替换 student 表的姓名

SKIP   &&2 号工作区内的表的记录指针往下移动

SELECT 1   &&选择 1 号工作区

SKIP   &&1 号工作区内的表的记录指针往下移动

ENDDO　　　　　　　　　&&循环体结束

注意：以下命令一次性输入(按向下的方向键换行)，再选择以下命令，点击右键，在弹出的菜单中选择"运行所选区域"，如图 3-2-6 所示。

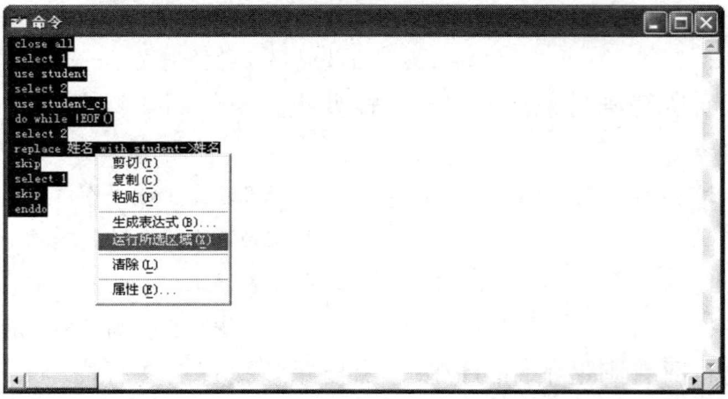

图 3-2-6　选择"运行所选区域"

(9) 在命令窗口输入以下命令：

CLOSE　ALL　　　　　　　&关闭 VFP 所有文件

USE　student　　　　　　　&&打开表 student

GOTO TOP　　　　　　　　&&把 student 表的记录指针定位到第一条记录

DO　WHILE　!EOF()　　　　&&当记录指针未到当前表的末尾时循环

UPDATE　student_cj　SET 入学成绩=student.入学成绩 WHERE 学号=student.学号

SKIP　　　　　　　　　　　&&student 表的记录指针往下移动

ENDDO　　　　　　　　　　&&循环体结束

(10) 在命令窗口输入以下命令：

CLOSE　ALL　　　　　　　&&关闭 VFP 所有文件

SELECT 1　　　　　　　　&&选择 1 号工作区

USE　student　　　　　　　&&在 1 号工作区打开表 student

SELECT 2　　　　　　　　&&选择 2 号工作区

USE　student_cj　　　　　　&&在 2 号工作区打开表 student

INDEX　ON 学号 TAG xh　　&&为 student 表建立索引表达式为"学号"的索引 xh

SET　ORDER　TO　xh　　　&&把 xh 设置为主控索引

SELECT 1　　　　　　　　&&选择 1 号工作区

SET　RELATION　TO 学号 INTO　student_cj　　　&&为两个表建立联系

LIST　ALL 学号,姓名,性别,出生日期,student_cj->语文,student_cj->数学,student_cj->外语,student_cj->综合,student_cj->入学成绩　　　&&显示所有相关信息

注意：以下命令一次性输入(按向下的方向键换行)，再选择以下命令，点击右键，在弹出的菜单中选择"运行所选区域"。

(11) 在命令窗口输入以下命令：

CLOSE　ALL

SELECT 1

USE student

GOTO 2	&&将记录指针移动到第二条记录
?RECNO()	&&显示记录指针指向的记录号
SELECT 2	
USE student_cj	
?RECNO()	
?DBF()	&&显示当前工作区打开的表的路径及表名
?DBF(2)	&&显示 2 号工作区打开的表的路径及表名
?SELECT()	&&显示当前工作区号

拓 展 练 习

(1) 如何用命令建立索引？

(2) 查询方法分哪几类？简述它们的操作要领。

(3) 简述用一个表中的数据更新另一个表中数据的操作要领。

(4) 简述两个表建立关联的操作要领。

任务 3　数据库的操作

任 务 目 标

(1) 掌握数据库的建立、打开和关闭等操作。

(2) 学会数据库表的添加、删除和修改等操作。

(3) 掌握数据库表中永久关系的作用、操作方法以及运用命令方式建立表间关联的不同之处。

(4) 了解数据库参照完整性的作用，学会设置参照完整性。

任 务 内 容

(1) 建立数据库：学生成绩管理 .dbc。

(2) 将本教材下载资源中的"模块三任务 3 任务内容"中的自由表"学生表"、"选课表"、"课程表"、"授课表"和"教师表"添加到数据库中。

(3) 建立图 3-3-1 所示的永久性关系。

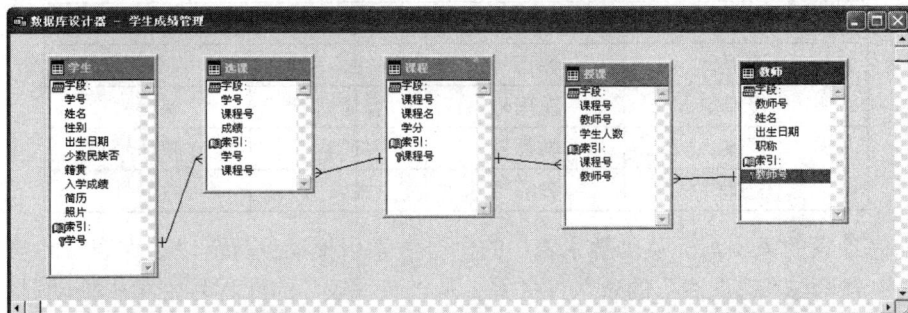

图 3-3-1　"学生成绩管理"数据库永久性关系

(4) 把"授课表"和"教师表"从数据库中移去。

(5) 对"选课表"中的成绩字段设置字段有效性规则为"成绩>=0 AND 成绩<=100"，字段信息为"成绩应该是不大于 100 的正整数"，该字段默认值为 0。

(6) 为"学生表"和"选课表"之间建立的联系指定参照完整性，其中插入规则为"限制"，更新规则和删除规则为"级联"。

(7) 在"学生表"中将"胡平"的学号更改为"200507"，观察"选课表"中学号原为"200403"记录的学号字段变化情况，再将"学生表"中"胡平"的学号记录更改回"200403"；从"学生表"中逻辑删除记录"赵四明"，观察"选课表"中对应记录的变化；在"学生表"中添加学号"200811"及相应成绩，观察结果。

操作步骤

本任务的操作步骤如下：

(1) 运用菜单或命令方式建立数据库：学生成绩管理.dbc。

① 命令方式，在命令窗口中输入：

```
CREATE    database D:\vfp\学生成绩管理
MODIFY    database
```

② 菜单方式：在 VFP 的菜单栏中，选择"文件"菜单下的"新建"选项，指定文件类型为"数据库"，单击"新建文件"按钮，在出现的对话框中设定数据库文件的存储位置为 D:\vfp，并设定数据库名为"学生成绩管理"，数据库建立完毕。

数据库建立完成后，数据库设计器呈打开状态。

(2) 添加"学生表"、"选课表"、"课程表"、"授课表"和"教师表"至数据库。

右击学生成绩管理数据库的空白区域，从快捷菜单中选择"添加表"，将"学生表"、"选课表"、"课程表"、"授课表"和"教师表"添加到数据库中。

(3) 要建立永久性关系，首先要对数据库中各表建立索引。

分别右键点击各个数据库表，在弹出的菜单中选择"修改"选项，出现对应的"表设计器"窗口，再根据表 3-3-1 所示分别为表建立索引。各索引如下：

表 3-3-1　各数据库表索引

表名称	索引标识	索引类型	表达式
学生	学号	主索引	学号
选课	学号	普通索引	学号
选课	课程号	普通索引	课程号
课程	课程号	主索引	课程号
授课	课程号	普通索引	课程号
授课	教师号	普通索引	教师号
教师	教师号	主索引	教师号

建立完各表的索引后，从"学生表"的学号主索引拖动鼠标到"选课表"的学号索引，建立"学生表"与"选课表"的永久性关系；从"课程表"的课程号主索引拖动鼠标到"选课表"的课程号索引，建立"课程表"与"选课表"的永久性关系；从"课程表"的课程

号主索引拖动鼠标到"授课表"的课程号索引，建立"课程表"与"授课表"的永久性关系；从"教师表"的教师号主索引拖动鼠标到"授课表"的教师号索引，建立"教师表"与"授课表"的永久性关系。效果如图 3-3-1 所示。

(4) 从数据库移去"授课表"和"教师表"。

鼠标右键点击击"教师表"和"授课表"之间的永久性关系连线，选择"删除关系"；采用同样的操作，删除"课程表"和"授课表"之间的永久性关系连线。再鼠标右键点击"授课表"，从快捷菜单中选择"删除"选项，在出现的对话框中选择"移去"，再选择"是"，则"授课表"从数据库中移去变为自由表，如图 3-3-2 所示。采用相同的操作步骤可以移去"教师表"。

(5) "选课表"字段有效性设置。鼠标右键点击"选课表"，从快捷菜单中选择"修改"，进入表设计器。选取成绩字段，在"字段有效性"栏中进行字段有效性设置，注意"信息"一栏要加上英文的双引号：", 如图 3-3-3 所示。

图 3-3-2　确认移去对话框　　　　图 3-3-3　字段有效性设置

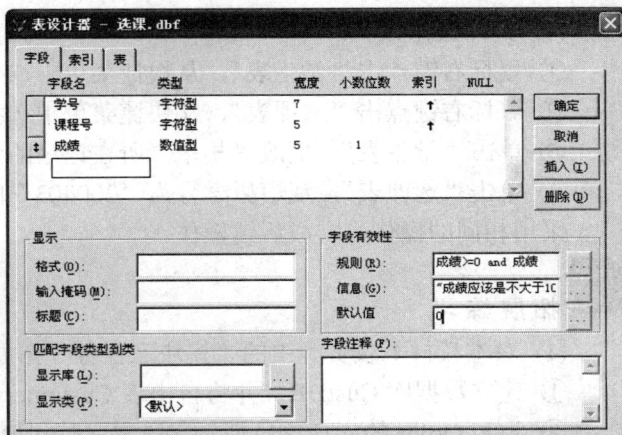

(6) 参照完整性设置过程如下：

① 单击数据库菜单，选择"清理数据库"。(若弹出如图 3-3-4 所示窗口，可以单击窗口菜单，选择"数据工作期"，在"数据工作期"中将所有打开的数据表都关闭。"数据工作期"窗口如图 3-3-5 所示)

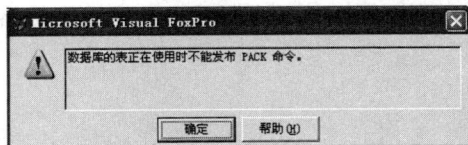

图 3-3-4　清理数据库时数据表未关闭提示　　　　图 3-3-5　数据工作期

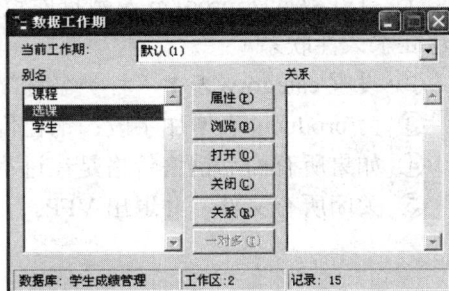

② 单击"数据库"菜单，选择"编辑参照完整性"，在弹出的"参照完整性生成器"

对话框中进行设置，如图 3-3-6 所示。

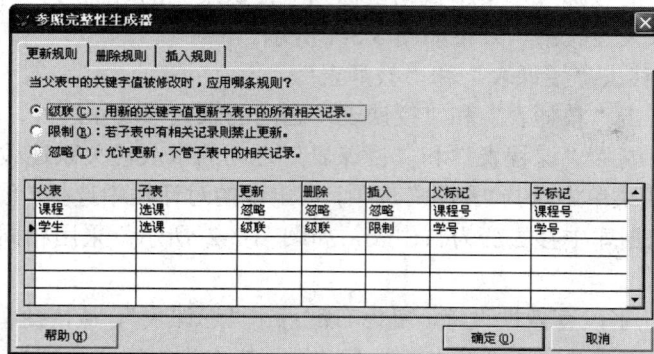

图 3-3-6　参照完整性设置对话框

（7）具体操作如下：

① 鼠标右键点击"学生表"，从快捷菜单中选择"浏览"。

② 鼠标右键点击"选课表"，从快捷菜单中选择"浏览"。

③ 单击"学生表"，更改"胡平"所在记录的学号字段值。

④ 单击"选课表"，观察原学号为"200403"的记录中学号字段的变化。

采用相同的操作，完成后续操作。

拓 展 练 习

（1）对本教材下载资源中的"模块三任务 3 拓展练习"中的表完成如下操作：

① 建立数据库 CustDB，并将自由表 Customer 和 Order 添加到数据库中。

② 为表 Order 的"订单日期"字段定义默认值为系统的当前日期。

③ 为表 Customer 建立主索引，索引名和索引表达式均为"客户编号"。

④ 为表 Order 建立普通索引，索引名和索引表达式均为"客户编号"，然后通过"客户编号"字段建立表 Customer 和 Order 之间的永久联系。

⑤ 关闭所有文件。

（2）对本教材下载资源中的"模块三任务 3 实验练习"中的数据库完成如下操作：

① 打开数据库 prod_m 及数据库设计器，其中两个表的必要索引已经建立，为这两个表建立永久性联系。

② 设置 category 表中"种类名称"字段的默认值为"饮料"。

③ 为 products 表增加字段：销售价格 N(8,2)。

④ 如果所有商品销售价格是在进货价格基础上增加 18.98%，计算所有商品销售价格。

⑤ 关闭所有文件，并退出 VFP。

模块四　查询与视图设计

任务　查询与视图设计

任务目标

(1) 理解查询、视图的概念与作用。

(2) 掌握利用查询向导、查询设计器建立查询的方法。

(3) 熟悉查询文件的定向输出。

(4) 掌握利用视图向导和视图设计器建立视图的方法。

任务内容

打开本教材下载资源"模块四任务 1 任务内容"中的"成绩管理"数据库,数据库包含三个表(如图 4-1-1 所示),完成下列实验内容:

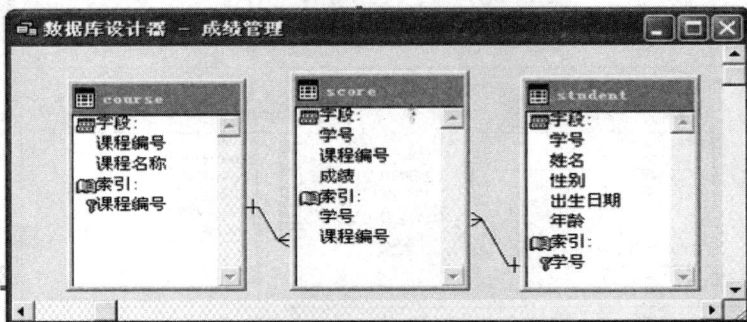

图 4-1-1　成绩管理数据库

(1) 使用查询设计器建立查询,查找"彭辉"同学所修课程的成绩及学分。要求输出的字段信息有:学号、姓名、性别、出生日期、课程名称、成绩。将查询文件保存为"成绩查询 1"。查看查询的 SQL 代码。

(2) 使用查询设计器建立查询,查找男生所修课程的成绩。要求包含字段:学号、姓名、性别、出生日期、课程名称、成绩,按成绩降序排列。查询去向为临时表 temp。将查询文件保存为"成绩查询 2"。查看查询的 SQL 代码。

(3) 使用查询设计器建立查询,查找所有成绩大于等于 80 分的女生。要求包含字段:学号、姓名、性别、出生日期、课程名称、成绩,按成绩降序排列。查询去向为数据表 table1。将查询文件保存为"成绩查询 3"。查看查询的 SQL 代码。

(4) 使用查询设计器建立查询,查找男女生的平均成绩。要求包含字段:性别、平均成绩,按平均成绩降序排列。将查询文件保存为"成绩查询 4"。查看查询的 SQL 代码。

（5）使用视图设计器，根据数据表中的数据，建立所有出生在 1986 年并且成绩大于等于 80 分的学生视图。要求包含字段：学号、姓名、性别、出生日期、课程名称、成绩，按成绩降序排列。将视图文件保存为"成绩视图 1"。查看视图的 SQL 代码。

操 作 步 骤

本任务的操作步骤如下。

（1）查询设计器的具体操作如下：

① 以下两种方法均可打开"查询设计器"界面。

在菜单栏中选择"文件"菜单中的"新建"选项，选定文件类型为"查询"，单击"新建文件"按钮。

或者在命令窗口输入命令：

CREATE QUERY

② 将 student.dbf、course.dbf、score.dbf 表依次添加到查询设计器中。

③ 选中查询设计器的"字段"选项卡，把字段学号、姓名、性别、出生日期、课程名称、成绩移到选定字段框中，如图 4-1-2 所示。

图 4-1-2　查询设计器界面

④ 以文件名"成绩查询 1.qpr"保存该查询，单击工具栏中"运行"按钮，或在命令窗口输入命令：

DO 成绩查询 1.qpr

可获得查询结果，如图 4-1-3 所示。

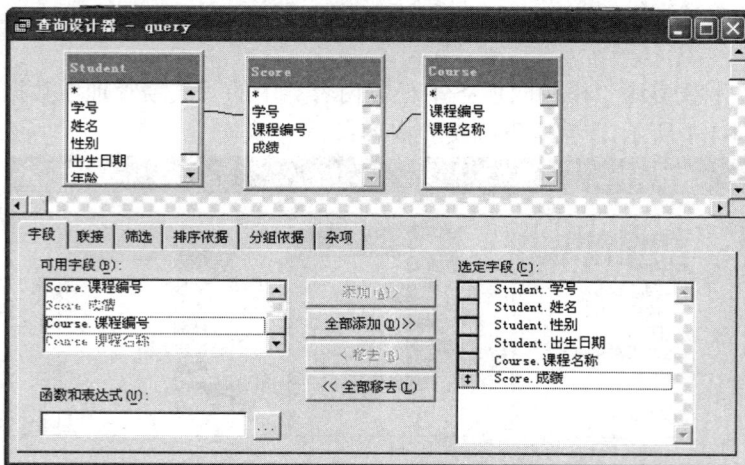

图 4-1-3　查询结果显示

⑤ 在查询设计器窗口中，点击右键，选中"查看 SQL"选项(如图 4-1-4 所示)。

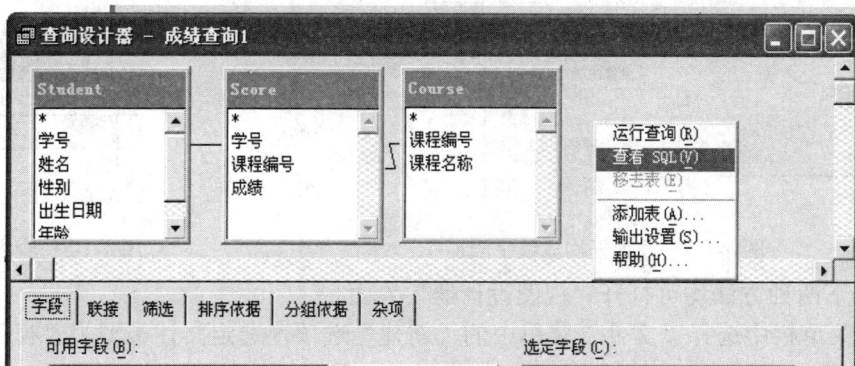

图 4-1-4　查看 SQL 代码

(2) 新建查询文件"成绩查询 2.qpr"。在图 4-1-2 所示界面中，在选定字段框中添加所需的字段，选中"筛选"选项卡，设置筛选条件为 student.性别="M"，选中"排序依据"选项卡，设置排序条件为"score.成绩"，排序选项选择"降序"。右键"输出设置"(如图 4-1-4 所示)选择"临时表"，输入临时表名 temp。将该查询以文件名"成绩查询 2.qpr"保存，运行该查询可以将所有男生的查询信息保存到临时表中。在查询设计器窗口中，点击右键，选中"查看 SQL"(如图 4-1-4 所示)。在命令窗口执行命令：

　　　SELECT　*　FROM　temp

可以看到查询结果(如图 4-1-5 所示)。

(3) 在图 4-1-2 所示界面中，移去排序条件中的设置，选中"筛选"选项卡，设置筛选条件为：score.成绩>=80 AND student.性别="F"；右键"输出设置"选择"表"，输入表名 table1，运行，成绩在 80 分以上的女生情况将保存到数据表 table1.dbf 中。选中"文件"菜单中的"另存为"选项，将该查询以"成绩查询 3.qpr"保存。在查询设计器窗口中，点击右键，选中"查看 SQL"。运行查询。在命令窗口执行命令：

　　　SELECT　*　FROM　table1

可以看到查询结果(如图 4-1-6 所示)。

图 4-1-5　查询结果显示

图 4-1-6　查询结果显示

(4) 在图 4-1-7 所示界面中，选中"字段"选项卡，选择性别和平均成绩(如图 4-1-7 所示)。设置分组依据为"student.性别"，设置排序依据为"AVG(Score.成绩)"降序，运行，可以查询男女生的平均成绩(如图 4-1-8 所示)。选中"文件"菜单中的"另存为"选项，将该查询以"成绩查询 4.qpr"保存。在查询设计器窗口中，点击右键，选中"查看 SQL"。

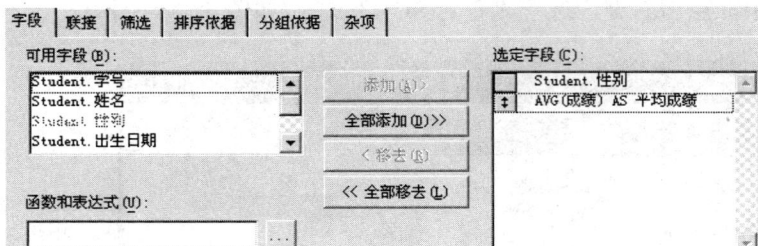

图 4-1-7　设置平均成绩字段

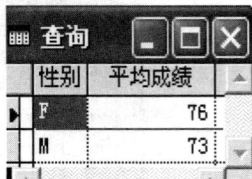

图 4-1-8　查询结果显示

(5) 以下两种方法均可打开"视图设计器"界面。

① 在菜单栏中选择"文件"菜单中的"新建"选项，选定文件类型为"视图"，单击"新建文件"按钮。

② 在命令窗口输入命令：

　　　　CREATE VIEW

其余设置"字段"和"筛选"两个选项卡的过程与建立查询的方法类似，在此不再重复。其中设置筛选条件为：YEAR(Student.出生日期) = 1986

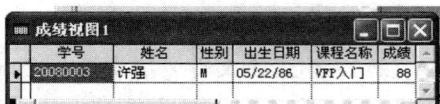

图 4-1-9　视图结果显示

AND　Score.成绩 >= 80；运行该视图并以文件名"成绩视图 1.vue"保存。在视图设计器窗口中，点击右键，选中"查看 SQL"。运行结果如 4-1-9 所示。

拓 展 练 习

打开本教材下载资源"模块四任务 1 拓展练习"中的"家庭财务"数据库，该数据库包含两个表(如图 4-1-10 所示)，完成下列实验内容：

(1) 建立查询 query1.qpr，查询"账户设置"表中的所有字段信息。

(2) 建立视图 view1.vue，显示"日常支出"表中的所有字段信息。

(3) 建立查询 query2.qpr，查询各账户开支情况，包

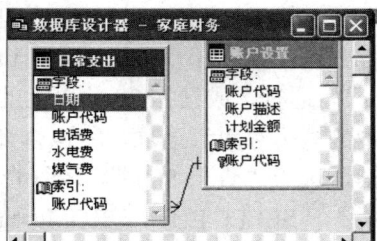

图 4-1-10　家庭财务数据库

括字段：日期，账户代码，电话费，水电费，煤气费，账户描述，计划金额，剩余金额。两表以"账户代码"联接，按"日期"和"剩余金额"排序(升序)，其中"剩余金额"等于计划金额减去电话费、水电费和煤气费。

(4) 建立视图 view2.vue，显示各账户开支情况，包括字段：日期，账户代码，电话费，水电费，煤气费，账户描述，计划金额，剩余金额。两表以"账户代码"联接，按"日期"和"剩余金额"排序(升序)，其中"剩余金额"等于计划金额减去电话费、水电费和煤气费。

模块五 结构化查询语言(SQL)

任务 1 SQL 定义与维护数据表

任务目标

(1) 掌握 SQL 语言的数据定义语句。

(2) 掌握运用 SQL 语言对表的数据维护方法。

任务内容

本教材下载资源中"模块五任务 1 任务内容"中有一个"学生"数据库,如图 5-1-1 所示。

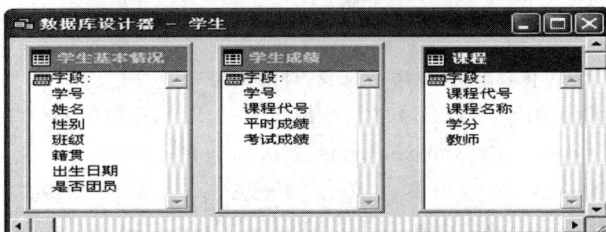

图 5-1-1 学生数据库结构图

(1) 根据"学生"数据库,使用 SQL 语言创建名为"student"的数据库。

(2) 根据"学生"数据库表"学生基本情况"、"学生成绩"和"课程",使用 SQL 语言创建具有同样结构的数据库表:xsjbqk.dbf、xscj.dbf、kc.dbf,其字段标题用英文缩写字符表示,字段类型与对应表相同。

(3) 使用 SQL 语言向 xsjbqk.dbf 中输入三条记录。记录内容如表 5-1-1 所示。

表 5-1-1 记录内容

20060101	陈燕	女	护理一	广西	09/10/88	.T.
20060224	王丽平	女	护理三	湖南	03/29/87	.F.
20060226	王大力	男	护理二	江西	12/09/89	.T.

(4) 使用 SQL 语言修改 xsjbqk.dbf 中 xh 为 9 个字符长,xm 为 8 个字符长,jg 为 6 个字符长。

(5) 使用 SQL 语言修改 xsjbqk.dbf 表中陈燕的籍贯(jg)为广东。

(6) 使用 SQL 语言将 xsjbqk.dbf 中的每条记录学号前都加上 'H' 字符,如"20060101"修改为"H20060101"。

(7) 使用 SQL 语言删除 xsjbqk.dbf 表中姓王的学生记录。

(8) 为 xsjbqk.dbf 表增加一备注字段(字段名：bz；字段类型：备注类型)。

(9) 为 xsjbqk.dbf 表删除备注字段(字段名：bz)。

(10) 将所有 SQL 语句保存到 SQL1.txt 文件中。

操作步骤

以下各 SQL 语言命令均在 VFP 命令窗口中输入，所有标点符号都是英文标点符号。

(1) 命令如下：

    CREATE DATABASE student

(2) 命令如下：

    CREATE TABLE xsjbqk (xh　C(10)　NOT　NULL , xm　C(10)　NOT NULL , ;

    xb C(2) , bj C(10) , jg　C(10) , csrq　D , sfty　L)

查看结果：执行命令"LIST STRUCTURE"

    CREATE TABLE kc (kcdh　C(10)　NOT NULL ,kcmc　C(20), xf　N(2), js　C(10))

查看结果：执行命令"LIST STRUCTURE"

    CREATE TABLE xscj (xh　C(10), kcdh　C(10), pscj　N(5,1) , kscj　N(5,1))

查看结果：执行命令"LIST STRUCTURE"

(3) 命令如下：

    INSERT INTO xsjbqk (xh , xm , xb , bj , jg , csrq , sfty)　;

    VALUES ('20060101',　'陈燕',　'女',　'护理一',　'广西',　{^1988-09-10},　.T.)

    INSERT INTO xsjbqk (xh , xm , xb , bj , jg , csrq , sfty)　;

    VALUES ('20060224',　'王丽平',　'女',　'护理三',　'湖南',　{^1987-03-29},　.F.)

    INSERT INTO xsjbqk (xh ,　xm ,　xb ,　bj ,　jg ,　csrq ,　sfty)　;

    VALUES ('20060226',　'王大力',　'男',　'护理二',　'江西',　{^1989-12-09},　.T.)

查看结果：执行命令"BROW"(结果如图 5-1-2 所示)

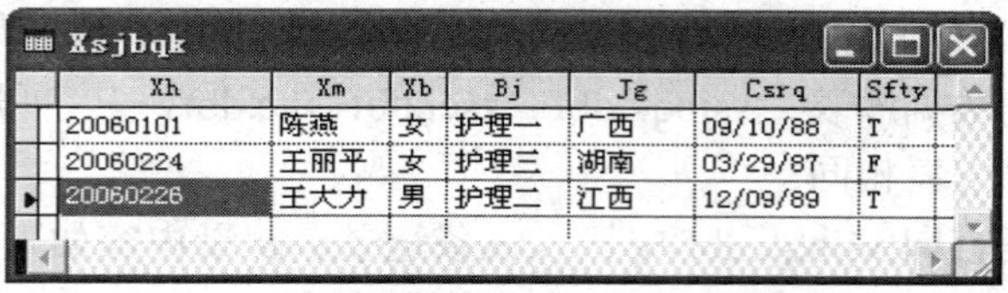

图 5-1-2　插入记录结果图

(4) 命令如下：

    ALTER　TABLE　xsjbqk　ALTER　xh　C(9)　ALTER　xm　C(8)　ALTER　jg　C(6)

查看结果：执行命令"LIST STRUCTURE"

(5) 命令如下：

    UPDATE　xsjbqk　SET　jg='广东'　WHERE　xm='陈燕'

查看结果：执行命令"BROW"

(6) 命令如下：

    UPDATE　xsjbqk　SET　xh='H'+xh

查看结果：执行命令"BROW"

(7) 命令如下：

　　　　DELETE　FROM　xsjbqk　WHERE　'王'$xm

查看结果：执行命令"BROW"

(8) 命令如下：

　　　　ALTER　TABLE　xsjbqk　ADD　bz　M

查看结果：执行命令"LIST STRUCTURE"

(9) 命令如下：

　　　　ALTER　TABLE　xsjbqk　DROP　bz

查看结果：执行命令"LIST STRUCTURE"

(10) 新建文本文件 SQL1.txt，将命令窗口中正确的 SQL 语句保存其中。

拓展练习

根据任务内容中已建立的三个表：xsjbqk.dbf、xscj.dbf、kc.dbf 完成以下操作：

(1) 为 xsjbqk.dbf 表的性别(xb)字段添加有效性规则：男或女，默认为男。

(2) 用 SQL 语言修改 kc.dbf 表中的课程代号(kcdh)字段长度为 5。

任务 2　SQL 查询应用

任务目标

(1) 掌握运用 SQL 语言对表的数据查询方法。

(2) 掌握运用 SQL 语言对表的数据操纵方法。

任务内容

(1) 根据本教材下载资源中"模块五任务 2 任务内容"中学生基本情况.dbf 表，使用 SQL 语言创建 xs.dbf 自由表，其字段标题用英文缩写字符表示。

(2) 使用 SQL 语言的命令对所有姓袁的学生的籍贯修改为"新疆"。

(3) 使用 SQL 语言命令，对 xs.dbf 表完成：

① 显示所有男生并且籍贯为湖南的记录数据。

② 显示姓"周"学生的姓名、性别、出生日期、籍贯、入学成绩等数据。

③ 统计女生人数。

④ 根据本教材下载资源中"模块五任务 2 任务内容"中的学生.dbf、选课.dbf 和课程.dbf 三个表，查询所有同学的全部学习成绩，显示学生姓名、课程编号、课程名和成绩等字段。

(4) 查询课程.dbf 表中所有被学生选修的课程号和课程名称。

(5) 对学生.dbf 按性别顺序列出学生的学号、姓名、性别、课程名及成绩，性别相同的再先按课程名后按成绩(由高到低)排序，并将查询结果存入_xscj.dbf 表中。

(6) 分别统计男女生中入学成绩大于 590 分的少数民族学生人数。

(7) 列出平均成绩大于等于 80 分的课程号及平均成绩。

(8) 列出选修课程号为"01102"或"01105"的所有学生的学号和课程号。

(9) 列出少数民族学生的学号、姓名、课程号及成绩。

操作步骤

以下各 SQL 语言命令均在 VFP 命令窗口中输入：

(1) CREATE TABLE   xs   FREE(xh c(7),xm c(8),xb c(2),csrq D,ssmcf L,jg c(6),;
yxcj n(5,1),jl M,zp G)

(2) UPDATE xs SET jg='新疆' WHERE '袁'$xm

(3) ① SELECT * FROM xs WHERE xb='男' AND '湖'$jg

② SELECT xm,xb,csrq,jg,yxcj FROM xs WHERE xm LIKE '周'

③ SELECT COUNT(*) FROM xs WHERE xb='女'

④ SELECT a.姓名,b.课程号,c.课程名,b.成绩 FROM 学生 a,选课 b,课程 c ;
WHERE a.学号=b.学号 AND c.课程号=b.课程号

(4) SELECT 课程号,课程名 FROM 课程 WHERE 课程号 IN(SELECT 课程号 FROM 选课)

(5) SELECT a.学号,a.姓名,a.性别,c.课程名,b.成绩 FROM 学生 a,选课 b,课程 c;
WHERE a.学号=b.学号 AND b.课程号=c.课程号;
ORDER BY a.性别,c.课程名,b.成绩 DESC INTO TABLE _xscj

(6) SELECT 性别,COUNT(性别) FROM 学生 GROUP BY 性别 WHERE 少数民族
否 AND 入学成绩>590

(7) SELECT 课程号,AVG(成绩) FROM 选课 GROUP BY 课程号 HAVING AVG(成绩)>=80

(8) SELECT 学号,课程号 FROM 选课 WHERE 课程号='01102' UNION ;
SELECT 学号,课程号 FROM 选课 WHERE 课程号='01105'

(9) SELECT a.学号,a.姓名,b.课程号,b.成绩 FROM 学生 a INNER JOIN ;
选课 b ON a.学号=b.学号 WHERE a.少数民族否

拓展练习

根据本教材下载资源中"模块五任务 2 拓展练习"中的学生表、课程表、选课表、授课表和教师表完成以下操作：

(1) 查询 1981 年以前出生的学生名单。

(2) 查询男女生的平均年龄。

(3) 用 SQL 语言命令完成以下要求。

① 显示职称为副教授的教师姓名、出生日期、所教课程号、课程名及所教学生人数。

② 显示"计算机基础"课程的任课教师的教师号、姓名、职称及年龄。

③ 显示赵明灿教师所教课程的课程号、课程名、学生人数及学分，学分由低到高排列。

④ 按职称统计教师人数。

(4) 用 SQL 语言命令列出学分大于 2 的所有课程的课程号、课程名、任课教师姓名及职称。

(5) 用 SQL 语言命令查询学生所学课程和成绩，输出学号、姓名、课程名、成绩、学分及任课教师，并将查询结果存入 testtable 表中。

模块六　结构化程序设计

任务1　顺序结构、选择结构与循环结构程序设计

任务目标

(1) 掌握 Visual FoxPro 程序的三种结构。

(2) 掌握顺序程序的分析、设计与代码编写。

(3) 掌握分支程序的特点，学会正确使用逻辑运算符、逻辑表达式和比较表达式。

(4) 掌握循环结构程序设计的基本方法，理解循环嵌套。

任务内容

编写如下程序：

(1) 输入圆的半径，计算其面积、周长。面向对象设计利用选项按钮选择运算实现该功能。

(2) 求一元二次方程 $ax^2+bx+c=0$ 的根。(系数 a,b,c 从外部输入)

(3) 编制程序，根据用户输入的考试成绩(百分制，若有小数则四舍五入)，输出相应的等级。等级划分标准为：90～100 分为优秀；80～89 分为良好；70～79 分为中等；60～69分为及格；<60 分为不及格。

(4) 设 $s = 1^1 \times 2^2 \times 3^3 \times \dots \times n^n$，求 s 不大于 400000 时的最大的 n。

(5) 编制程序：求出所有小于或等于 100 的自然数对。自然数对是指两个自然数的和与差都是平方数，如 8 与 17 的和 8 + 17 = 25 与其差 17 − 8 = 9 都是平方数，则 8 和 17 称自然数对。

操作步骤

本任务的操作步骤如下。

(1) 分析：圆周长=$2\pi R$；圆面积=πR^2。

具体操作如下：

在文件系统菜单中，选"新建"，选"程序"，打开程序设计器，在程序设计器中输入如下程序语句。

```
INPUT "请输入圆半径:"   TO   R
L=2*PI()*R
S=PI()*R*R
? "圆周长=", L
```

　　　　? "圆面积=",S

　　按"ctrl"+"W"保存，打开保存对话框，选择保存路径，输入文件名 prog1，然后去执行该程序。

　　程序执行方法：

　　方法一：在命令框中输入命令：DO　PROG1

　　方法二：在"程序"菜单中选择"运行"。

　　方法三：点击工具栏上的"!"按钮。

　　(2) 分析：

　　① 根据一元二次方程的系数 a、b、c 的取值，有以下几种情况：

- 当 a≠0 时，有两个根。设 delta = $b^2 - 4ac$,

　　当判别式 delta>0 时，有两个不同的实根。

　　当判别式 delta=0 时，有两个相同的实根。

　　当判别式 delta<0 时，有两个不同的虚根。

- 当 a=0，b≠0 时，有一个根。

- 当 a=0，b=0 时，方程无意义。

　　② 根据分析画出 N-S 流程图，如图 6-1-1 所示：

　　③ 根据流程图，编写如下程序代码：

```
&&  求 ax^2+bx+c=0 的根
INPUT "请输入二次项系数 a:"　TO　a
INPUT "请输入一次项系数 b:"　TO　b
INPUT "请输入常数项 c:"　TO　c
IF a<>0
        delta=b^2-4*a*c
        re=-b/2*a
        IF delta>0
            sb=SQRT(delta)/(2*a)
            x1=re+sb
            x2=re-sb
            ? "x1=",x1,   "    x2=",x2
        ELSE
            IF delta=0
              ? "x1=x2=",re
            ELSE
                xb=SQRT(-delta)/(2*a)
                ? "x1=", re, "+", xb,+"i"
                ? "x2=", re, "-", xb,+"i"
            ENDIF
        ENDIF
    ELSE
```

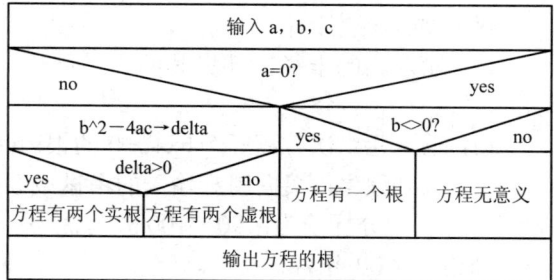

图 6-1-1　N-S 流程图

```
        IF b<>0
            ygz= –c/b
            ? "x=", ygz
        ELSE
                ? "方程无意义"
        ENDIF
    ENDIF
```

(3) 利用多条件多分支结构来实现。

① 画出结构化流程图，如图 6-1-2 所示。

输入 n		(给出考试成绩)
情形		
	90—100	输出："成绩"＋STR(n)＋"等级优秀"
	80—89	输出："成绩"＋STR(n)＋"等级良好"
	70—79	输出："成绩"＋STR(n)＋"等级中等"
	60—69	输出："成绩"＋STR(n)＋"等级及格"
	<60	输出："成绩"＋STR(n)＋"等级不及格"

图 6-1-2　结构化流程图

② 根据流程图，在程序编辑窗口中编写程序代码：

```
SET TALK OFF
INPUT"请输入学生成绩："TO n
IF n>100 OR n<0
INPUT"输入有错！请重新输入成绩：" TO n
ENDIF
DO CASE
        CASE n<60
        dj="不及格"
        CASE n<70
        dj="及格"
        CASE n<80
        dj="中等"
        CASE n<90
        dj="良好"
        OTHERWISE
        dj="优秀"
ENDCASE
?"该同学成绩为："+STR(round(n,0),3)+"分"+"等级"+dj
SET TALK ON
```

RETURN

(4) 分析：根据表达式的结构，先进行内循环累乘，再进行外循环累乘，因此需要二个累乘器。设计数器为 n，外累乘器 s=s*t，内累乘器 t=t*n。其循环条件是 s<=400 000，由于求的是最大的 n 值，输出语句应在外循环体外。

① 根据分析，画出流程图，如图 6-1-3 所示。

② 根据流程图，编写程序代码。

```
SET TALK OFF
n=1
s=1
DO WHILE s<=400 000
n=n+1
t=1
FOR I=1 TO n
   t=t*n
ENDFOR
s=s*t
ENDDO
?"不大于 400 000 时的最大 n 为", n −1
SET TALK ON
```

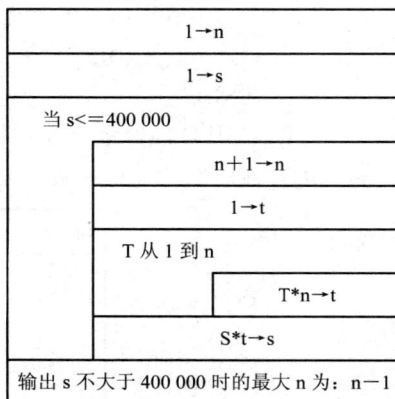

| 1→n |
| 1→s |

图 6-1-3　N–S 流程图

(5) 分析：根据自然数对的定义，采用"穷举法"运用二重循环来检查 100 以内的所有自然数对。

① 根据算法分析，画出 N–S 流程图，如图 6-1-4 所示。

② 根据流程图，编写程序代码。

```
SET TALK OFF
k=1
FOR n=1 TO 100
    FOR n=1 TO n
      s=n+m
      d=n−m
      IF SQRT(s)=INT(SQRT(s)) AND SQRT(d)=INT(SQRT(d)) THEN
        ?"",k,"",n,m
        k=k+1
      ENDIF
    ENDFOR
ENDFOR
SET TALK ON
RETURN
```

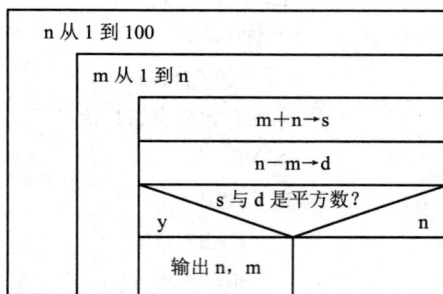

图 6-1-4　N–S 流程图

(6) 分析：对于任意偶数 n，先求出小于 n 的一个素数 x，令 y = n – x，判断 y 是否为素数，如果 y 也是素数，则输出 n = x + y，否则另取一个小于 n 的素数 x 而找 y。直至 x、y 均为素数为止。

① 根据分析，画出如图 6-1-5 所示的结构化流程图，其中 f 为标识符变量，首先假设 x 为素数。

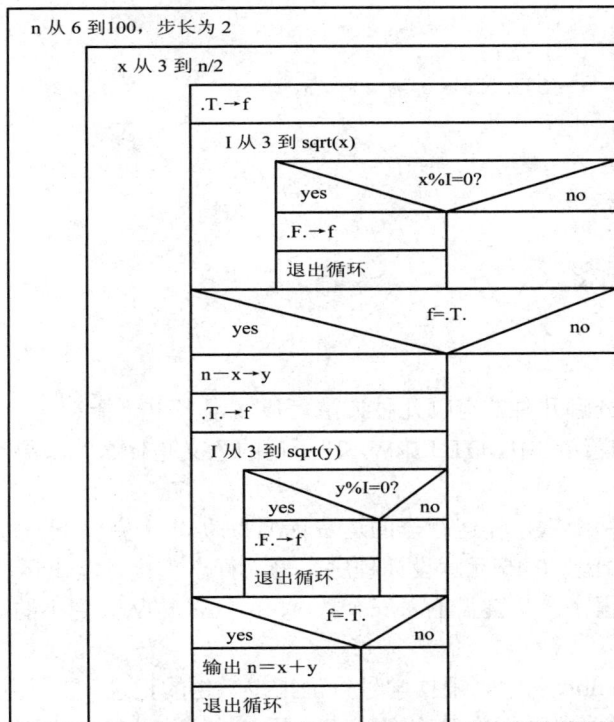

图 6-1-5　结构化流程图

② 根据流程图，编写程序代码。

```
SET TALK OFF
FOR N=6 TO 100 STEP 2
  FOR X=6 TO N/2 STEP 2
  f=.T.
  FOR I=3 TO SQRT(X)
    IF X%I=0
    f=.T.
    EXIT
    ENDIF
  ENDFOR
  IF f=.T. THEN
  Y=N−X
  F=.T.
  FOR I=3 TO SQRT(Y)
```

```
        IF Y%I=0
         f=.T.
         EXIT
         ENDIF
       ENDFOR
     IF f=.T.
     ?STR(N,3)+"=" +STR(X,3)+"+"+ STR(Y,3)
       ENDIF
         ENDIF
       ENDFOR
       ENDFOR
     SET TALK ON
```

拓展练习

(1) 选择结构分哪几种？有哪几种方法可以实现多重选择？

(2) 在多重选择结构中，OTHERWISE 子句的意义是什么？如果不要该子句，如何修改程序？

(3) 从长沙到岳阳铁路托运行李的运费标准为：40 千克以下，每千克 0.3 元；超过 40 千克，超出部分每千克 0.45 元。设计程序，输入行李重量，输出运费。

(4) 设计一个程序，从键盘输入三个数 a、b、c，按从大到小的顺序重排 a、b、c，使 a 最大，c 最小。

(5) 在 student.dbf 表中，根据学号查询指定学生的记录，若找到了则根据入学成绩输出成绩等级(等级分类方法同实验内容的第 3 题)。若没有找到，则输出"XX 学号不存在"(其中 XX 代表输入的学号)。

(6) 从键盘输入 a、b、c 的值，判断它们能否构成三角形的三条边。如果能构成一个三角形，则计算三角形的面积，否则给出出错信息。

(7) 试求所有"水仙花数"(即其值等于它的各位数字立方之和的 3 位正整数)，并求出所有水仙花数的和。

(8) 已知 F 数列定义如下：F(1)=1,F(2)=1,F(N+2)=F(N+1)+F(N)，设计程序求 F 数列的第 N 项与前 N 项之和(N 从键盘输入)。

(9) 求 500 以内的素数之和。

(10) 任意建立一个自由表，向该自由表添加 50 条空白记录。

(11) 编程：求 S = 1 − 1/2 + 1/3 − 1/4 + 1/5 − ⋯ − 1/100。

任务 2　子程序、过程与自定义函数

任务目标

(1) 掌握子程序的概念与调用方法。

(2) 掌握过程文件的结构和过程调用中的参数传递。

(3) 掌握用户自定义函数的定义格式和调用方法。

(4) 掌握自定义函数与过程文件的建立方法。

任务内容

(1) 分别建立如图 6-2-1 所示的四个程序文件，在命令窗口中运行第一个程序文件，并分析运行结果。

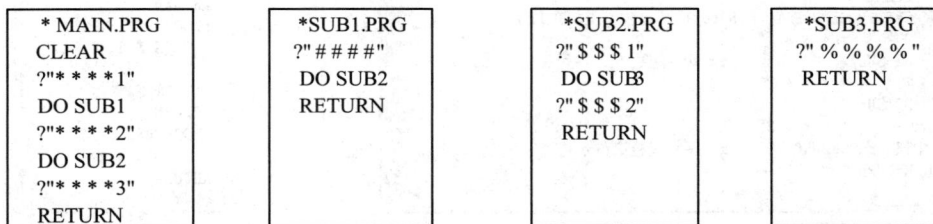

```
* MAIN.PRG
CLEAR
?"* * * *1"
DO SUB1
?"* * * *2"
DO SUB2
?"* * * *3"
RETURN
```

```
*SUB1.PRG
?"# # # #"
DO SUB2
RETURN
```

```
*SUB2.PRG
?"$ $ $ 1"
DO SUB3
?"$ $ $ 2"
RETURN
```

```
*SUB3.PRG
?" % % % %"
RETURN
```

图 6-2-1　程序文件

(2) 将上面的三个子程序 SUB1.PRG，SUB2.PRG，SUB3.PRG 改为过程，并存放于过程文件 SUB.PRG 中，在主程序中通过打开过程文件的方法实现对过程的调用。

(3) 将上述过程文件中的三个过程与主程序一起存放，然后运行主程序，观察程序的运行结果。

(4) 在主程序中输入梯形的上底、下底和高的数据，利用带参数的过程求梯形的面积。

(5) 若一个自然数的本身、所有数字之和、所有数字之积以及所有数字的平方和都是素数，则称该素数为超级素数。例如 113 是一个超级素数。利用自定义函数的方法，求[100, 999]之内：

① 超级素数的个数。

② 所有超级素数的和。

③ 最大的超级素数。

操作步骤

1. 任务(1)的具体操作

(1) 建立第一个程序文件 MAIN. PRG(主程序)。在命令窗口输入命令：

　　MODI COMM MAIN

并在打开的文本编辑窗口键入语句。

(2) 按 Ctrl+W 组合键存盘，返回命令窗口。

(3) 依次建立其他 3 个程序文件 SUB1.PRG、SUB2.PRG 和 SUB3.PRG(子程序)。

(4) 运行主程序，在命令窗口输入：

　　DO MAIN

屏幕显示结果如图 6-2-2 所示。

```
* * * *1
# # # #
$ $ $ 1
% % % %
$ $ $ 2
* * * *2
$ $ $ 1
% % % %
$ $ $ 2
* * * *3
```

图 6-2-2　运行结果

2．任务(2)的具体操作

(1) 修改主程序 MAIN.PRG，如图 6-2-3 所示。

(2) 在命令窗口输入：MODI COMM SUB.PRG，在编辑窗口建立过程文件，如图 6-2-4 所示。

```
main.prg
*MAIN.PRG
CLEAR
SET PROCEDURE TO SUB   && 打开过程文件SUB.PRG
? "    * * * * 1"
DO SUB1                && 调用过程文件中定义的过程SUB.PRG
? "    * * * * 2"
DO SUB2
? "    * * * * 3"
SET PROCEDURE TO       && 关闭过程文件
RETURN
```

图 6-2-3　修改主程序文件

```
sub.prg
* SUB.PRG
PROCEDURE SUB1
  ? "# # # #"
  DO SUB2
RETURN
PROCEDURE SUB2
  ? "$ $ $ 1"
  DO SUB3
  ? "$ $ $ 2"
RETURN
PROCEDURE SUB3
  ? "% % % %"
RETURN
```

图 6-2-4　过程文件

(3) 运行主程序，在命令窗口输入：

DO MAIN

观察运行结果。

3．任务(3)的操作步骤

修改主程序，并将过程文件中的三个过程直接放在主程序的后面，如图 6-2-5 所示，观察运行结果。

4．任务(4)的操作步骤

可以运用两种方法实现过程中的参数传递。

(1) 利用参数实现数据传递，其程序文件 AREA1.PRG 如图 6-2-6 所示。

(2) 利用变量的作用域实现数据传递，其程序文件 AREA2.PRG 如图 6-2-7 所示。

```
main.prg
*MAIN.PRG
CLEAR
? "* * * * 1"
DO SUB1
? "* * * * 2"
DO SUB2
? "* * * * 3"
RETURN
PROCEDURE SUB1
  ? "# # # #"
  DO SUB2
RETURN
PROCEDURE SUB2
  ? "$ $ $ 1"
  DO SUB3
  ? "$ $ $ 2"
RETURN
PROCEDURE SUB3
  ? "% % % %"
RETURN
```

图 6-2-5　主程序

```
area1.prg
*主程序  AREA1.PRG
SET TALK OFF
CLEAR
MJ=0
INPUT "请输入梯形上底：" TO SD
INPUT "请输入梯形下底：" TO XD
INPUT "请输入梯形高：" TO H
DO TXMJ WITH MJ,SD,XD,H
? "梯形的面积为：",MJ
RETURN
*计算梯形面积的过程TXMJ
PROCEDURE TXMJ
PARAMETER AREA,X1,X2,X3
AREA=(X1+X2)*X3/2
RETURN
```

图 6-2-6　利用参数传递数据

```
area2.prg
*主程序  AREA2.PRG
SET TALK OFF
CLEAR
INPUT "请输入梯形上底：" TO SD
INPUT "请输入梯形下底：" TO XD
INPUT "请输入梯形高：" TO H
DO TXMJ WITH SD,XD,H
? "梯形的面积为：",MJ
RETURN
*计算梯形面积的过程TXMJ
PROCEDURE TXMJ
PARAMETERS X1,X2,X3
PUBLIC MJ
MJ=(X1+X2)*X3/2
RETURN
```

图 6-2-7　利用变量作用域传递数据

5．任务(5)的操作步骤

分析：定义一个判断某正整数 X 是否为素数的自定义函数 PRIME(X)，若 X 是素数，返回函数值为.T.，否则返回函数值为.F.。启动程序编辑器，建立如图 6-2-8 所示的程序文件 CJSS.PRG。

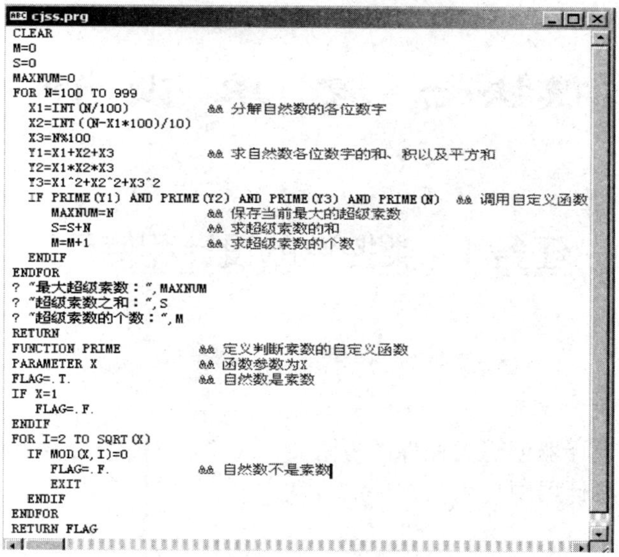

```
CLEAR
M=0
S=0
MAXNUM=0
FOR N=100 TO 999
    X1=INT(N/100)                && 分解自然数的各位数字
    X2=INT((N-X1*100)/10)
    X3=N%100
    Y1=X1+X2+X3                  && 求自然数各位数字的和、积以及平方和
    Y2=X1*X2*X3
    Y3=X1^2+X2^2+X3^2
    IF PRIME(Y1) AND PRIME(Y2) AND PRIME(Y3) AND PRIME(N)   && 调用自定义函数
        MAXNUM=N                 && 保存当前最大的超级素数
        S=S+N                    && 求超级素数的和
        M=M+1                    && 求超级素数的个数
    ENDIF
ENDFOR
? "最大超级素数：", MAXNUM
? "超级素数之和：", S
? "超级素数的个数：", M
RETURN
FUNCTION PRIME                   && 定义判断素数的自定义函数
PARAMETER X                      && 函数参数为X
FLAG=.T.                         && 自然数是素数
IF X=1
    FLAG=.F.
ENDIF
FOR I=2 TO SQRT(X)
    IF MOD(X,I)=0
        FLAG=.F.                 && 自然数不是素数
        EXIT
    ENDIF
ENDFOR
RETURN FLAG
```

图 6-2-8 利用自定义函数编写程序文件

程序运行结果：

最大超级素数： 904

超级素数之和： 7676

超级素数的个数： 19

拓 展 练 习

(1) 自定义一个求 n！的函数，并利用该自定义函数计算：S=3!+5!+7!+9!。

(2) 利用带参数的过程求 S = 3! + 5! + 7! + 9!

(3) 自定义一个求三个数中最大数的自定义函数，并利用该函数求五个数中的最大数。

(4) 若一个素数依次去掉个位、十位……，每次所得的数仍然为素数，则这样的素数也称为超级素数。例如 239 为超级素数。利用自定义函数的方法，求[100, 999]之内的最大超级素数和超级素数的个数。

模块七 表单设计

任务 1 类控件的设计和使用

任务目标

(1) 理解类的概念。

(2) 掌握利用类设计器创建类控件的方法。

(3) 掌握在表单设计器中使用类控件的方法。

任务内容

设计一个类控件，类名为"移动记录"，存储于 myvcx。要求类中有"第一个"、"上一个"、"下一个"和"最后一个"四个命令按钮，可以用此类控件来相应的移动数据表中的记录。建立一个表单 myform，添加"移动记录"控件。

操作步骤

本任务的操作步骤如下：

(1) 从系统"文件"菜单中选择"新建"菜单项，选中"类"按钮，然后点击"新建文件"按钮。具体操作如图 7-1-1 所示。

(2) 弹出"新建类"对话框，命名为"移动记录"，在"派生于"下拉类表框中选择"CommandGroup"选项，以 myvcx 名保存，如图 7-1-2 所示。

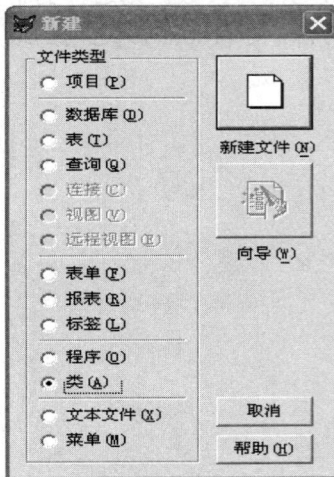

图 7-1-1 新建对话框图   图 7-1-2 新建类对话框图

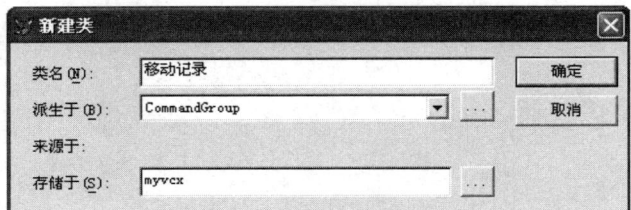

（3）进入类设计器界面，在属性面板中将 ButtonCount 属性设置为 4，然后一次修改每个命令按钮的 Caption 属性值为"第一个"、"上一个"、"下一个"、"最后一个"，将 4 个按钮横向排列，如图 7-1-3 所示。

（4）为每个按钮的"Click"事件编写"事件处理代码"。其中按钮"第一个"的 Click 事件的事件代码如图 7-1-4 所示，按钮"上一个"的 Click 事件的事件代码如图 7-1-5 所示，按钮"下一个"的 Click 事件的事件代码如图 7-1-6 所示，按钮"最后一个"的 Click 事件的事件代码如图 7-1-7 所示。

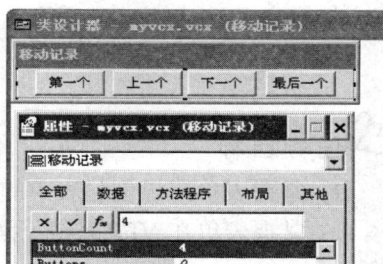

图 7-1-3　类设计器图

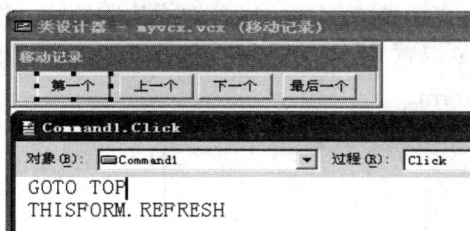

图 7-1-4　Command1 的 Click 事件处理代码

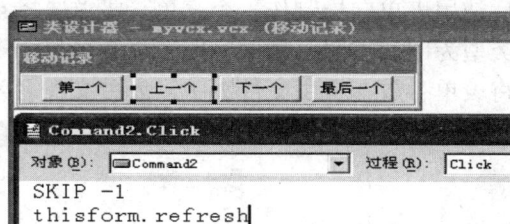

图 7-1-5　Command2 的 Click 事件处理代码

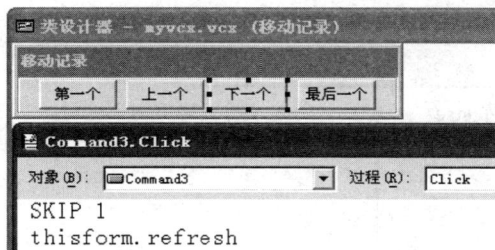

图 7-1-6　Command3 的 Click 事件处理代码

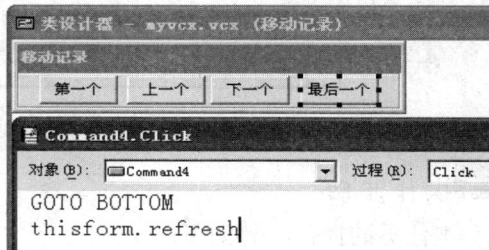

图 7-1-7　Command4 的 Click 事件处理代码

（5）建立表单 myform，在"表单控件"对话框中选择  查看类，添加 myvcx.vcx 类。选中将"移动记录"类控件加入表单，如图 7-1-8 所示。

（6）将表单保存为 myfrom.scx。

图 7-1-8　向表单中添加类控件操作示意图

拓展练习

用可视化的方法设计一个由命令按钮派生的子类，并向其加入一个属性 Number，为该子类设计两个事件程序 Click 和 RightClick。当 Click 事件发生时，判断其属性 Number 是否是一个奇数。当 RightClick 事件发生时，判断 Number 是否是一个能被 5 整除的数。判断结果用 MessageBox()函数来输出。创建一个表单，测试该类控件的功能。

任务 2　利用表单向导创建表单

任务目标

(1) 掌握表单向导创建表单的方法。

(2) 掌握表单在 VFP 系统下运行的方法。

任务内容

打开本教材下载资源中的"模块七任务 2 任务内容"中的数据库 stsc，如图 7-2-1 所示，然后使用表单向导制作一个表单，要求选择 student 表中所有字段，表单样式为阴影式，按钮类型为图片按钮，排序字段选择学号(升序)，表单标题为"学生信息数据输入维护"，最后将表单存放在考生文件夹中，表单文件名为 xd_form。

图 7-2-1　数据库 stsc

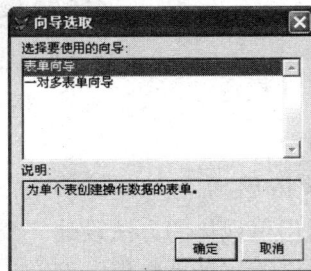

操作步骤

本任务的操作步骤如下：

(1) 使用命令"Open Database stsc"或者选择"文件"菜单项中的"打开"选项打开数据库 stsc.dbc，如图 7-2-2 所示。

(2) 选择"文件"菜单项中的"新建"选项，指定文件类型为"表单"，单击"向导"按钮，打开"向导选取"对话框，如图 7-2-3 所示。

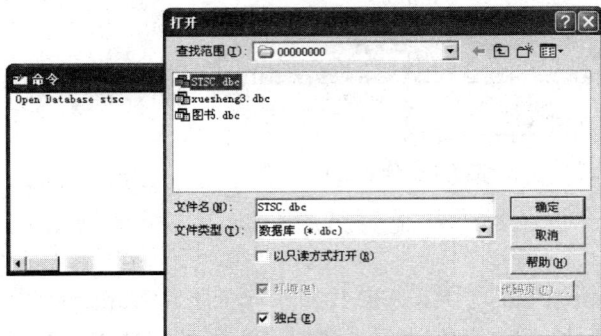

图 7-2-2　打开数据库 stsc　　　　　　　　图 7-2-3　"向导选取"对话框

(3) 在"向导选取"对话框中选择"表单向导"选项，再单击"确定"，则可打开"表单向导"对话框的"步骤 1",在该对话框中选择 student 表和所有字段,如图 7-2-4 所示,然后单击"下一步"。

　　(4) 在"表单向导"的"步骤 2"中选择样式为"阴影式",按钮类型为"图片按钮",如图 7-2-5 所示,然后单击"下一步"。

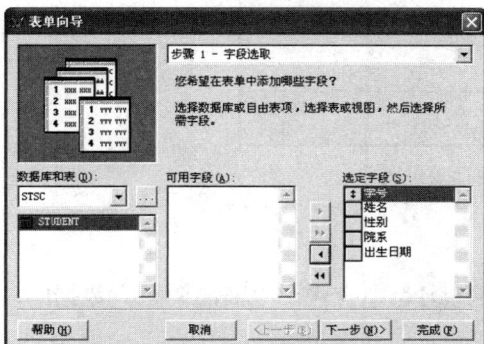

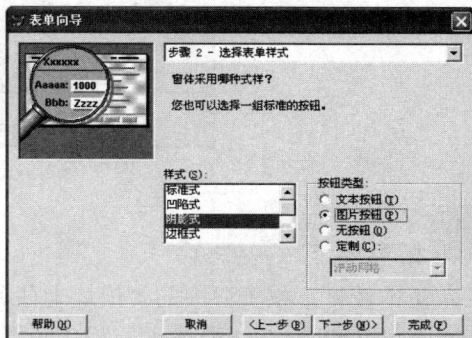

图 7-2-4　字段选取　　　　　　　　　　　　图 7-2-5　选择表单样式

　　(5) 在"表单向导"的"步骤 3"中选择按学号"升序"排序,如图 7-2-6 所示,然后单击"下一步"。

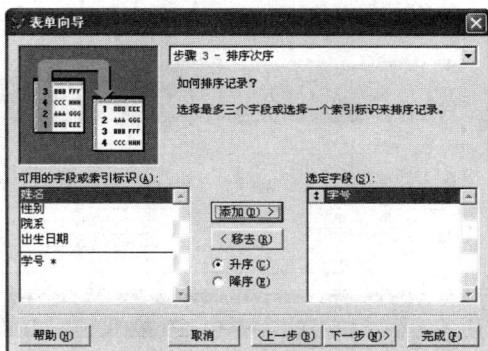

图 7-2-6　按学号升序排序

　　(6) 在"表单向导"的"步骤 3"中,输入表单标题"学生信息数据输入维护",选择"保存并运行表单",如图 7-2-7 所示,然后单击"完成"。再如图 7-2-8 所示,以文件名 xd_form 保存。

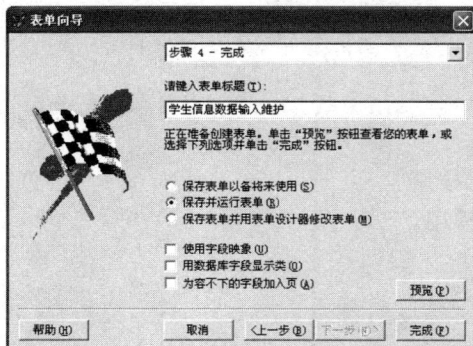

图 7-2-7　步骤 4"完成"　　　　　　　　　　图 7-2-8　保存表单文件

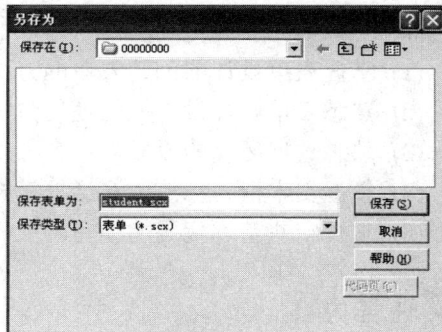

(7) 选择"保存"后，表单运行结果如图 7-2-9 所示。

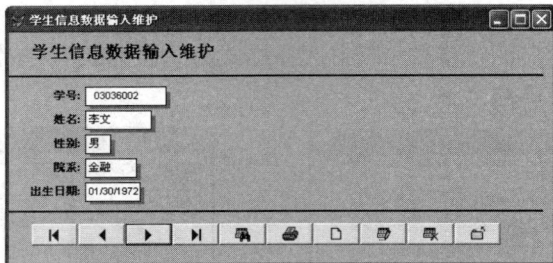

图 7-2-9　表单运行效果图

拓 展 练 习

在本教材下载资源中的"模块七任务 2 拓展练习"中有一个"商品销售"数据库，数据库中包含两个表："商品表"和"销售表"。

使用一对多表单向导为该数据库生成表单。要求选择父表"商品表"中所有字段，选择子表"销售表"中所有字段，表单样式为边框式，按钮类型为文本按钮，排序字段选择商品号(升序)，表单标题为"商品销售情况"，最后将表单存放在考生文件夹中，表单文件名为 spxs_form，如图 7-2-10 所示。

图 7-2-10　运行 spxs_form 表单

任务 3　使用表单设计器创建表单

任 务 目 标

(1) 掌握表单设计器创建表单的方法。

(2) 熟悉表单属性设置框的使用方法。

(3) 熟悉数据环境的设置。

(4) 掌握文本框、标签、对话框等控件的使用。

(5) 掌握一些基本代码的编写。

任 务 内 容

设计界面如图 7-3-1 所示的"登录"表单，表单文件名为 denglu_form。

要求：当用户输入用户名和密码并单击"登陆"按钮后，检验其输入的用户名和密码是否匹配(用户密码.dbf)，若正确，则在对话中显示"登陆成功执行表单！"字样和"热烈欢迎"标题并关闭表单；若不正确，则显示"用户名或密码错误，请重新输入！"字样和"警告"标题；如果连续三次输入不正确，则显示"用户名与密码三次错误，登录失败！"字样和"严重警告"标题，并关闭表单。

表单运行时，组合框 Combo1 显示"用户密码"表中所有用户名；文本框 Text1 用来输入密码，其中输入的密码用"*"表示；点击"登陆"按钮时，则执行实验内容的要求部分；点击"退出"按钮时，则关闭表单，如图 7-3-2 所示。

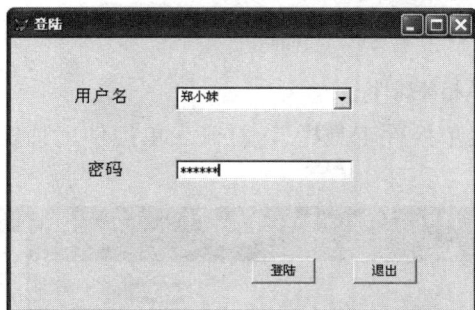

图 7-3-1　表单 denglu_form

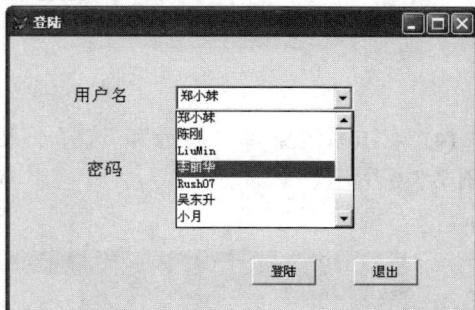

图 7-3-2　选择用户名

操 作 步 骤

本任务的操作步骤如下：

(1) 选择"文件"菜单项中的"新建"选项，指定文件类型为"表单"，单击"新建文件"按钮。如图 7-3-3 所示，进入表单设计器。

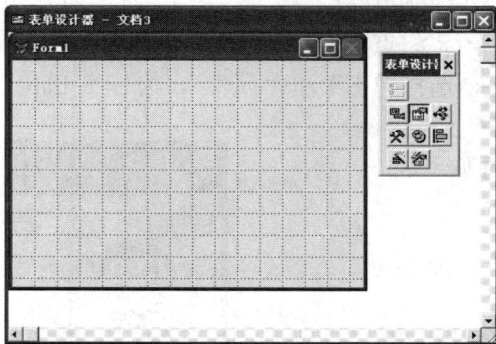

图 7-3-3　表单设计器

(2) 在表单设计器中，右键点击表单，在弹出菜单中选择"属性"，设置表单的 Caption 属性值为"登陆"，AutoCenter 属性值为".T.—真"，如图 7-3-4 所示。

(3) 将用户密码表添加到数据环境中。右键点击表单，在弹出菜单中选择"数据环境"，打开数据环境设计器，再次右键点击数据环境，在快捷菜单中选择"添加"选项，将本教材下载资源中的"模块七任务 3 任务内容"中的用户密码表加入到数据环境中，如图 7-3-5 所示。

图 7-3-4　设置表单相关属性

（4）点击系统菜单"显示"，选择子菜单"表单控件工具栏"，打开表单控件工具栏，如图 7-3-6 所示。

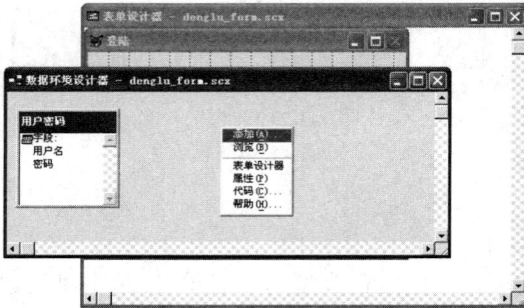

图 7-3-5　数据环境设计器中添加用户密码表

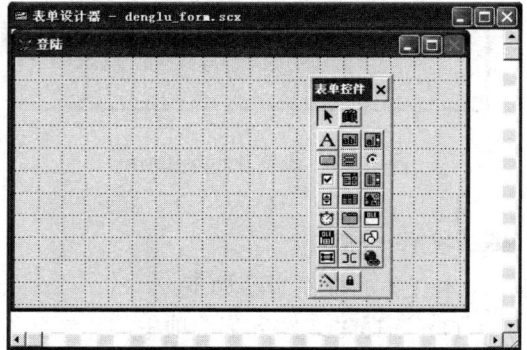

图 7-3-6　表单控件工具栏

（5）为表单中添加两个标签(点击"表单控件工具栏"的标签按钮后，再点击表单即可)，再分别右键点击两个标签，选择弹出菜单"属性"，为标签 Label1 和标签 Label2 设置相关属性。

标签 Label1 主要属性如下：

Caption：用户名；

FontSize：13；

BackStyle：0—透明；

AutoSize：.T. —真。

标签 Label2 主要属性如下：

Caption：密码；

FontSize：13；

BackStyle：0—透明；

AutoSize：.T. —真。

如图 7-3-7 所示。

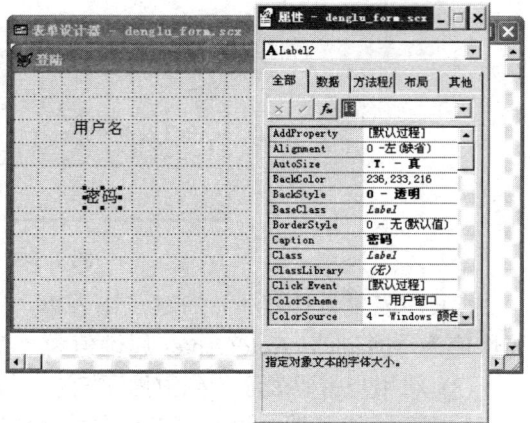

图 7-3-7　设置标签属性

(6) 用第五步同样的方式为表单添加一个组合框(Combo1)和文本框(Text1)。组合框 Combo1 主要属性如下。

RowSource：用户密码.用户名；

RowSourceType：6—字段。

文本框 Text1 主要属性如下：

PasswordChar：*。

如图 7-3-8 所示。

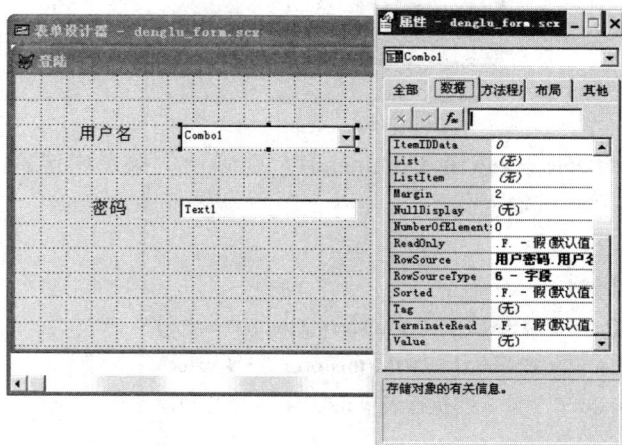

图 7-3-8　组合框和文本框属性设置

(7) 用第五步同样的方式为表单添加两个命令按钮 Command1 和 Command2。

命令按钮 Command1 主要属性如下。

Caption：登陆。

命令按钮 Command2 主要属性如下。

Caption：退出。

至此，表单界面设计完成，效果如图 7-3-9 所示。

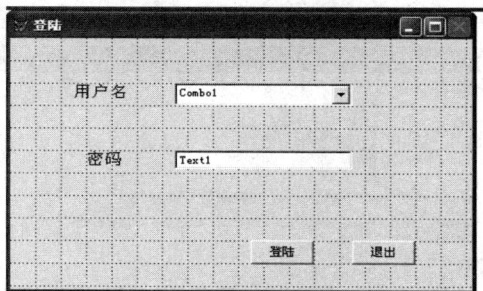

图 7-3-9　表单界面

(8) 右键点击表单，在弹出式菜单中选择"代码"，在代码窗口中选择事件"Load"，如图 7-3-10 所示。再编写如下代码：

```
PUBLIC i
i=0
```

图 7-3-10 　定义全局变量 i

(9) 右键点表单上的命令按钮 Command1，在弹出的菜单中选择"代码"，过程选择"Click"，在代码编写区域输入代码：

```
i=i+1
USE 用户密码
LOCATE FOR 用户名=ALLTRIM(thisform.Combo1.value)
IF FOUND() .AND. 密码=ALLTRIM(thisform.Text1.value)
      MessageBox("登陆成功执行表单！",0+64+0,"热烈欢迎")
ELSE
IF i<3
      MessageBox("用户名或密码错误"+chr(13)+"请重新输入！",0+48+0,"警告")
ELSE
      MessageBox("用户名与密码三次错误"+chr(13)+"登录失败！",0+16+0,"严重警告")
      ThisForm.release
ENDIF
ENDIF
```

如图 7-3-11 所示。

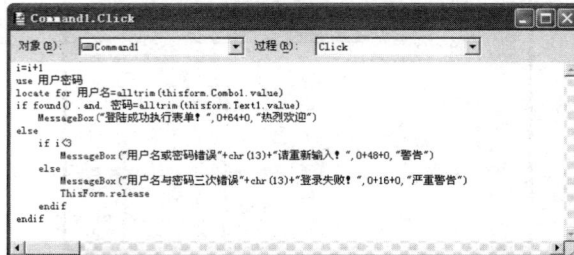

图 7-3-11 　命令按钮 Command1 代码设计

(10) 右键点表单上的命令按钮 Command2，在弹出的菜单中选择"代码"，过程选择"Click"，在代码编写区域输入代码：

```
ThisForm.release
```

如图 7-3-12 所示。

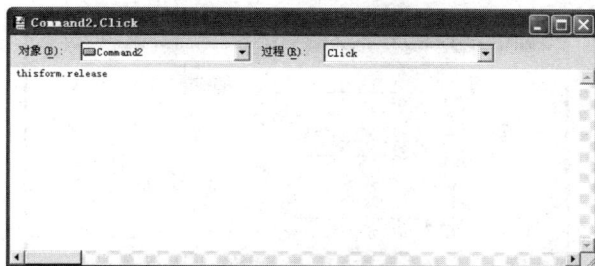

图 7-3-12　命令按钮 Command2 代码设计

(11) 最后，点击系统菜单"表单"，选择"执行表单"，或者点击工具栏上的 █ 图标(如果没有保存表单，则以文件名 denglu_form 保存)。运行结果如图 7-3-13 所示。

图 7-3-13　执行表单时弹出的对话框

拓 展 练 习

在本教材下载资源中的"模块七任务 3 拓展练习"中，有一个表单 form1。

(1) 打开并按如下要求修改 form1 表单文件(最后保存所做的修改)：在"确定"命令按钮的 Click 事件(过程)下的程序有两处错误，请改正。设置 Text2 控件的有关属性，使用户在输入口令时显示"*"(星号)。.

(2) 在本教材下载资源中的"模块七任务 3 拓展练习"中，有一个学生住宿管理数据库，数据库中包含学生表和住宿表。设计一个表单 StuForm，表单标题为"宿舍查询"，表单中有 3 个文本框、3 个标签(标题分别为：学号、姓名、宿舍号)和 2 个命令按钮("查询"和"关闭")。

运行表单时，在第一个文本框里输入某学生的学号(S1～S9)，单击查询按钮，则在第二个文本框内会显示该学生的"姓名"，在第三个文本框里会显示该学生的"宿舍号"。

如果输入的某个学生的学号对应的学生不存在，则在第二个文本框内显示"该生不存在"，第三个文本框不显示内容；如果输入的某个学生的学号对应的学生存在，但在宿舍表中没有该学号对应的记录，则在第二个文本框内显示该生的"姓名"，第三个文本框显示"该生不住校"，如图 7-3-14、图 7-3-15 和图 7-3-16 所示。

单击"关闭"按钮关闭表单。

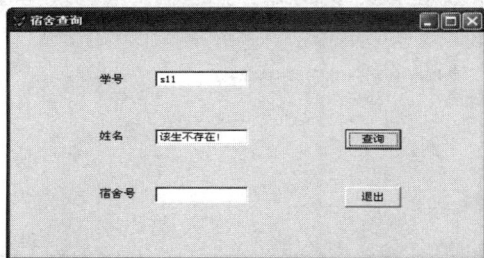

图 7-3-14　表单 StuForm 学生不存在的情况

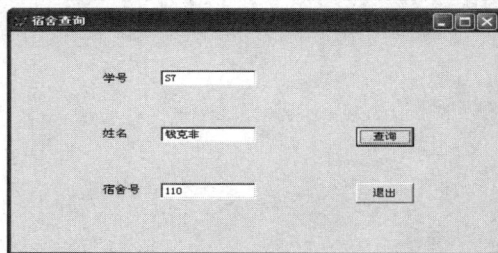

图 7-3-15　表单 StuForm 显示学生住宿号情况

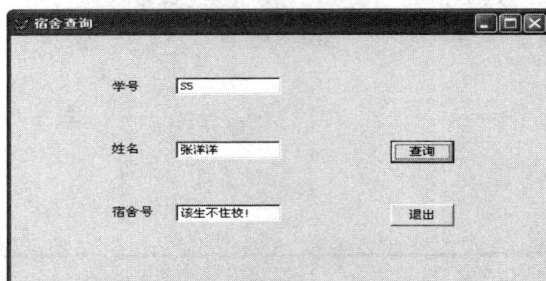

图 7-3-16　表单 StuForm 学生没有住宿号的情况

任务 4　标签及其属性设置

任务目标

(1) 掌握表单的创建方法。

(2) 掌握标签控件的设计以及相关属性设置的方法。

(3) 使用 IF 语句编写事件代码。

任务内容

设计界面如图 7-4-1 所示的表单，表单文件名为 **LForm**。

表单标题为"标签示例"，自动居中显示，表单上有两个标签 Label1、Label2。其中，Label1 字体为金黄色，字体大小为 12 号，标签上的文字为"点我！点我!! 点我吧!!"，标签设为透明，大小为自动适应文字大小；Label2 的文字为"退出"，字体为黑体大小为 16 号，字体颜色为紫色并加粗，标签设为透明，大小为自动适应文字大小，位置在表单的最右下方，并设为隐藏状态。

表单运行时，点击标签 Label1，该标签的位置会随机变化。第一次点击 Label1 时，该标签上的文本变为"你点不到我！"；之后再点击该标签时，文本变为"哈哈，你还是点不到我！"；第十次点击标签时，文本变为"恭喜你，终于点到我了！那我就不动了"，并且字体颜色变为黑色，以后再点击 Label1 时，标签位置和文本不会变化。与此同时，标签 Label2 显示在表单的右下方。点击 Label2，退出表单，如图 7-4-2 所示。

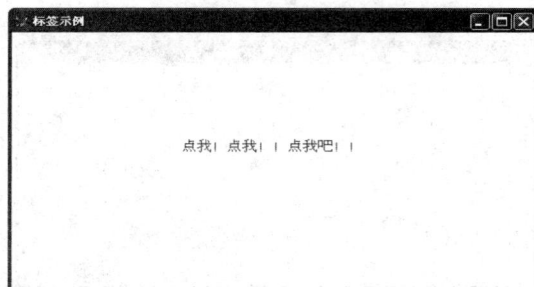

图 7-4-1　表单 LForm

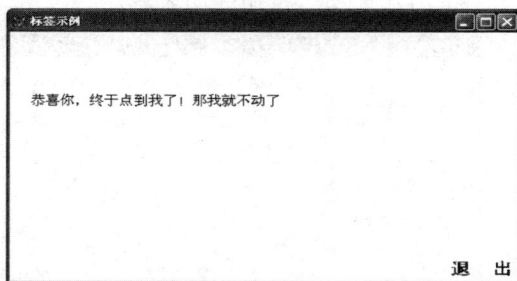

图 7-4-2　第十次点击标签时表单状态

操作步骤

本任务的操作步骤如下：

(1) 选择"文件"菜单项中的"新建"选项，指定文件类型为"表单"，单击"新建文件"按钮，进入表单设计器。

(2) 在表单设计器中，右键点击表单，在弹出菜单中选择"属性"，设置表单的 Caption 属性值为"标签示例"，AutoCenter 属性值为".T.—真"。

(3) 点击系统菜单"显示"，选择子菜单"表单控件工具栏"，打开表单控件工具栏。

(4) 为表单中添加两个标签(点击"表单控件工具栏"的标签按钮后，再点击表单即可)，再分别右键点击两个标签，选择弹出菜单"属性"，为标签 Label1 和标签 Label2 设置相关属性，如图 7-4-3 所示，并把两个标签拖曳到合适的位置。

标签 Label1 主要属性如下。

　Caption：点我！点我!! 点我吧!!；

　FontSize：12；

　BackStyle：0—透明；

　AutoSize：.T.—真；

　ForeColor：128, 128, 0。

标签 Label2 主要属性如下。

　Caption：退出；

　FontSize：16；

　FontName：黑体；

　ForeColor：128, 0, 128 '

　FonBold：.T.—真；

　BackStyle：0—透明；

　AutoSize：.T.—真；

　Visible：.F.—假。

如图 9-3-3 所示。

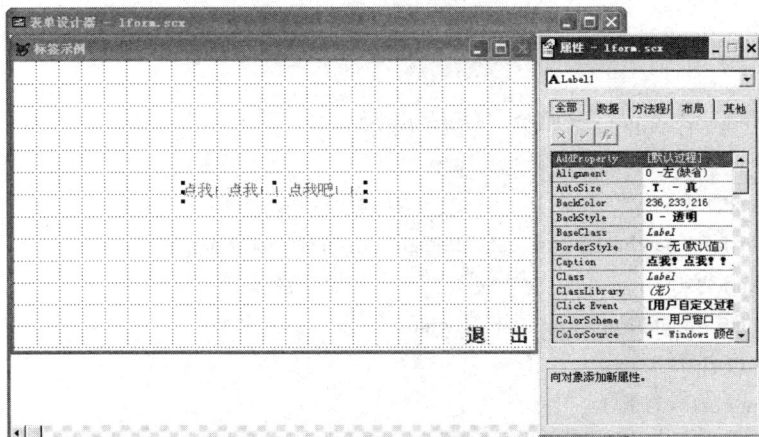

图 7-4-3　设置标签属性

至此，表单界面设计完成，效果如图 7-4-4 所示。

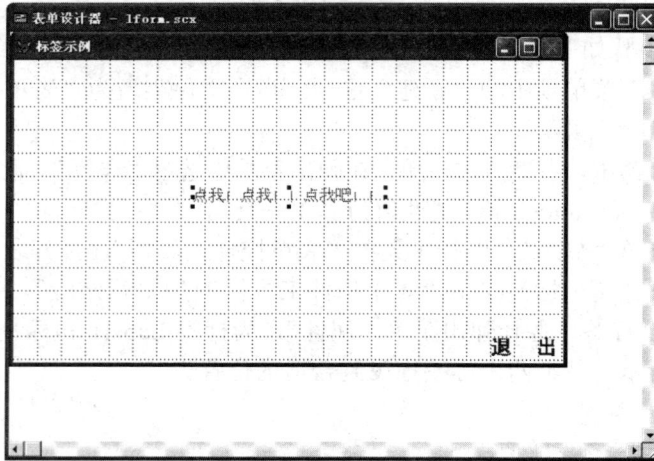

图 7-4-4　表单界面

（5）右键点击表单，在弹出式菜单中选择"代码"，在代码窗口中选择事件"Load"，如图 7-4-5 所示。再编写如下代码：

```
PUBLIC i
i=0
```

（6）右键点表单上的标签 Label1，在弹出的菜单中选择"代码"，过程选择"Click"，在代码编写区域输入代码：

```
i=i+1
IF   i>=10
thisform.Label1.Caption="恭喜你，终于点到我了！那我就不动了"
thisform.Label1.ForeColor=RGB(0,0,0)
thisform.Label2.visible=.t.
ELSE
IF   i=1
thisform.Label1.Caption="你点不到我！"
ELSE
thisform.Label1.Caption="哈哈，你还是点不到我！"
ENDIF
r=int(rand()*1000)
t=r%(thisform.height-thisform.Label2.height-thisform.Label1.height)
r=int(rand()*1000)
l=r%(thisform.width-thisform.Label1.width)
thisform.Label1.Top=t
thisform.Label1.Left=l
ENDIF
```

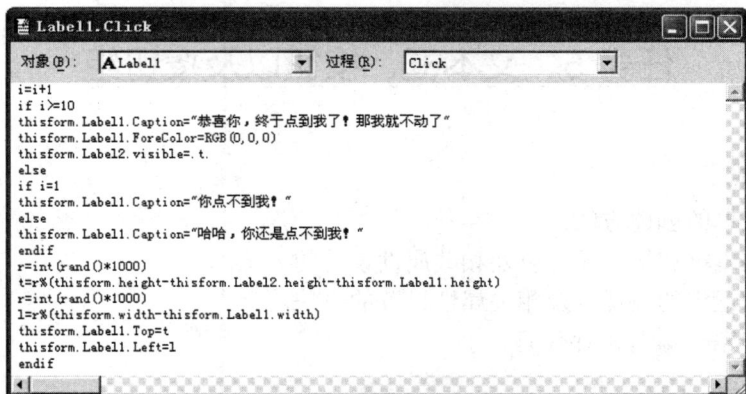

图 7-4-5 Label1 代码设计

（7）右键点表单上的命令按钮 Label2，在弹出的菜单中选择"代码"，过程选择"Click"，在代码编写区域输入代码：

```
ThisForm.release
```

（8）最后，点击系统菜单"表单"，选择"执行表单"，或者点击工具栏上的 ! 图标(如果没有保存表单，则以文件名 LForm 保存)。运行结果如图 7-4-1、图 7-4-2 和图 7-4-6 所示。

图 7-4-6 执行表单 LForm

拓 展 练 习

建立表单 SyForm，表单上有三个标签，当单击任何一个标签时，都使其他两个标签互换。其中：Label1 的标题为"我是标签一号"，字体为黑体，字体大小为 16 号，标签透明，字体颜色为红色；Label2 的标题为"我是标签二号"，字体为宋体，字体大小为 16 号，标签透明，字体颜色为绿色；Label3 的标题为"我是标签三号"，字体为楷体，字体大小为 16 号，标签透明，字体颜色为蓝色，如图 7-4-7 所示。

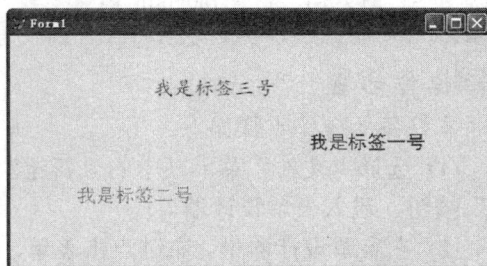

图 7-4-7 运行表单 SyForm

任务 5　文本框、按钮以及按钮组

任务目标

(1) 掌握表单的创建方法。
(2) 掌握文本框和按钮设计以及相关属性设置的方法。
(3) 掌握按钮组的设计以及相关属性设置的方法。
(4) 使用 if 语句编写事件代码。

任务内容

设计界面如图 7-5-1 所示的表单，表单文件名为 YaoForm。

表单上有五个标签和五个文本框，一个命令按钮组，两个按钮。其中，文本框为不可编辑状态，按钮组中的"下一条"按钮为不可用状态。

表单运行时，点击按钮组中的相关按钮，五个文本框显示药品信息表中的对应记录，同时按钮组中的某些按钮呈不可用状态(如到了最后一条记录，"上一条"按钮不可用)。点击"价格修改"按钮时，"价格"文本框变为可编辑状态，可以更改价格，且只能够输入一个实数(整数部分两位，小数部分两位)。同时，该按钮标题变为"修改确定"，其他按钮设为不可用状态。点击"修改确定"按钮时，其他控件又恢复成原状。点击"退出"按钮，退出表单，如图 7-5-2 所示。

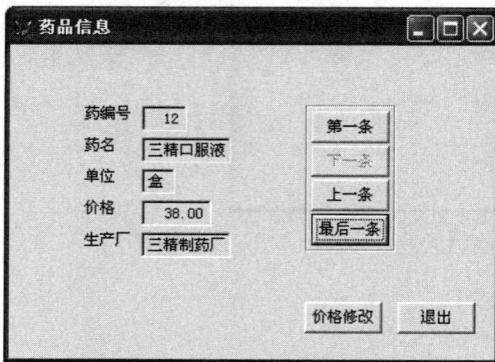

图 7-5-1　表单 YaoForm

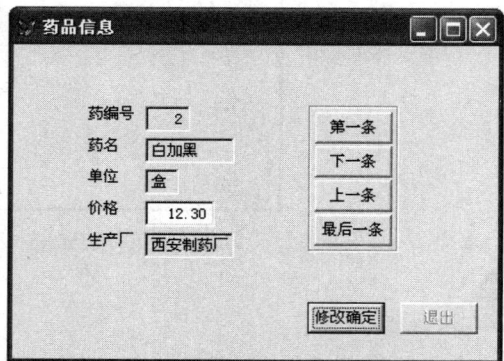

图 7-5-2　点击"价格修改"按钮后

操作步骤

本任务的操作步骤如下：

(1) 选择"文件"菜单项中的"新建"选项，指定文件类型为"表单"，单击"新建文件"按钮，进入表单设计器。

(2) 在表单设计器中，右键点击表单，在弹出菜单中选择"属性"，设置表单的 Caption 属性值为"药品信息"。

(3) 右键点击表单，选择"数据环境"，在打开的"数据环境设计器"中点击右键，把本教材下载资源中的"模块七任务 5 任务内容"中的药信息.dbf 添加进来。然后拖曳药信息表.dbf 的字段至表单，这样就可以自动完成五个标签和五个文本框的创建，如图 7-5-3 所示。再分别对五个文本框点右键，选择弹出菜单"属性"，把 ReadOnly 属性设为：.T.—真。其中文本框"txt 价格"的 InputMask 属性设为：99.99。

图 7-5-3　拖曳字段到表单

(4) 点击系统菜单"显示"选项，选择子菜单"表单控件工具栏"，打开表单控件工具栏。

(5) 为表单中添加一个命令按钮组 CommandGroup1(点击"表单控件工具栏"的标签按钮后，再点击表单即可)，再右键点击按钮组，选择弹出菜单"属性"，为按钮组 Commandgroup1 设置相关属性，并拖曳到合适的位置。在为按钮组中的四个按钮设置相关属性(在"属性"窗口靠上位置有一下拉式列表框，选择 CommandGroup1 下的 Command1、Command2、Command3 和 Command4)，如图 7-5-4 所示。

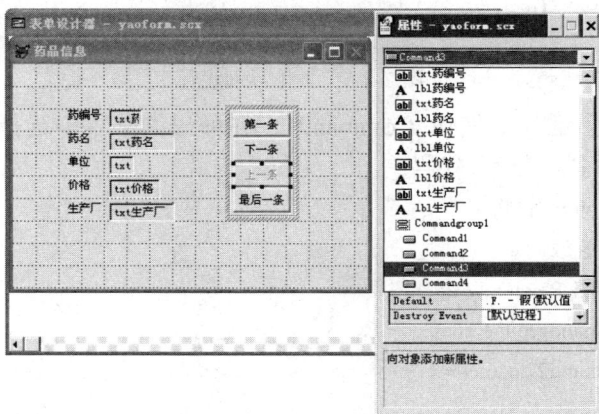

图 7-5-4　选择按钮组中的按钮

按钮组 CommandGroup1 主要属性如下：

ButtonCount：4；

AutoSize：.T.—真。

按钮组 CommandGroup1 中的 Command1 主要属性如下：

Caption：第一条。

按钮组 CommandGroup1 中的 Command2 主要属性如下：

Caption：下一条。

按钮组 CommandGroup1 中的 Command3 主要属性如下：

Caption：上一条；

Enabled：.F.—假。

按钮组 CommandGroup1 中的 Command4 主要属性如下：

Caption：最后一条。

使用相同的方法，再为表单添加两个按钮 Command1 和 Command2。

Command1 主要属性如下。

Caption：价格修改。

Command2 主要属性如下。

Caption：退出。

至此，表单界面设计完成，效果如图 7-5-5 所示。

图 7-5-5　表单界面设计

（6）右键点表单上的命令按钮 Command1，在弹出的菜单中选择"代码"，过程选择
"Click"，在代码编写区域输入代码：

```
IF    this.Caption=="价格修改"
this.Caption="修改确定"
thisform.txt 价格.ReadOnly=.F.
thisform.Commandgroup1.enabled=.F.
thisform.Command2.enabled=.F.
ELSE
this.Caption="价格修改"
thisform.txt 价格.ReadOnly=.T.
thisform.Commandgroup1.enabled=.T.
```

```
thisform.Command2.enabled=.T.
ENDIF
```
如图 7-5-6 所示。

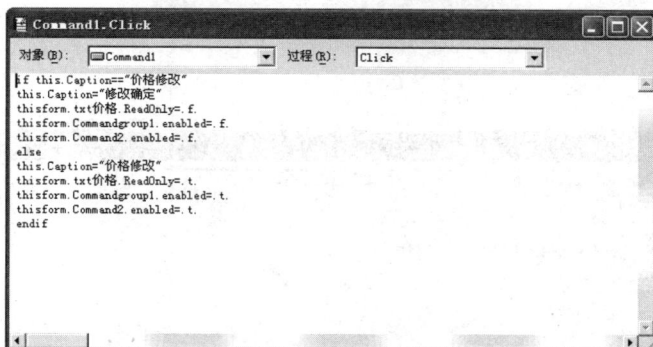

图 7-5-6　Command1 代码设计

（7）同样，在代码编辑窗口中，对象选择 Command2，过程选择"Click"，在代码编写区域输入代码：

```
ThisForm.release
```

（8）还是在代码编辑窗口中，对象选择 CommandGroup1 下的 Command1，过程选择"Click"，在代码编写区域输入代码：

```
GOTO TOP
thisform.refresh
thisform.Commandgroup1.Command3.enabled=.f.
thisform.Commandgroup1.Command2.enabled=.t.
```
如图 7-5-7 所示。

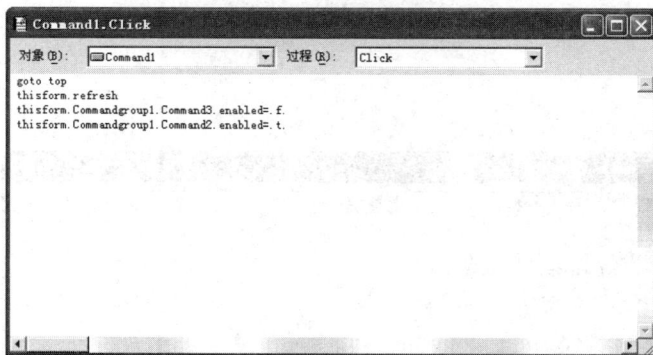

图 7-5-7　按钮组下的 Command1 代码设计

（9）还是在代码编辑窗口中，对象选择 CommandGroup1 下的 Command2，过程选择"Click"，在代码编写区域输入代码：

```
SKIP 1
IF   NOT EOF()
```

thisform.refresh

thisform.Commandgroup1.Command3.enabled=.t.

ELSE

this.enabled=.f.

ENDIF

如图 7-5-8 所示。

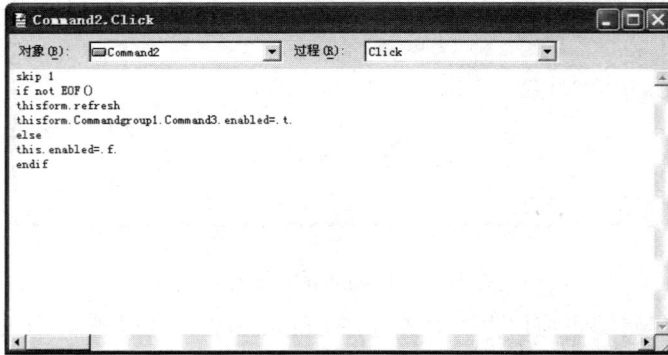

图 7-5-8　按钮组下的 Command2 代码设计

(10) 还是在代码编辑窗口中，对象选择 CommandGroup1 下的 Command3，过程选择
"Click"，在代码编写区域输入代码：

skip −1

IF　not BOF()

thisform.refresh

thisform.Commandgroup1.Command2.enabled=.t.

ELSE

this.enabled=.f.

ENDIF

如图 7-5-9 所示。

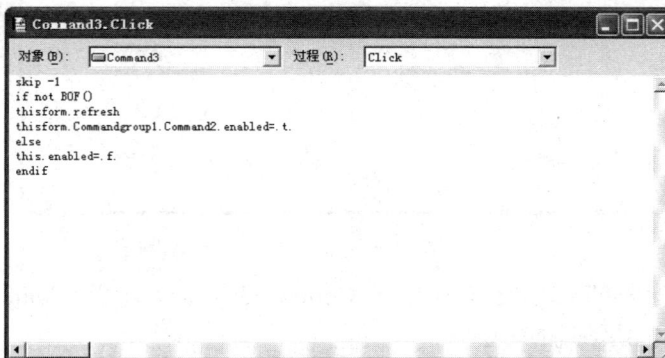

图 7-5-9　按钮组下的 Command3 代码设计

(11) 还是在代码编辑窗口中，对象选择 CommandGroup1 下的 Command4，过程选择"Click"，在代码编写区域输入代码：

GOTO BOTTOM

thisform.refresh

thisform.Commandgroup1.Command2.enabled=.f.

thisform.Commandgroup1.Command3.enabled=.t.

如图 7-5-10 所示。

(12) 最后，点击系统菜单"表单"，选择"执行表单"，或者点击工具栏上的 ! 图标(如果没有保存表单，则以文件名 YaoForm 保存)。运行结果如图 7-5-1、图 7-5-2 和图 7-5-11所示。

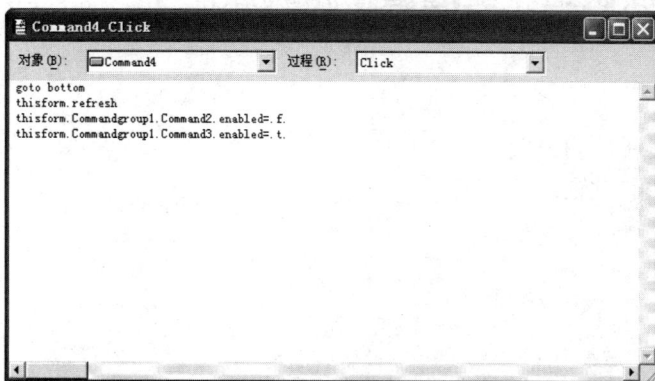

图 7-5-10　按钮组下的 Command4 代码设计

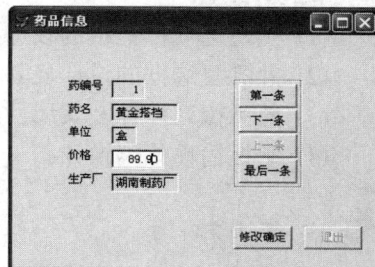

图 7-5-11　执行表单 YaoForm

拓 展 练 习

建立一个文件名为"按条件查询"的表单。此表单中包含一个命令组按钮、一个文本框和一个组合框。

点击选择命令按钮组 CommandGroup1 中的不同按钮，能在组合框 Combo1 中显示数据表"职工表"中相对应的字段记录，并利用文本框 Text1 输出字段名。然后在组合框中选择记录，不需要设计相应的功能，只需要弹出一个消息框提示"正在处理数据"。

职工表的字段包括：部门号，职工号，姓名，性别，年龄，职务。职工表存放在本教材下载资源中的"模块七任务 5 拓展练习"文件夹中。

运行结果如图 7-5-12、图 7-5-13、图 7-5-14 所示。

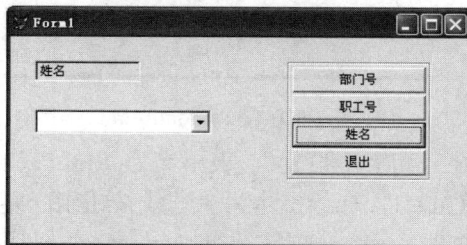

图 7-5-12　运行"按条件查询"表单示例 1

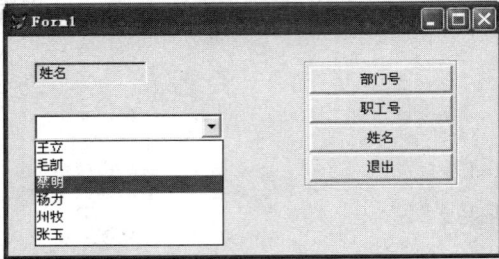

图 7-5-13　运行"按条件查询"表单示例 2

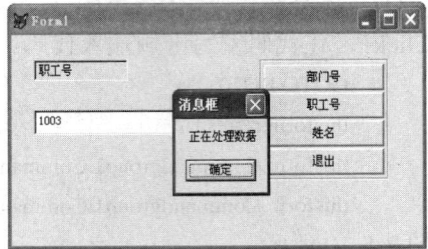

图 7-5-14　运行"按条件查询"表单示例 3

任务 6　选项按钮组、复选框和微调控件

任务目标

(1) 熟悉选项按钮组的设计及其属性的设置。

(2) 熟悉复选框的设计及其属性的设置。

(3) 熟悉微调控件及其属性的设置。

(4) 掌握简单代码设计。

任务内容

设计界面如图 7-6-1 所示的表单，表单文件名为 fontform。

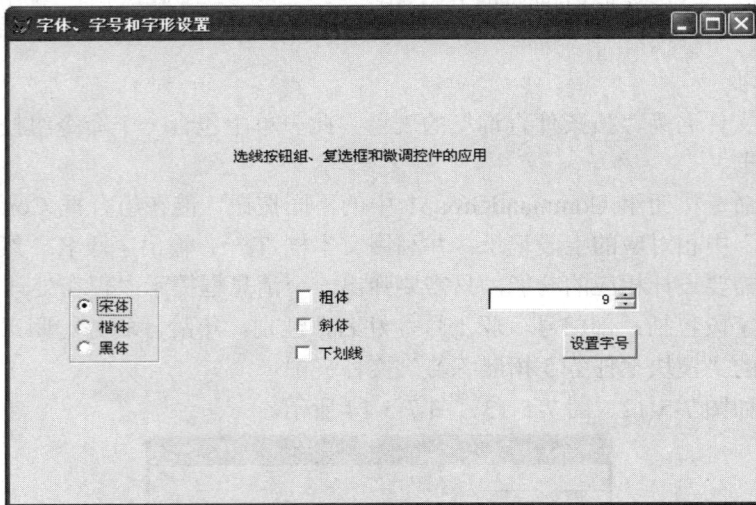

图 7-6-1　表单 fontform

　　表单标题为"字体、字号和字形设置"，表单高为 400，宽度为 600，并作为顶层表单显示。表单上有一个标签 Label1，标签文本为"选线按钮组、复选框和微调控件的应用"，标签透明，大小自动适应文本；一个选项按钮组 OptionGroup1，其中有三个选项："宋体"、"楷体"和"黑体"；三个复选框：Check1、Check2、Check3，Check1 标题为"粗体"，Check2

标题为"斜体"，Check3 标题为"下划线"；一个微调控件 Spinner1，初值为 9，可调整范围为 9 到 30；一个确定按钮 Conmmand1。

表单运行时，当用户选择一种字体时，标签上能够改变字体。选择相应的字体样式时，标签也能够改变样式。调节微调控件，点击确定按钮时，能够改变字体的字号。

操作步骤

本任务的操作步骤如下。

(1) 选择"文件"菜单项中的"新建"选项，指定文件类型为"表单"，单击"新建文件"按钮，进入表单设计器。

(2) 在表单设计器中，右键点击表单，在弹出菜单中选择"属性"，设置表单的属性。

表单 Form1 主要属性如下。

Caption：字体、字号和字形设置；

ShowWindow：2—作为顶层表单；

Height：600；

Width：400。

(3) 点击系统菜单"显示"，选择子菜单"表单控件工具栏"，打开表单控件工具栏。

(4) 为表单中添加一个标签(点击"表单控件工具栏"的标签按钮后，再点击表单即可)，再右键点击标签，选择弹出菜单"属性"，为标签 Label1 设置相关属性。

标签 Label1 主要属性如下。

Caption：选线按钮组、复选框和微调控件的应用；

BackStyle：0—透明；

AutoSize：.T.—真。

(5) 用同样的方式为表单添加一个选项按钮组 OptionGroup1。

选项按钮组 OptionGroup1 主要属性如下。

ButtonCount：3；

AutoSize：.T.—真。

点击"属性"窗口上方的下拉式列表框，选择 OptionGroup1 下的 Option1，设置 Caption 属性为：宋体，如图 7-6-2 所示。用同样的方式设置 Option2 的 Caption 属性为：楷体；Option3 的 Caption 属性为：黑体。

(6) 再为表单添加三个复选框 Check1、Check2、Check3，并分别设置它们的 Caption 属性为：粗体、楷体、黑体；一个按钮 Command1，设置它的 Caption 属性为：设置字体。

(7) 再为表单添加一个微调控件 Spinner1。

微调控件 Spinner1 主要属性如下。

KeyboardHighValue：30

KeyboardLowValue：9

SpinnerHighValue：30

SpinnerLowValue：9

Increment：1

Value：9

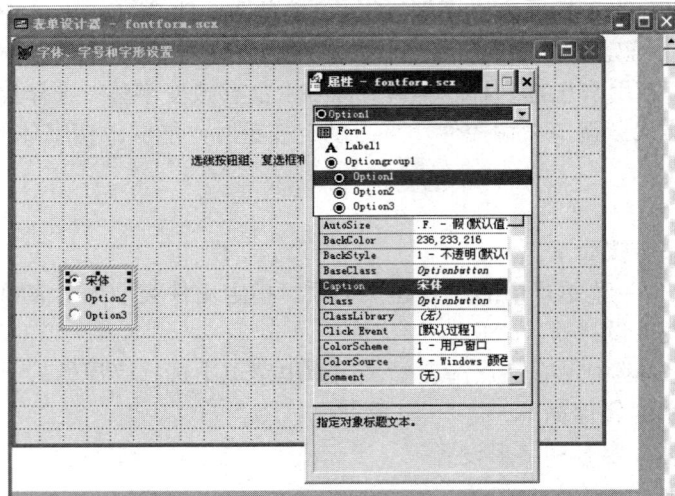

图 7-6-2　选项按钮组中的选项属性设置

(8) 右键点击选项按钮组 OptionGroup1，在弹出式菜单中选择"代码"，在代码窗口中选择事件"Click"，如图 7-6-3 所示。再编写如下代码：

```
DO   CASE
   CASE   thisform.OptionGroup1.Value=1
            thisform.Label1.FontName="宋体"
   CASE   thisform.OptionGroup1.Value=2
            thisform.Label1.FontName="楷体"
   CASE   thisform.OptionGroup1.Value=3
            thisform.Label1.FontName="黑体"
ENDCASE
```

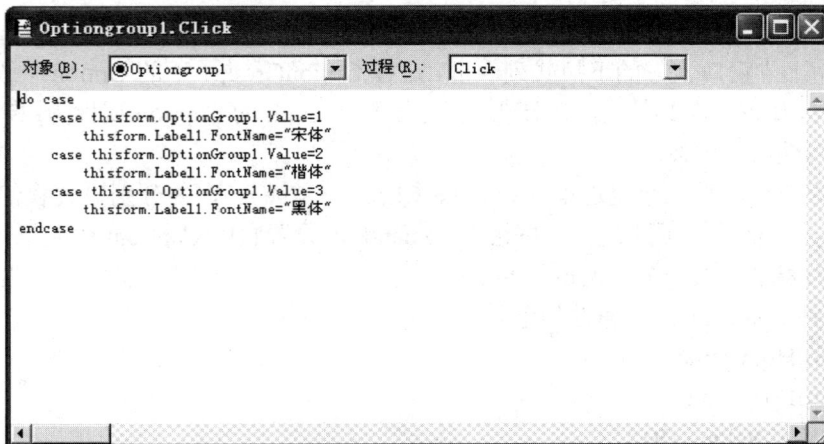

图 7-6-3　OptionGroup1 代码

(9) 右键分别点击表单上的 Check1、Check2、Check3，在弹出的菜单中选择"代码"，过程选择"Click"，在代码编写区域输入代码。

复选框 Check1 代码：

```
IF    thisform.Check1.value=1
        thisform.Label1.FontBold=.T.
ELSE
        thisform.Label1.FontBold=.F.
ENDIF
```

复选框 Check2 代码：

```
IF    thisform.Check2.value=1
        thisform.Label1.FontItalic=.T.
ELSE
        thisform.Label1.FontItalic=.F.
ENDIF
```

复选框 Check3 代码：

```
IF    thisform.Check3.value=1
        thisform.Label1.FontUnderLine=.t.
ELSE
        thisform.Label1.FontUnderLine=.f.
ENDIF
```

如图 7-6-4 所示。

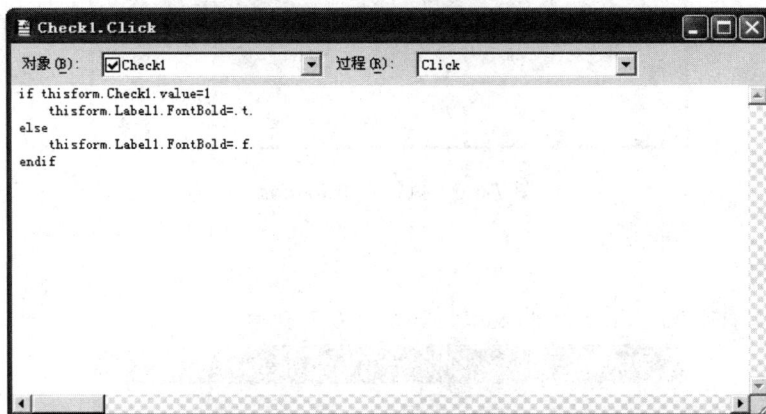

图 7-6-4　复选框 Check1 代码设计

(10) 右键点表单上的命令按钮 Command1，在弹出的菜单中选择"代码"，过程选择"Click"，在代码编写区域输入代码：

```
thisform.Label1.FontSize=thisform.Spinner1.value
lef=(thisform.Width-thisform.Label1.Width)/2
thisform.Label1.Left=lef
```

如图 7-6-5 所示。

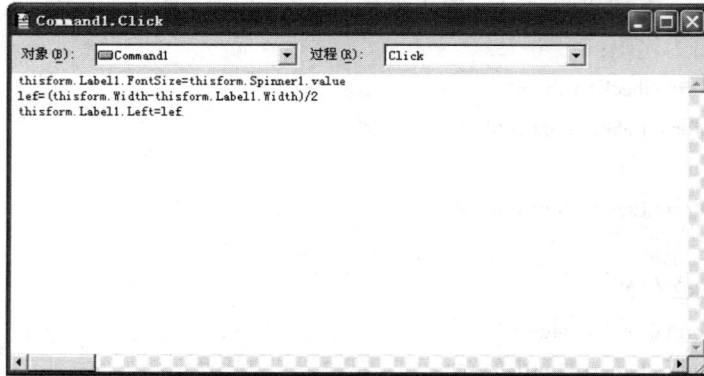

图 7-6-5   命令按钮 Command1 代码设计

(11) 最后，点击系统菜单"表单"，选择"执行表单"，或者点击工具栏上的 ! 图标(如果没有保存表单，则以文件名 fontform 保存)。运行结果如图 7-6-1 和图 7-6-6 所示。

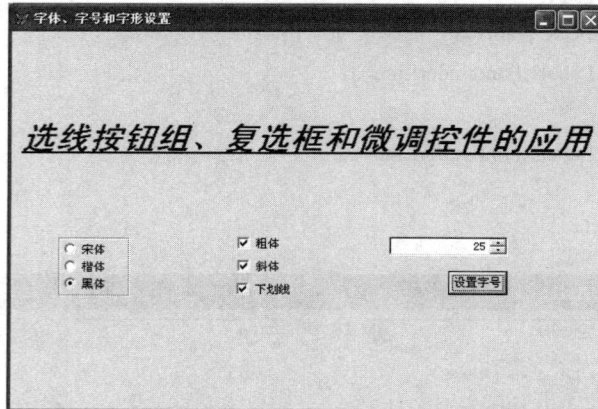

图 7-6-6   执行表单 fontform

拓 展 练 习

设计一个文件名为 CalForm 的表单，如图 7-6-7 所示。

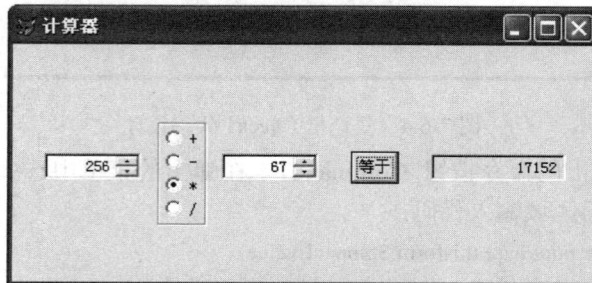

图 7-6-7   表单 CalForm 运行效果

表单标题为"计算器"，是顶层表单。表单中有两个微调控件 Spinner1 和 Spinner2，取值范围为：–10000 至 10000；一个选项按钮组 OptionGroup1，其中有四个单选项，分别为：

+、−、*、/；一个标题为"等于"按钮 Command1；一个文本框 Text1 为不可编辑状态。

运行表单时，在 Spinner1 和 Spinner2 中分别输入两个整数，OptionGroup1 中选择一种运算符，单击"等于"按钮时，则在文本框内显示计算结果。

任务 7　表格控件的使用

任务目标

(1) 熟悉表格控件设计及其属性的设置。

(2) 熟练数据环境和表格控件的数据源。

(3) 熟悉和掌握 SELECT 查询语句。

(4) 掌握简单代码设计。

任务内容

设计界面如图 7-7-1 所示的表单，表单文件名为 grid_form。

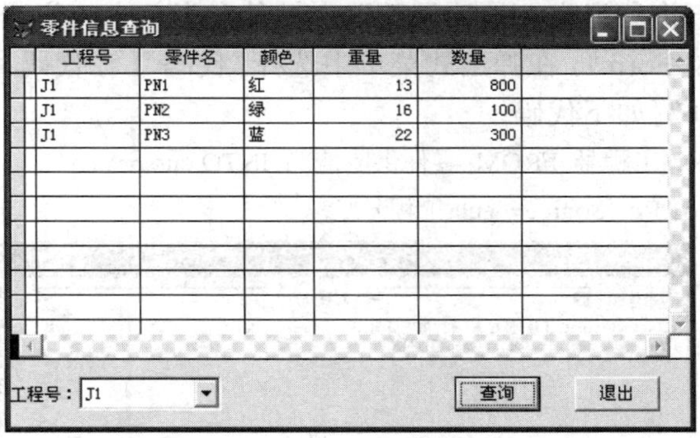

图 7-7-1　表单 grid_form

表单标题为"零件信息查询"，作为顶层表单显示。表单上有一个标签 Label1，标签文本为"工程号"，标签透明，大小自动适应文本。一个组合框 Combo1，显示表"零件供应情况"中的"工程号"(不能有重复的工程号)。一个表格 Grid1，显示按组合框 Combo1 选择的"工程号"查询零件号、零件名、颜色、重量和数量等信息，按零件名排序。两个按钮 Conmmand1 和 Conmmand2：按钮 Conmmand1 标题为"查询"，点击时能够使表格 Grid1 显示查询结果；按钮 Conmmand2 标题为"退出"，点击后退出表单。其中"零件供应情况"表和"零件信息"表存放在本教材下载资源中的"模块七任务 7 任务内容"中。

操作步骤

本任务的操作步骤如下：

(1) 选择"文件"菜单项中的"新建"选项，指定文件类型为"表单"，单击"新建文件"按钮，进入表单设计器。

(2) 在表单设计器中，右键点击表单，在弹出菜单中选择"属性"，设置表单的属性。

表单 Form1 主要属性如下。

Caption：零件信息查询；

ShowWindow：2—作为顶层表单。

(3) 点击系统菜单"显示"，选择子菜单"表单控件工具栏"，打开表单控件工具栏。

(4) 为表单中添加一个标签(点击"表单控件工具栏"的标签按钮后，再点击表单即可)，再右键点击标签，选择弹出菜单"属性"，为标签 Label1 设置相关属性。

标签 Label1 主要属性如下。

Caption：工程号；

BackStyle：0—透明；

AutoSize：.T.—真。

(5) 用同样的方式为表单添加一个组合框 Combo1。

组合框 Combo1 主要属性如下。

Style：2—下拉列表框；

RowSource：6—字段。

(6) 再为表单添加一个表格 Grid1，按钮 Conmmand1 和 Conmmand2，并分别设置按钮的 Caption 属性为：查询和退出。最后调整以上控件在表单中的位置。

(7) 右键点击表单 Form1，在弹出式菜单中选择"代码"，在代码窗口中选择事件"Init"，如图 7-7-2 所示。再编写如下代码：

SELECT distinct 工程号 FROM 零件供应情况 INTO cursor gch

thisform.Combo1.RowSource="gch.工程号"

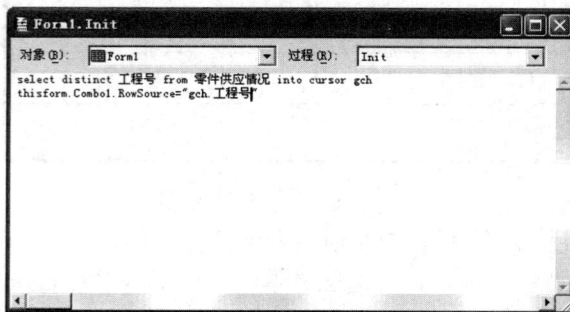

图 7-7-2　Form1 事件代码

(8) 右键点表单上的命令按钮 Command1，在弹出的菜单中选择"代码"，过程选择"Click"，在代码编写区域输入代码：

SELECT 工程号,零件名,颜色,重量,数量 ；

FROM 零件供应情况 inner join 零件信息 ；

ON 零件供应情况.零件号 = 零件信息.零件号 ；

WHERE 工程号 == thisform.Combo1.value;

ORDER BY 零件名。

INTO cursor temp

thisform.Grid1.RecordSourceType=1

thisform.Grid1.RecordSource="temp"

如图 7-7-3 所示。

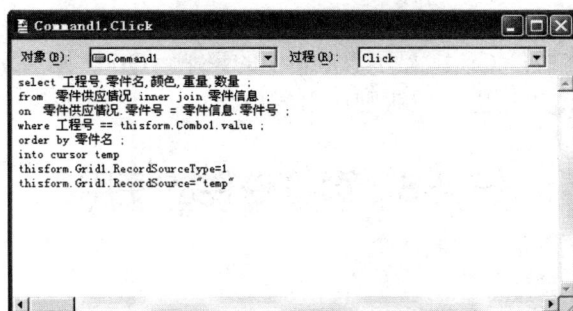

图 7-7-3　命令按钮 Command1 事件代码

(9) 再右键点表单上的命令按钮 Command2，在弹出的菜单中选择"代码"，过程选择 "Click"，在代码编写区域输入代码：

　　　　thisform.release

(10) 最后，点击系统菜单"表单"，选择"执行表单"，或者点击工具栏上的 ▮图标(如果没有保存表单，则以文件名 grid_form 保存)。运行结果如图 7-7-1 和图 7-7-4 所示。

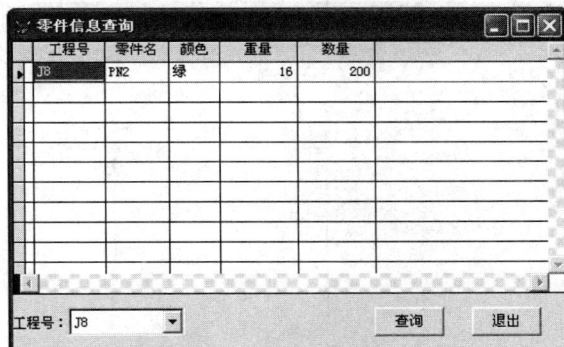

图 7-7-4　执行表单 grid_form

拓 展 练 习

在本教材下载资源中的"模块七任务 7 拓展练习"中有一个数据库 spxs，其中包含表 bm 和 xs。设计一个文件名为 gform 的表单，如图 7-7-5 所示。

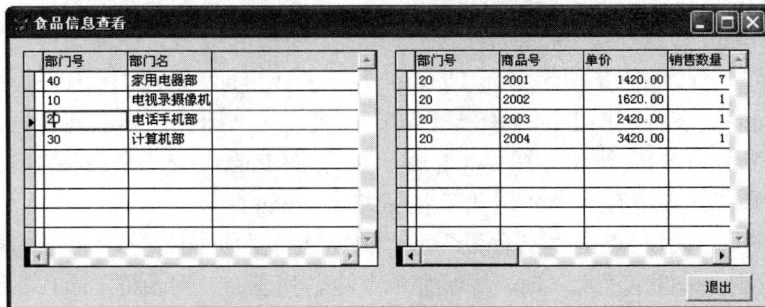

图 7-7-5　表单 gform 运行效果

表单标题为"食品信息查看",是顶层表单。表单中有两个表格控件 Grid1 和 Grid2,一个标题"退出"的按钮 Command1。

运行表单时,表格控件 Grid1 显示表 bm 中的记录,Grid2 则显示与表 bm 当前记录对应的表 xs 的记录。点击"退出"按钮则退出表单。

任务8　页框控件的使用

任务目标

(1) 熟悉页框控件设计及其属性的设置。
(2) 掌握把其他控件添加到页框中的方式。
(3) 掌握简单代码设计。

任务内容

设计界面如图 7-8-1 所示的表单,表单文件名为 page_form。

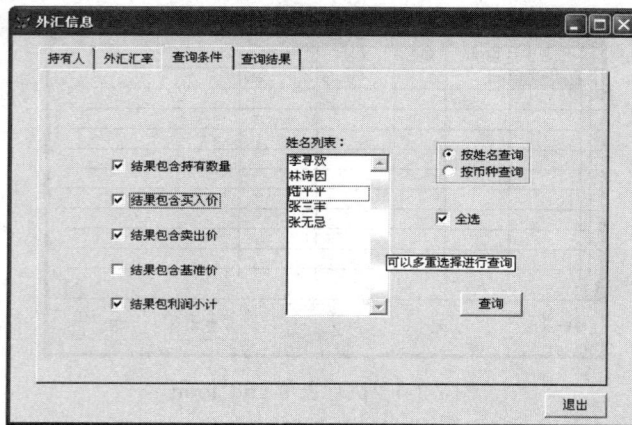

图 7-8-1　表单 page_form

表单标题为"外汇信息",表单高为 400,宽度为 600,并作为顶层表单显示。表单上有一个页框 PageFrame1,高为 350,宽度为 550,左边距离表单为 25,顶部距离表单为 10。页框 PageFrame1 有四个页面,这些页面在页框上是非长度填充显示。页面分别为:Page1、Page2、Page3、Page4,对应的标题为:"持有人"、"外汇汇率"、"查询条件"、"查询结果"。页面 Page1 中有一个表格 Grid1,显示 Currency_sl 表;页面 Page2 中也有一个表格 Grid1,显示 Rate_exchange 表;页面 Page3 有 5 个复选按钮,一个标签,一个列表框,一个选项按钮组和一个"查询"按钮(外观如图 7-8-1 所示);页面 Page4 有一个表格 Grid1,用于显示查询结果。表单右下方还有一个"退出"按钮 Conmmand1。

表单运行时,当用户点击"持有量"和"外汇汇率"页面,显示相应的表。在"查询条件"页面,点击"按姓名查询"时,标签显示"姓名列表:",列表框 List1 显示 Currency_sl 表中"姓名"(注意:不能有重复);点击"按币种查询"时,标签显示"币种列表:",列表框 List1 显示 Rate_exchange 表中"外币名称"(也不能有重复)。列表框 List1 可以多选，运行时鼠标移动其上显示"可以多重选择进行查询"字样。点击"全选"复选框时，左面的几个复选框都处于选中状态。点击"查询"按钮，能够根据列表框的条件和复选框包含的要求，在"查询结果"页面中的表格 Grid1 显示查询结果。点击"退出"按钮时，关闭所有表，退出表单。其中"currency_sl.dbf"表和"rate_exchange.dbf"表存放在本教材下载资源中的"模块七任务 8 任务内容"中。

操 作 步 骤

本任务的操作步骤如下：

(1) 选择"文件"菜单项中的"新建"选项，指定文件类型为"表单"，单击"新建文件"按钮，进入表单设计器。

(2) 在表单设计器中，右键点击表单，在弹出菜单中选择"属性"，设置表单的属性。

表单 Form1 主要属性如下。

Caption：外汇信息；

ShowWindow：2—作为顶层表单；

Height：600；

Width：400；

ShowTips：.T.—真。

(3) 点击系统菜单"显示"，选择子菜单"表单控件工具栏"，打开表单控件工具栏。

(4) 为表单中添加一个按钮(点击"表单控件工具栏"的按钮后，再点击表单即可)，再右键点击标签，选择弹出菜单"属性"，为按钮 Conmmand1 设置相关属性。

按钮 Conmmand1 主要属性如下。

Caption：退出。

(5) 用同样的方式为表单添加一个页框 PageFrame1。

页框 PageFrame1 主要属性如下。

PageCount：3；

TabStyle：1—非两端；

Height：550；

Width：350；

Left：25；

Top：10。

点击"属性"窗口上方的下拉式列表框，选择 PageFrame1 下的 Page1，设置 Caption 属性为：持有人，如图 7-8-2 所示。用同样的方式设置 Page2 的 Caption 属性为：外汇汇率；Page3 的 Caption 属性为：查询条件；Page4 的 Caption 属性为：查询结果。

(6) 再为 Page1、Page2、Page4 分别添加三个表格控件 Grid1，并分别设置它们的属性为：

Page1 中的 Grid1 主要属性如下。

RecordSource：Currency_sl；

RecordSourceType：0—表。

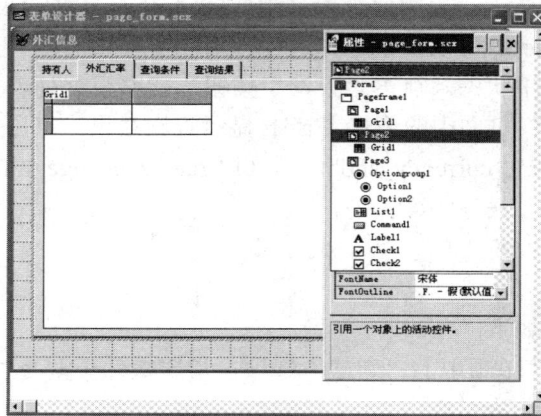

图 7-8-2　选项按钮组中的选项属性设置

Page2 中的 Grid1 主要属性如下。

RecordSource：Rate_exchange；

RecordSourceType：0—表。

Page4 中的 Grid1 主要属性如下。

RecordSourceType：1—别名。

（7）选择 Page3，添加六个复选框 Check1、Check2、Check3、Check4、Check5、Check6；一个标签 Label1；一个列表框 List1；一个按钮 Command1。

复选框 Check1 主要属性如下。

Caption：结果包含持有数量；

AutoSize：.T.—真。

复选框 Check2 主要属性如下。

Caption：结果包含买入价；

AutoSize：.T.—真。

复选框 Check3 主要属性如下。

Caption：结果包含卖出价；

AutoSize：.T.—真。

复选框 Check4 主要属性如下。

Caption：结果包含基准价；

AutoSize：.T.—真。

复选框 Check5 主要属性如下。

Caption：结果包含利润小计；

AutoSize：.T.—真。

复选框 Check6 主要属性如下。

Caption：全选；

AutoSize：.T.—真。

标签 Label1 主要属性如下。

Caption：姓名列表；

AutoSize：.T.—真。

列表框 List1 主要属性如下。

ToolTipText：可以多重选择进行查询；

RowSource：6—字段。

按钮 Command1 主要属性如下。

Caption：查询。

再将这些控件调整到相应的位置。

(8) 选择 Page3，添加一个选项按钮组 OptionGroup1。

选项按钮组 OptionGroup1 主要属性如下。

ButtonCount：2；

AutoSize：.T.—真。

选择 OptionGroup1 下的 Option1，设置属性。

选项按钮组 OptionGroup1 中的 Option1 主要属性如下。

Caption：按姓名查询；

AutoSize：.T.—真。

选项按钮组 OptionGroup1 中的 Option2 主要属性如下。

Caption：按币种查询；

AutoSize：.T.—真。

再将选项按钮组 OptionGroup1 调整到相应的位置。

(9) 右键点击选项按钮组 OptionGroup1，在弹出式菜单中选择"代码"，在代码窗口中
选择事件"Click"，如图 7-8-3 所示。再编写如下代码：

```
IF    thisform.PageFrame1.Page3.OptionGroup1.value==1
      thisform.PageFrame1.Page3.Label1.Caption="姓名列表："
      SELECT distinct 姓名  FROM Currency_sl INTO cursor arrName
      thisform.PageFrame1.Page3.List1.RowSource="arrName.姓名"
ELSE
      thisform.PageFrame1.Page3.Label1.Caption="币种列表："
      SELECT distinct 外币名称  FROM Rate_exchange INTO cursor arrName
      thisform.PageFrame1.Page3.List1.RowSource="arrName.外币名称"
ENDIF
```

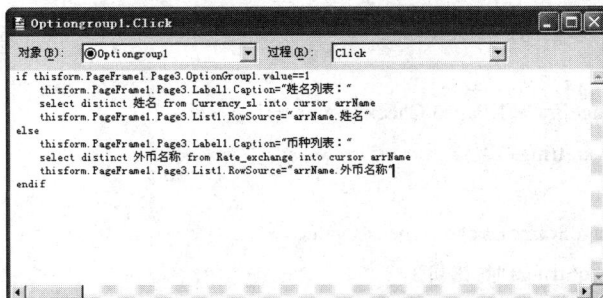

图 7-8-3　OptionGroup1 事件代码

(10) 右键点击 Page3 的复选框 Check6，在弹出的菜单中选择"代码"，过程选择"Click"，如图 7-8-4 所示。在代码编写区域输入代码。

```
IF    thisform.PageFrame1.Page3.Check6.value==1
        thisform.PageFrame1.Page3.Check1.value=1
        thisform.PageFrame1.Page3.Check2.value=1
        thisform.PageFrame1.Page3.Check3.value=1
        thisform.PageFrame1.Page3.Check4.value=1
        thisform.PageFrame1.Page3.Check5.value=1
ENDIF
```

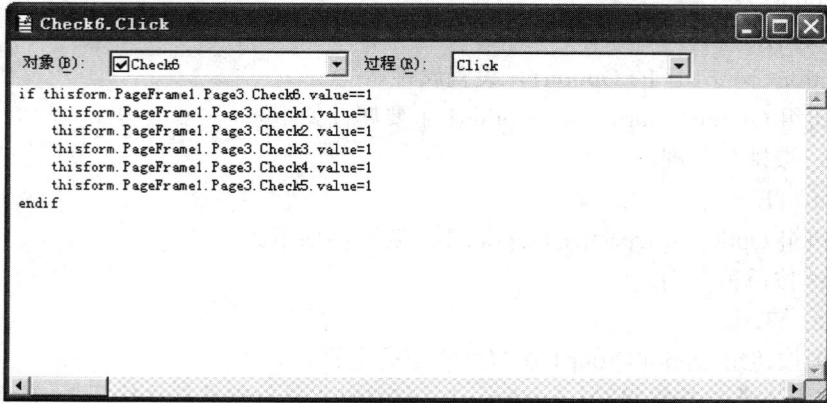

图 7-8-4　复选框 Check6 代码设计

(11) 右键点击 Page3 的按钮 Command1，在弹出的菜单中选择"代码"，过程选择"Click"，如图 7-8-5 所示。在代码编写区域输入代码：

```
sqString="select "
IF    thisform.PageFrame1.Page3.OptionGroup1.value==1
        sqString=sqString+"姓名,外币名称,"
ELSE
        sqString=sqString+"外币名称,姓名,"
ENDIF
IF    thisform.PageFrame1.Page3.Check1.value==1
        sqString=sqString+"持有数量,"
ENDIF
IF    thisform.PageFrame1.Page3.Check2.value==1
        sqString=sqString+"现钞买入价,"
ENDIF
IF    thisform.PageFrame1.Page3.Check3.value==1
        sqString=sqString+"卖出价,"
ENDIF
```

```
IF    thisform.PageFrame1.Page3.Check4.value==1
        sqString=sqString+"基准价,"
ENDIF
IF    thisform.PageFrame1.Page3.Check5.value==1
        sqString=sqString+"(卖出价-现钞买入价)*持有数量  AS  利润小计,"
ENDIF
sqString=left(sqString,len(sqString)-1)+" "
sqString=sqString+"FROM  Currency_sl  inner  JOIN  Rate_exchange  ON  Currency_sl.外币代码
=Rate_exchange.外币代码  "
IF    !empty(thisform.PageFrame1.Page3.List1.value)
        sqString=sqString+"where "
        IF    thisform.PageFrame1.Page3.OptionGroup1.value==1
            i=1
            DO WHILE   i<=thisform.PageFrame1.Page3.List1.ListCount
                IF thisform.PageFrame1.Page3.List1.selected(i)=.t.
                    sqString=sqString+"姓名="+""+
thisform.PageFrame1.Page3.List1.List(i)+""+" or "
                ENDIF
                i=i+1
            ENDDO
            sqString=left(sqString,len(sqString)-3)+" "
        ELSE
            i=1
            DO WHILE   i<=thisform.PageFrame1.Page3.List1.ListCount
                IF thisform.PageFrame1.Page3.List1.selected(i)=.t.
                    sqString=sqString+"外币名称="+""+
thisform.PageFrame1.Page3.List1.List(i)+""+" or "
                ENDIF
                i=i+1
            ENDDO
            sqString=left(sqString,len(sqString)-3)+" "
        ENDIF
ENDIF
IF    thisform.PageFrame1.Page3.OptionGroup1.value==1
        sqString=sqString+"ORDER BY  姓名  "
ELSE
        sqString=sqString+"order by  外币名称"
ENDIF
sqString=sqString+" INTO cursor temp"
```

```
&sqString
thisform.PageFrame1.activePage=4
thisform.PageFrame1.Page4.Grid1.RecordSource="temp"
```

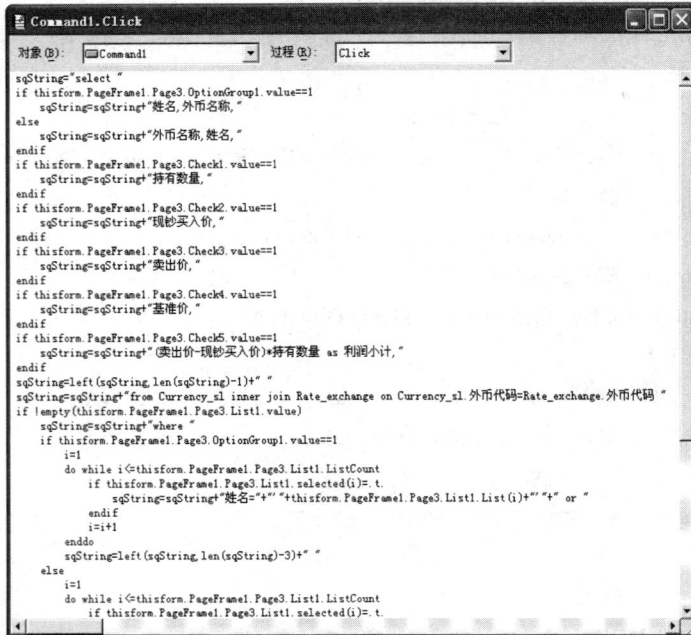

图 7-8-5　Page3 中按钮 Command1 代码设计

(12) 右键点表单右下方的按钮 Command1，在弹出的菜单中选择"代码"，过程选择"Click"。在代码编写区域输入代码：

thisform.release

(13) 最后，点击系统菜单"表单"，选择"执行表单"，或者点击工具栏上的 ❗ 图标(如果没有保存表单，则以文件名 page_form 保存)。运行结果如图 7-8-6、图 7-8-7、图 7-8-8和图 7-8-9 所示。

图 7-8-6　执行表单 page_form

图 7-8-7　执行表单 page_form

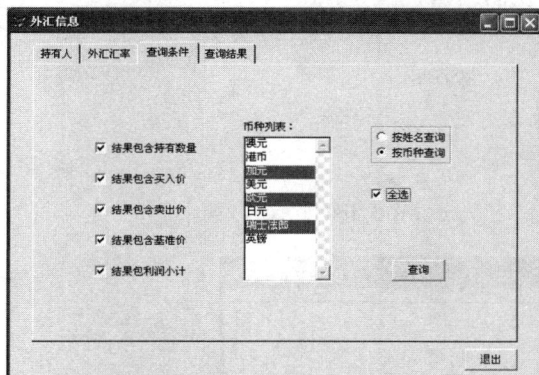

图 7-8-8　执行表单 page_form

图 7-8-9　执行表单 page_form

拓 展 练 习

在本教材下载资源中的"模块七任务 8 拓展练习"中，有三个表："学生信息"表，"课程信息"表和"选课信息"表。设计一个文件名为 pform 的表单，如图 7-8-10 所示。

图 7-8-10　表单 pform 运行效果

表单标题为"学生课程管理"，表单为顶层表单。表单上有一个页框，页框内有三个选项卡，标题分别为"学生"、"课程"和"选课"。表单运行时对应的三个页面上分别显示"学生信息"表、"课程信息"表和"选课信息"表。

表单上还有一个选项按钮组，共有三个待选项，标题分别为"学生"、"课程"、"选课"。当单击该选项按钮组选择某一选项时，页框将在对应页面上显示对应表，如单击"课程"选项时，页框将在课程页面上显示课程表。表单上有一个命令按钮，标题为"关闭"，单击此按钮，表单将退出。

任务 9　组合框与列表框的使用

任 务 目 标

(1) 熟悉组合框、列表框控件设计及其属性的设置。

(2) 熟练组合框、列表框控件的数据源和数据源属性的设置。

(3) 熟悉和掌握 SELECT 查询语句。

(4) 掌握相关代码设计。

任务内容

设计界面如图 7-9-1 所示的表单，表单文件名为 combo_list_form。

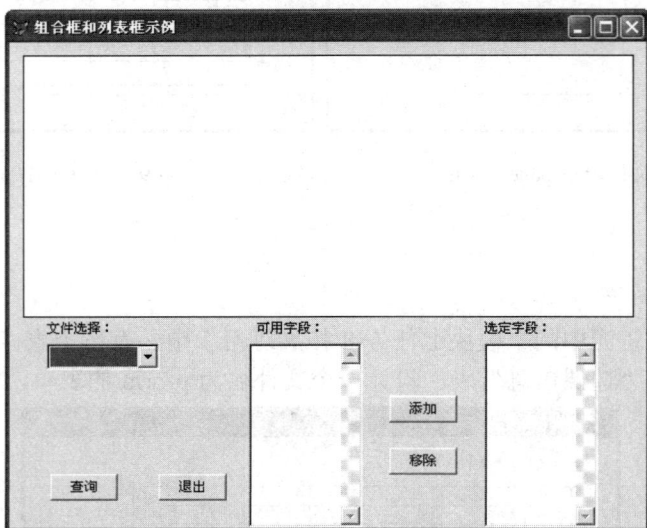

图 7-9-1　表单 combo_list_form

表单标题为"组合框和列表框示例"，并作为顶层表单显示。表单上有三个标签 Label1、Label2、Label3，标签文本分别为"文件选项："、"可用字段："、"选定字段："，标签透明，大小自动适应文本；一个表格控件 Grid1；两个列表框 List1、List2，都是多选列表框；一个组合框 Combo1，为下拉式列表框；四个按钮 Command1、Command2、Command3、Command4，标题分别为"添加"、"移除"、"查询"、"退出"。

表单运行时，当用户在组合框 Combo1 选择一个表时(这里分别把本教材下载资源中"模块七任务 9 任务内容"下的"学生"表、"选课"表、"课程"表、"授课"表和"教师"表放在当前目录下)，列表框 List1 能够显示选中表的所有字段。再选择"可用字段"列表框 List1 中的一个或几个字段，点击"添加"按钮，选中的字段添加到"选定字段"列表框 List2 中，同时"可用字段"列表框 List1 中将删除添加过去的字段。同样，选择"选定字段"列表框 List2，点击"移除"按钮，也能够完成相反的操作。当选择"选定字段"列表框 List2 中的若干字段时，点击"查询"按钮，表格控件 Grid1 显示对应表中的对应字段。点击"退出"按钮，则关闭表单。

操作步骤

本任务的操作步骤如下：

(1) 选择"文件"菜单项中的"新建"选项，指定文件类型为"表单"，单击"新建文件"按钮,进入表单设计器。

(2) 在表单设计器中,右键点击表单,在弹出菜单中选择"属性",设置表单的属性。

表单 Form1 主要属性如下。

Caption:组合框和列表框示例;

ShowWindow:2—作为顶层表单。

(3) 点击系统菜单"显示",选择子菜单"表单控件工具栏",打开表单控件工具栏。

(4) 为表单中添加三个标签(点击"表单控件工具栏"的标签按钮后,再点击表单即可),再右键点击标签,选择弹出菜单"属性",分别为标签设置相关属性。

标签 Label1 主要属性如下。

Caption:文件选项;

BackStyle:0—透明;

AutoSize:.T.—真。

标签 Label2 主要属性如下。

Caption:可用字段;

BackStyle:0—透明;

AutoSize:.T.—真。

标签 Label3 主要属性如下。

Caption:选定字段;

BackStyle:0—透明;

AutoSize:.T.—真。

(5) 用同样的方式为表单添加一个表格控件 Grid1 和四个按钮,分别设置四个按钮的 Caption 属性:"添加"、"移除"、"查询"、"退出"。

表格控件 Grid1 主要属性如下。

RecordSourceType:1—别名。

(6) 再为表单添加两个列表框 List1、List2 和一个组合框 Combo1,并设置它们的属性。

组合框 Combo1 主要属性如下。

Style:2—下拉列表框;

RowSourceType:1—值。

列表框 List1 主要属性如下。

MultiSelect:.T.—真;

RowSourceType:1—值。

列表框 List2 主要属性如下。

MultiSelect:.T.—真;

RowSourceType:1—值。

最后调整这些控件的位置。

(7) 右键点击表单 Form1,在弹出式菜单中选择"代码",在代码窗口中选择事件"Init",如图 7-9-2 所示。再编写如下代码:

```
CLOSE   ALL
PUBLIC   tablesList[1],fieldsList[1]
```

```
ADIR(tablesList,"*.dbf")
ASORT(tablesList)
```

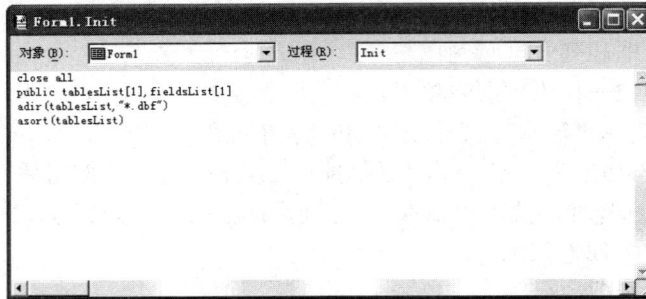

图 7-9-2　Form1 事件代码

(8) 右键分别点击表单上的按钮 Command1、Command2、Command3、Command4，在弹出的菜单中选择"代码"，过程选择"Click"，在代码编写区域输入代码。

按钮 Command1 代码：

```
i=1
DO WHILE i<=thisform.List1.ListCount
IF thisform.List1.selected(i)=.t.
        thisform.List2.addItem(thisform.List1.List(i))
        thisform.List1.removeItem(i)
ELSE
        i=i+1
ENDIF
ENDDO
```

按钮 Command2 代码：

```
i=1
DO   WHILE   i<=thisform.List2.ListCount
IF   thisform.List2.selected(i)=.t.
        thisform.List1.addItem(thisform.List2.List(i))
        thisform.List2.removeItem(i)
ELSE
        i=i+1
ENDIF
ENDDO
```

按钮 Command3 代码：

```
sq="select "
i=1
DO   WHILE   i<=thisform.List2.ListCount
IF   thisform.List2.selected(i)=.t.
        sq=sq+thisform.List2.list(i)+","
```

```
ENDIF
      i=i+1
ENDDO
IF    len(sq)>len("select ")
            sq=left(sq,len(sq)-1)+" "
            sq=sq+"from "+thisform.Combo1.value+" into cursor temp"
            &sq
            thisform.Grid1.RecordSourceType=1
            thisform.Grid1.RecordSource="temp"
ENDIF
```

按钮 Command4 代码:

```
thisform.release
```

如图 7-9-3 所示。

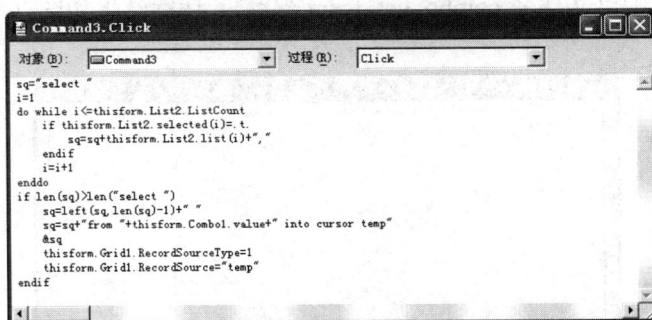

图 7-9-3   按钮 Command3 事件代码

(9) 右键点表单上的组合框 Combo1, 在弹出的菜单中选择"代码", 过程选择 "InteractiveChange", 在代码编写区域输入代码:

```
CLOSE ALL
    thisform.List2.clear
    thisform.List2.ListIndex=0
    t=thisform.Combo1.value
    tt=left(t,len(t)-4)
    USE   &t
    afields(fieldsList,tt)
    fstring=""
    i=1
    DO   WHILE i<=alen(fieldsList,1)
        fstring=fstring+fieldsList(i,1)+","
        i=i+1
    ENDDO
    fstring=left(fstring,len(fstring)-1)
```

　　　　　thisform.List1.RowSource=fstring

　　　　　thisform.List1.ListIndex=0

如图 7-9-4 所示。

图 7-9-4　组合框 Combo1 事件代码

　　(10) 最后，点击系统菜单"表单"，选择"执行表单"，或者点击工具栏上的 ! 图标(如果没有保存表单，则以文件名 combo_list_form 保存)。运行结果如图 7-9-5、图 7-9-6 和图 7-9-7 所示。

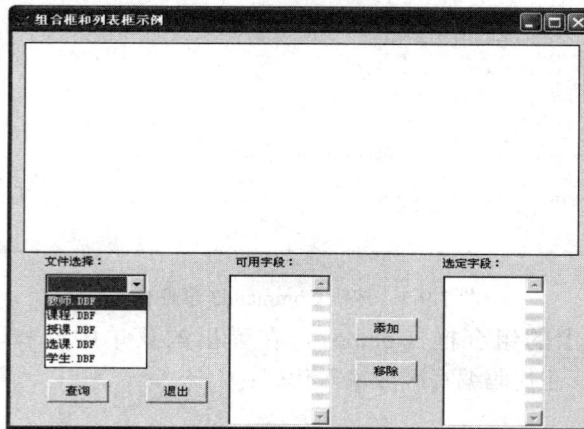

图 7-9-5　执行表单 combo_list_form

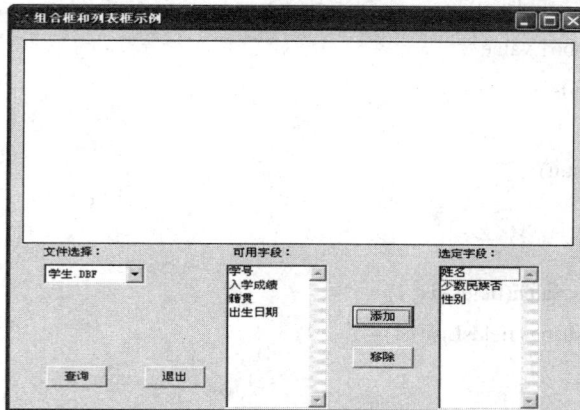

图 7-9-6　执行表单 combo_list_form

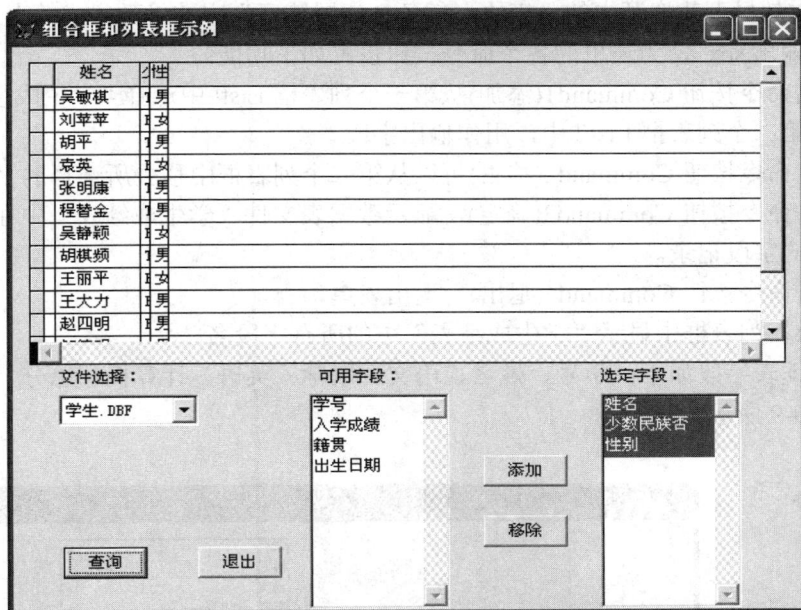

图 7-9-7　执行表单 combo_list_form

拓 展 练 习

(1) 对本教材下载资源中的"模块七任务 9 拓展练习"中的"工资管理"数据库完成如下综合应用。设计一个文件名为 cform 的表单。表单的标题设为"工资发放额统计"。表单中有一个组合框、两个文本框和一个命令按钮"关闭"。

运行表单时，组合框中有"部门信息"表中的"部门号"可供选择，选择某个"部门号"以后，第一个文本框显示出该部门的"名称"，第二个文本框显示应该发给该部门的"工资总额"。

单击"关闭"按钮关闭表单，如图 7-9-8 所示。

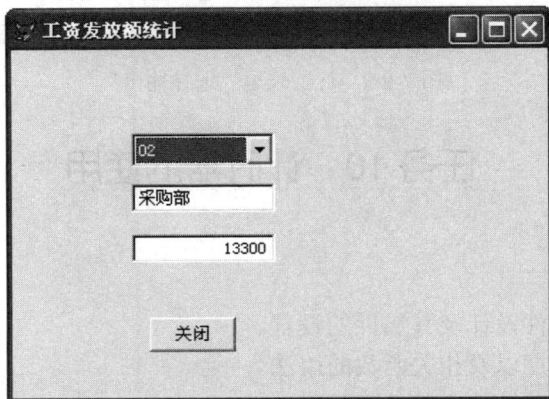

图 7-9-8　运行表单 cform

(2) 对本教材下载资源中的"模块七任务 9 拓展练习"中的"学生成绩表",设计表单文件"选择输出.scx",为表单的各个命令按钮设置如下功能:

① 单击命令按钮 Command1(添加)从第一个列表框 Listl 中选择"学生成绩表"中的字段,添加到第二个列表框 List2 中,用作输出字段。

② 单击命令按钮 Command2(移去)可以从第二个列表框中移去所选择的字段名。

③ 单击命令按钮 Command3(确定),显示数据表文件"学生成绩表"中在第二个列表框中所选中的字段记录。

④ 单击命令按钮 Command4(退出),退出表单。

⑤ 要求在列表框中显示"学生成绩表"中的所有字段名。

学生成绩表字段如下:学号、姓名、语文、数学、英语、计算机、总分、平均分、等级,如图 7-9-9 所示。

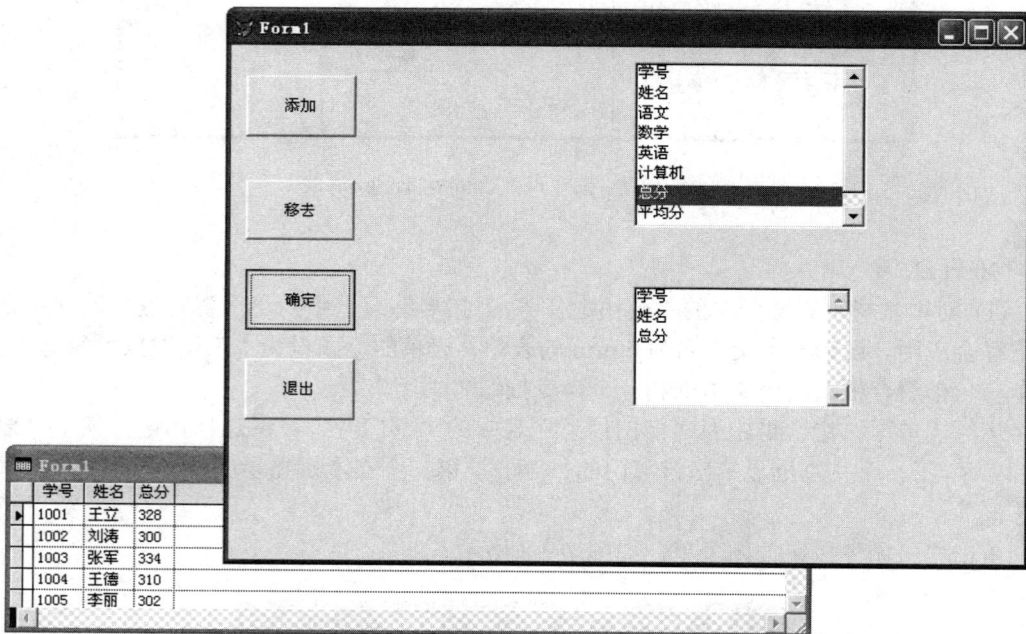

图 7-9-9 运行表单"选择输出"

任务 10 计时器的使用

任务目标

(1) 熟悉计时器控件设计及其属性的设置。

(2) 熟练时间、日期以及相关函数的用法。

(3) 熟悉利用计时器控件实现动态效果。

(4) 掌握简单代码设计。

任务内容

(1) 设计界面如图 7-10-1 所示的表单，表单文件名为 date_time_form。

图 7-10-1 表单 date_time_form

表单标题为"显示日期时间"，并作为顶层表单显示。表单上有一个标签 Label1，标签显示文本(字号 15 号)为当前日期，格式为 yyyy 年 mm 月 dd(如果为 8 月份，则显示 08 月，天数类似)，标签透明，大小自动适应文本；表单上还有一个标签 Label2，标签显示文本(字号 13 号)为当前时间，格式为 hh:mm:ss(24 小时制)，标签透明，大小自动适应文本；一个停止按钮 Command1，点击此按钮时，停止计时，并且按钮标题变为"开始"，再次点击时，开始计时，按钮标题变为"停止"；一个退出按钮 Command2。

(2) 设计界面如图 7-10-2 所示的表单，表单文件名为 move_form。

表单标题为"移动的字幕"，宽度为 600，高度为 300，并作为顶层表单显示。表单上有一个标签 Label1，标签显示文本为"欢迎使用 Visual FoxPro 6.0 作者：你的名字"，标签为两行，第二行为作者姓名，字体为黑体、20 号、红色，标签透明，大小自动适应文本；一个"向右移动"按钮 Command1，点击此按钮时，标签从左向右移动，并且循环移动；一个"向左移动"按钮 Command2，点击此按钮时，标签从右向左移动，循环移动；一个退出按钮 Command3，作用是退出表单。

图 7-10-2 表单 move_form

操作步骤

1. 设计表单 date_time_form 的具体操作

(1) 选择"文件"菜单项中的"新建"选项，指定文件类型为"表单"，单击"新建文件"按钮，进入表单设计器。

(2) 在表单设计器中，右键点击表单，在弹出菜单中选择"属性"，设置表单的属性。表单 Form1 主要属性如下。

Caption：显示日期时间；

ShowWindow：2—作为顶层表单。

(3) 点击系统菜单"显示"，选择子菜单"表单控件工具栏"，打开表单控件工具栏。

(4) 为表单中添加两个标签(点击"表单控件工具栏"的标签按钮后，再点击表单即可)，再右键点击标签，选择弹出菜单"属性"，为标签 Label1 和 Label2 设置相关属性。

标签 Label1 主要属性如下。

BackStyle：0—透明；

AutoSize：.T.—真；

FontSize：15。

标签 Label2 主要属性如下。

BackStyle：0—透明；

AutoSize：.T.—真；

FontSize：13。

(5) 用同样的方式为表单添加一个计时器 Timer1。

Timer1 主要属性如下。

Interval：0。

(6) 再为表单添加两个钮组 Command1，Command2，如图 7-10-3 所示。

Command1 主要属性如下。

Caption：开始。

Command2 主要属性如下。

Caption：退出。

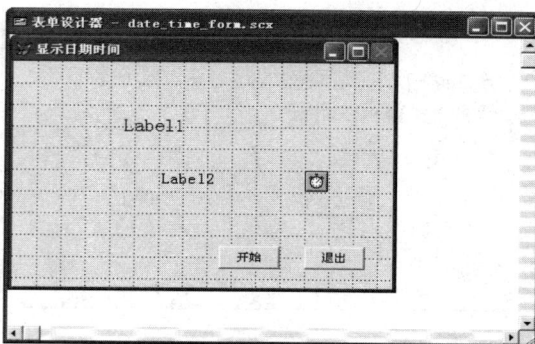

图 7-10-3　表单 date_time_form 界面设计

(7) 右键点击表单 Form1，在弹出式菜单中选择"代码"，在代码窗口中选择事件"Init"，如图 9-9-4 所示。再编写如下代码：

```
PUBLIC y,mon,d
y=ALLTRIM(STR(YEAR(DATE())))
mon=ALLTRIM(STR(MONTH(DATE())))
IF  LEN(mon)<2
mon="0"+mon
ENDIF
d=ALLTRIM(STR(DAY(DATE())))
IF  LEN(d)<2
d="0"+d
ENDIF
thisform.Label1.Caption=y+"年"+mon+"月"+d+"日"
thisform.Label2.Caption=TIME()
```

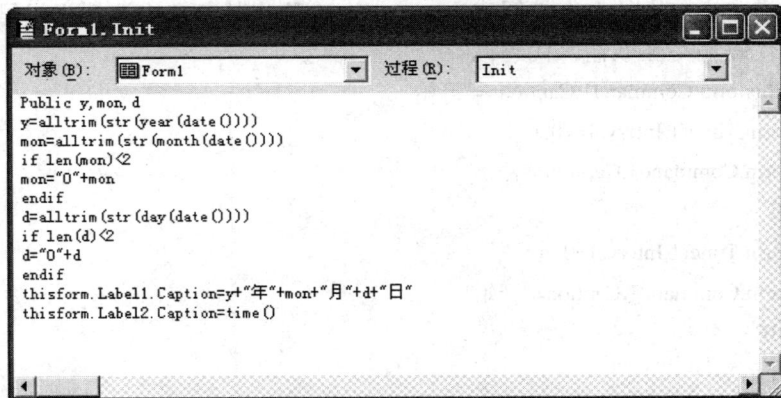

图 7-10-4   Form1 事件代码

(8) 右键分别点击表单上的 Timer1，在弹出的菜单中选择"代码"，过程选择"Timer"，在代码编写区域输入代码：

```
y=ALLTRIM(STR(YEAR(DATE())))
mon=ALLTRIM(STR(MONTH(DATE())))
IF  LEN(mon)<2
mon="0"+mon
ENDIF
d=ALLTRIM(STR(DAY(DATE())))
IF  LEN(d)<2
d="0"+d
ENDIF
thisform.Label1.Caption=y+"年"+mon+"月"+d+"日"
```

thisform.Label2.Caption=TIME()

如图 7-10-5 所示。

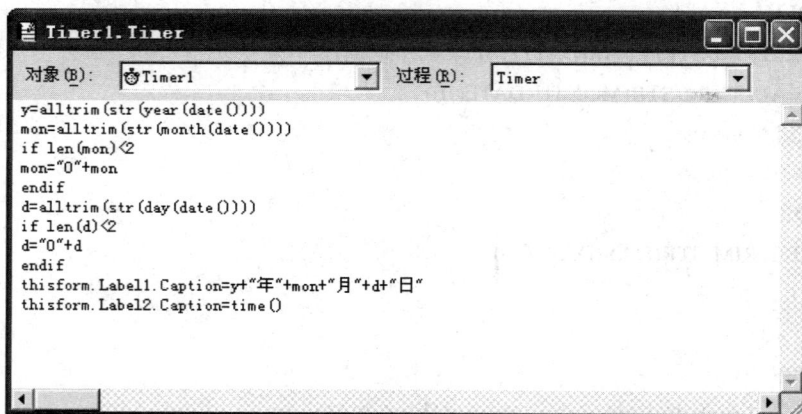

图 7-10-5　Timer1 事件代码

(9) 右键点击表单上的命令按钮 Command1，在弹出的菜单中选择"代码"，过程选择"Click"，在代码编写区域输入代码：

```
IF    thisform.Command1.Caption=="开始"

thisform.Timer1.Interval=1000

thisform.Command1.Caption="停止"

ELSE

thisform.Timer1.Interval=0

thisform.Command1.Caption="开始"

ENDIF
```

如图 7-10-6 所示。

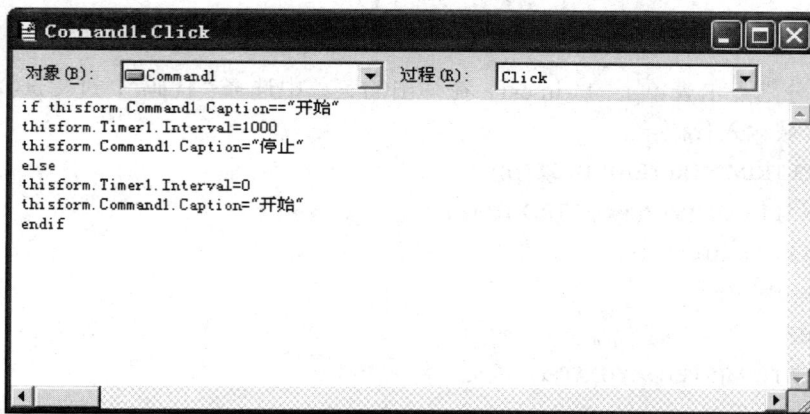

图 7-10-6　Command1 事件代码

(10) 右键点击表单上的命令按钮 Command1，在弹出的菜单中选择"代码"，过程选择"Click"，在代码编写区域输入代码：

thisform.release

(11) 最后，点击系统菜单"表单"，选择"执行表单"，或者点击工具栏上的 ❗ 图标(如果没有保存表单，则以文件名 date_time_form 保存)。运行结果如图 7-10-7 所示。

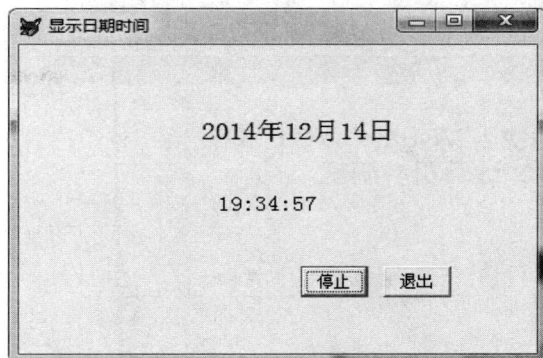

图 7-10-7　执行表单 date_time_form

2．设计表单 move_form 的具体操作

(1) 选择"文件"菜单项中的"新建"选项，指定文件类型为"表单"，单击"新建文件"按钮，进入表单设计器。

(2) 在表单设计器中，右键点击表单，在弹出菜单中选择"属性"，设置表单的属性。表单 Form1 主要属性如下。

Caption：移动的字幕；

ShowWindow：2—作为顶层表单；

Height：300；

Width：600。

(3) 点击系统菜单"显示"，选择子菜单"表单控件工具栏"，打开表单控件工具栏。

(4) 为表单中添加一个标签(点击"表单控件工具栏"的标签按钮后，再点击表单即可)，再右键点击标签，选择弹出菜单"属性"，为标签 Label1 设置相关属性。

标签 Label1 主要属性如下。

Caption：欢迎使用 Visual FoxPro 6.0；

作者：计算机教研室；

WordWrap：.T.—真；

(注意：需要调节标签宽度，使文字两行显示)

ForeColor：255,0,0；

FontName：黑体；

FontSize：20；

BackStyle：0—透明；

AutoSize：.T.—真。

(5) 用同样的方式为表单添加一个计时器 Timer1。

Timer1 主要属性如下。

Interval：100。

(6) 再为表单添加三个按钮 Command1、Command2、Command3，并分别设置它们的 Caption 属性为：向右移动、向左移动、退出，如图 7-10-8 所示。

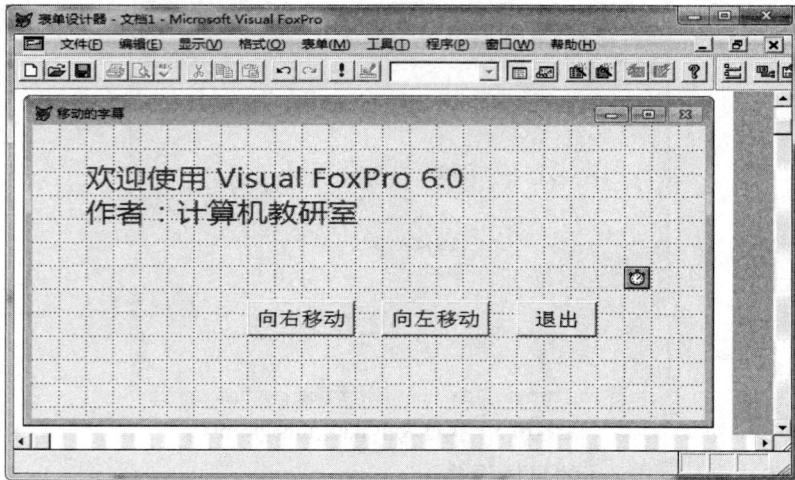

图 7-10-8　表单 move_form 界面设计

(7) 右键点击表单 Form1，在弹出式菜单中选择"代码"，在代码窗口中选择事件"Init"，如图 7-10-9 所示。再编写如下代码：

PUBLIC dlta

dlte=0

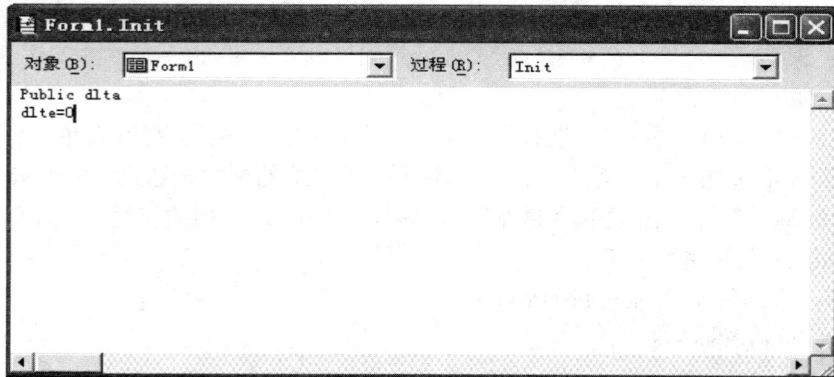

图 7-10-9　Form1 事件代码

(8) 右键分别点击表单上的 Timer1，在弹出的菜单中选择"代码"，过程选择"Timer"，在代码编写区域输入代码。

thisform.Label1.Left=thisform.Label1.Left+dlta

IF   thisform.Label1.Left>thisform.Width

thisform.Label1.Left=-thisform.Label1.Width

ENDIF

IF   thisform.Label1.Left<-thisform.Label1.Width

thisform.Label1.Left=thisform.Width

　　　　ENDIF

如图 7-10-10 所示。

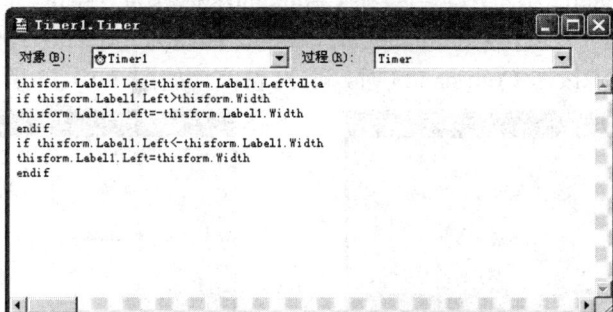

图 7-10-10　Timer1 事件代码

　　(9) 右键点击表单上的命令按钮 Command1、Command2 和 Command3，在弹出的菜单中选择"代码"，过程选择"Click"，在代码编写区域输入代码。

　　　　Command1 代码如下：

　　　　dlta=10

　　　　Command2 代码如下：

　　　　dlta=−10

　　　　Command3 代码如下：

　　　　thisform.release

　　(10) 最后，点击系统菜单"表单"，选择"执行表单"，或者点击工具栏上的 █ 图标(如果没有保存表单，则以文件名 move_form 保存)。运行结果如图 7-10-11 所示。

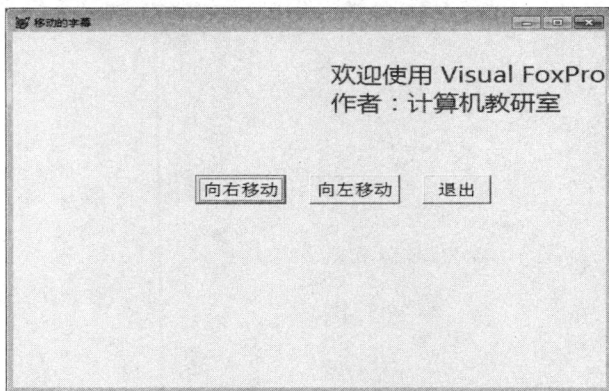

图 7-10-11　执行表单 move_form

拓展练习

　　设计一个文件名为 sec_form 的表单，如图 7-10-12 所示。

　　表单标题为"计时器"，顶层表单。表单上有一个标签 Label1，标题为"时　　分　　秒"。一个标签 Label2，标题为"00：00：00"。三个按钮 Command1、Command2、Command3，标题分别为"开始"、"清零"、"退出"。当点击按钮 Command1 时，开始计时，显示在标签 Label2 中(注意格式)，按钮 Command1 标题变为"停止"。当按钮 Command1 标题为"开始"时，按钮 Command2 不可用。当按钮 Command1 标题为"停止"时，点击则暂停计时，按钮 Command2 可用。当按钮 Command2 时，Label2 标题为"00 :00 :00"，按钮 Command1 标题为"开始"。点击按钮 Command3 时，退出表单，如图 7-10-13 所示。

图 7-10-12　运行表单 sec_form　　　　图 7-10-13　表单 sec_form 开始计时

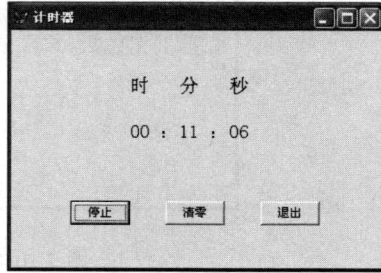

模块八 菜单设计

任务 1 使用菜单设计器创建菜单

任务目标

(1) 掌握菜单栏、菜单标题、下拉式菜单和菜单项的创建方法。

(2) 掌握快速启动键、快捷键的使用和分组栏的设计。

(3) 掌握生成菜单程序的方法。

(4) 掌握菜单在 VFP 系统下的运行情况。

任务内容

设计一个名为 Menu1 的菜单，菜单的菜单项如表 8-1-1 所示，并写出"退出"菜单项的代码。

表 8-1-1 菜单界面

文件(F)	数据表(D)	退出(Q)
新建 Ctrl+N	打开	
打开 Ctrl+O	关闭	
保存	——	
	浏览	

操作步骤

本任务的操作步骤如下：

(1) 选择"文件"菜单项中的"新建"选项，指定文件类型为菜单，单击"新建文件"按钮，然后单击"菜单"按钮，再选择"菜单"按钮进入菜单设计器界面，如图 8-1-1 所示。

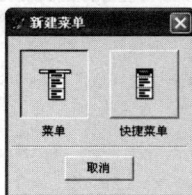

图 8-1-1 选择菜单

(2) 在菜单设计器的菜单名称中，输入"文件"、"数据库"和"退出"主菜单项。快速启动键(热键)则直接在菜单名称中输入"\<对应的英文字母"。"文件"、"数据库"菜单的结

果选项选择"子菜单","退出"菜单的结果选项选择"命令",如图 8-1-2 所示。

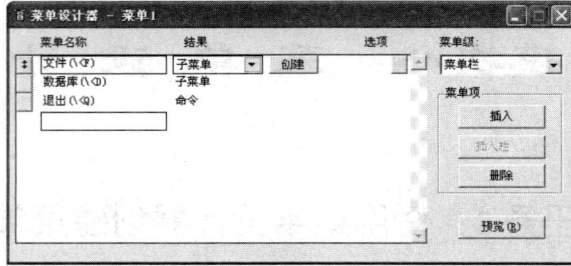

图 8-1-2　菜单项的设置

（3）点击"文件"菜单旁边的"创建"按钮，则可对"文件"菜单创建子菜单，如图 8-1-3 所示。点击"新建"菜单右边的"选项"按钮，在打开的"提示选项"对话框中的"键标签"中，按下键盘上所需要设置的快捷键即可，如图 8-1-4 所示。用同样的方法设置"打开"子菜单。

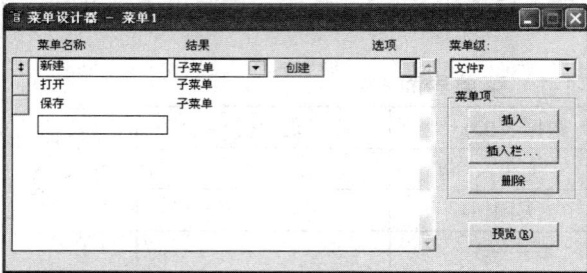

图 8-1-3　文件菜单项的设置

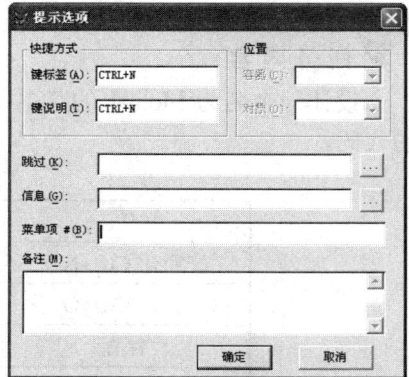

图 8-1-4　快捷键的设置

（4）在菜单设计器中选择"菜单级"中"菜单栏"，即可回到主菜单，如图 8-1-5 所示。再对"数据库"菜单设置相应的菜单项，其中分隔线是直接在菜单名称中输入"\-"，如图 8-1-6 所示。

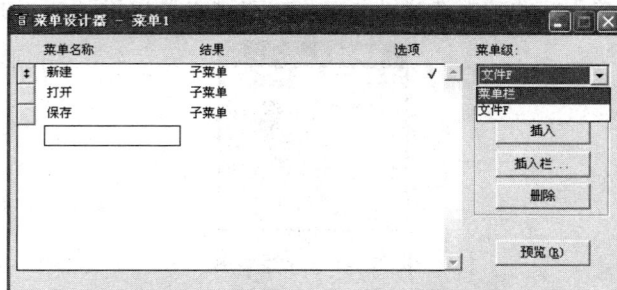

图 8-1-5　菜单选择切换

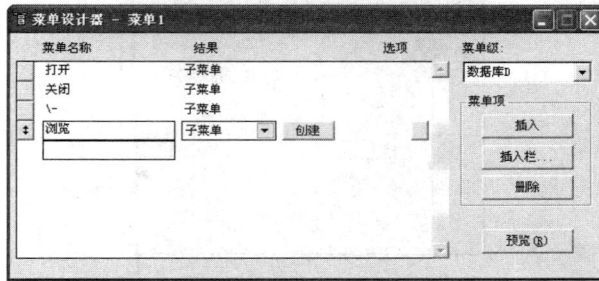

图 8-1-6　分隔线的设置

(5) 对于"退出"菜单，在命令右边的编辑框中输入：

SET sysmenu TO default

如图 8-1-7 所示。

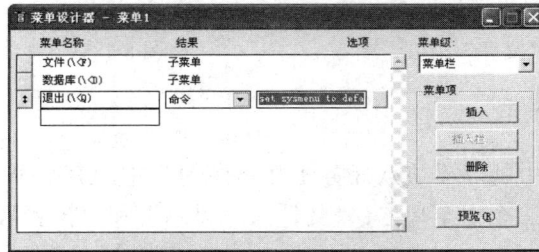

图 8-1-7　"退出"菜单命令输入

(6) 保存菜单。以文件名"Menu1"进行保存。选择 VFP 系统菜单栏中的"菜单"选项，选择"生成"，如图 8-1-8 所示。指定菜单程序文件的存储路径，如图 8-1-9 所示。

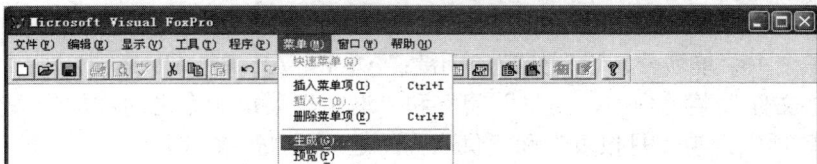

图 8-1-8　选择系统"生成"菜单

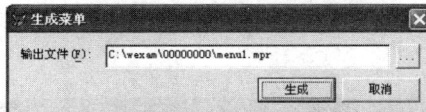

图 8-1-9　生成菜单文件

(7) 选择 VFP 系统菜单栏中的"程序"选项，选择"运行"，如图 8-1-10 所示。在运行对话框中选择刚才生成的"Menu1.mpr"文件，如图 8-1-11 所示。

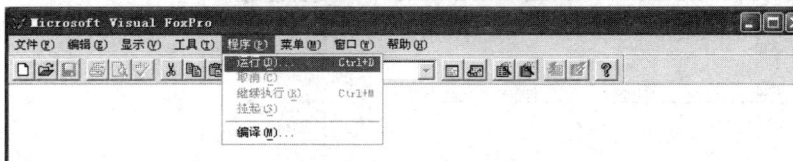

图 8-1-10　选择系统"程序"菜单

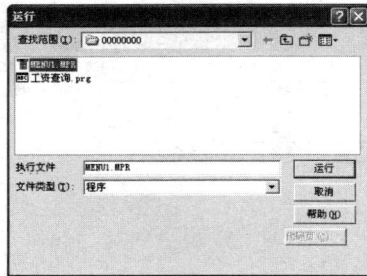

图 8-1-11　运行 Menu1 菜单

(8) 运行结果如图 8-1-12 和图 8-1-13 所示。

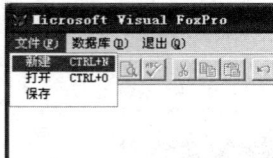

图 8-1-12　"文件"菜单　　　　　　　　图 8-1-13　"数据库"菜单

拓展练习

在本教材下载资源中的"模块八任务 1 拓展练习"中，有一个"资产设备管理"的菜单文件，在菜单中包含三个主菜单名："文件"、"显示"和"报表"，三个菜单项中分别包含以下菜单命令。

文件：新建、打开、关闭和退出。

显示：仓库表、职工、订单表、供应商。

报表：日报表、月报表、工资报表。

根据此菜单内容，为菜单添加如下修饰：

(1) 为三个主菜单名分别设置快速启动键：Alt+F、Alt+B、Alt+P。

(2) 在"文件"菜单项中，为"关闭"和"退出"菜单命令之间添加一条分隔线，在"报表"菜单项中，为"月报表"和"供应商"之间添加一条分隔线。

(3) 设定"退出"菜单命令的程序指令退出菜单，并且为"退出"命令设置快捷键 Ctrl+Q。

(4) 运行"资产设备管理"菜单的时候，要求菜单位置在系统"帮助"菜单之前，如图 8-1-14 所示。

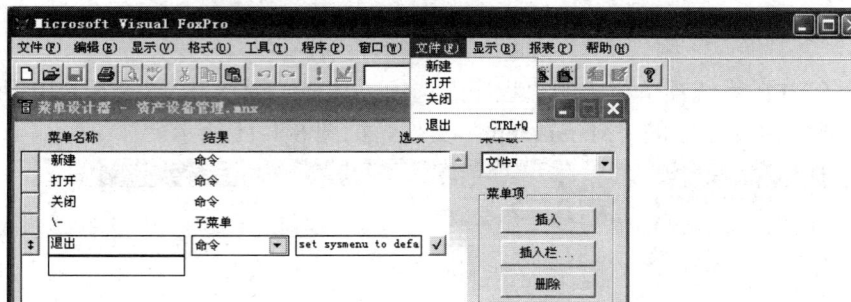

图 8-1-14　运行"资产设备管理"菜单

任务 2 创建快捷菜单

任务目标

(1) 掌握快捷菜单的创建方法。

(2) 如何在表单中运行快捷菜单。

(3) 制定菜单所要执行的任务。

任务内容

(1) 建立一个文件名为 menu2 的快捷菜单，菜单样式如表 8-2-1 所示。

表 8-2-1 快捷菜单界面

显示(V)	分割线	关闭(Q)
查看职工表		
查询(Ctrl+S)		

(2) 建立一个文件名为 mform2，标题为"快捷菜单演示"的表单，表单中有一个表格控件 Grid1，如图 8-2-1 所示。

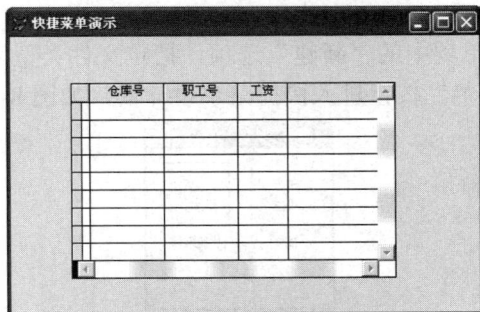

图 8-2-1 表单 mform2

(3) 表单运行时，右键单击表单空白部分，弹出快捷菜单 menu2，如图 8-2-2 所示，其中 zg.dbf 表存放在本教材下载资源中的"模块八任务 2 任务内容"中。

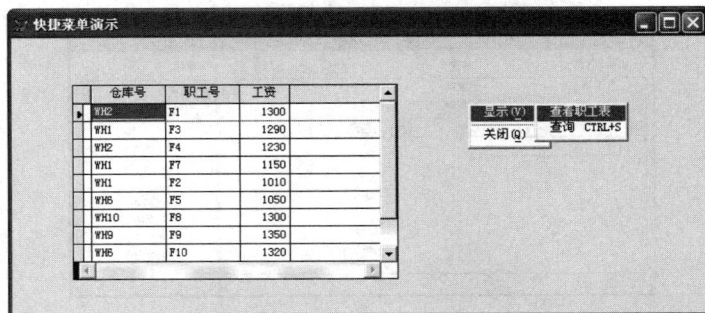

图 8-2-2 表单 mform2 点击右键后

(4) 表单运行时，在快捷菜单中选择"查看职工表"菜单项，表格中显示 zg 表的内容；选择"查询"菜单项，检索出工资小于或等于本仓库职工平均工资的职工信息，并将这些职工信息按照仓库号升序排列，在仓库号相同的情况下再按职工号升序排列，并将结果显示在表格中，如图 8-2-3 所示。选择"关闭"菜单项，则关闭表单。

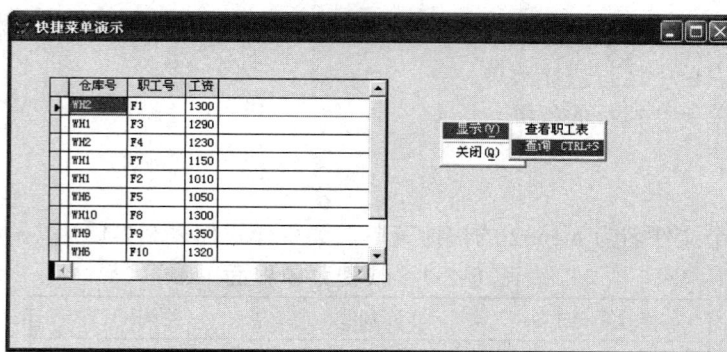

图 8-2-3　选择"查询"菜单项

操作步骤

本任务的操作步骤如下：

(1) 选择"文件"菜单项中的"新建"选项，指定文件类型为"菜单"，单击"新建文件"按钮，选择"快键菜单"按钮进入快捷菜单设计器，如图 8-2-4 所示。

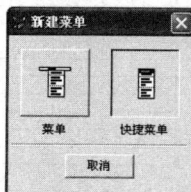

图 8-2-4　选择"新建"菜单

(2) 在快捷菜单设计器中，分别为快捷菜单设置"显示"、"关闭"菜单项和分割线。并且为"显示"菜单项设置快速启动键"显示(\<V)"，为"关闭"菜单项设置快速启动键"关闭(\<Q)"，如图 8-2-5 所示。

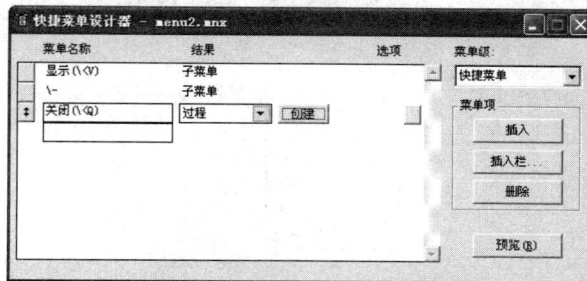

图 8-2-5　快捷菜单设计

(3) 把"关闭"项的结果设置为"过程",点击右边的"创建"按钮,在弹出的"过程"窗口输入命令:

mform2.release

如图 8-2-6 所示。

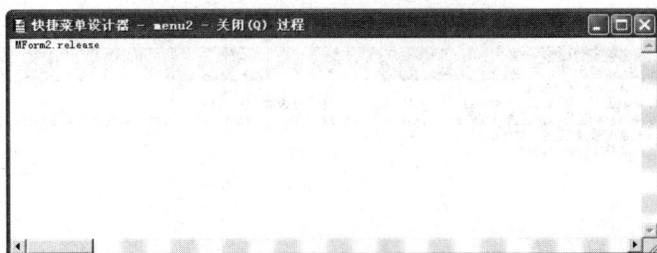

图 8-2-6 "关闭"过程窗口

(4) 为"显示"菜单项创建子菜单"查看职工表"和"查询",这两个菜单的结果都设置为"过程",并且为"查询"子菜单设置快捷键 Ctrl+S,如图 8-2-7 所示。

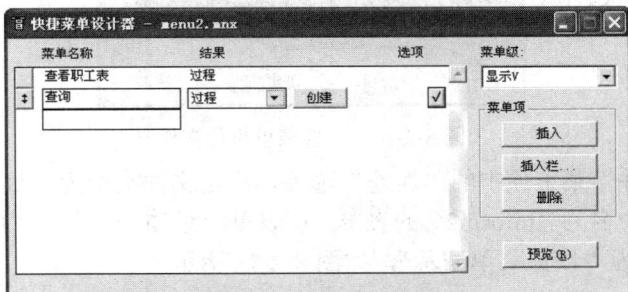

图 8-2-7 "显示"子菜单设计

(5) 点击"查看职工表"右边的"创建"按钮,在弹出的"过程"窗口输入命令:

mform2.Grid1.RecordSourceType=0

mform2.Grid1.RecordSource="Zg"

如图 8-2-8 所示。

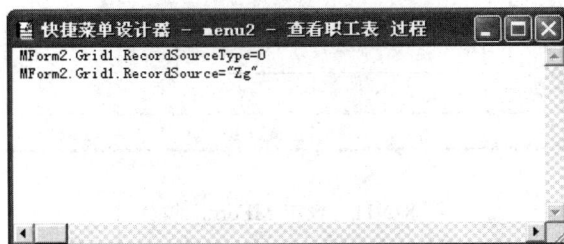

图 8-2-8 "查看职工表"过程窗口

(6) 点击"查询"右边的"创建"按钮,在弹出的"过程"窗口输入命令:

mform2.Grid1.RecordSourceType=1

SELECT 仓库号,AVG(工资) AS avgzg FROM zg GROUP BY 仓库号 INTO CURSOR curtable

```
SELECT zg.仓库号,zg.职工号,zg.工资 FROM zg,curtable ;
WHERE zg.工资<=curtable.avgzg AND zg.仓库号=curtable.仓库号;
ORDER BY zg.仓库号,职工号 INTO CURSOR temp
mform2.Grid1.RecordSource="temp"
```

如图 8-2-9 所示。

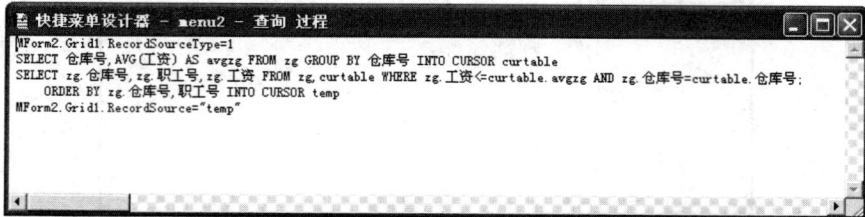

图 8-2-9　"查询"过程窗口

(7) 把该快捷菜单以文件名"menu2"保存,并生成查单可执行程序 menu2.mpr,如图 8-2-10 所示。

图 8-2-10　生成菜单执行文件

(8) 选择"文件"菜单项中的"新建"选项,指定文件类型为"报表",单击"新建文件"按钮,建立一个名为"mform2"的表单,在表单中添加一个名为"Grid1"的表格控件,并把表单的标题设为"快捷菜单演示",如图 8-2-11 所示。

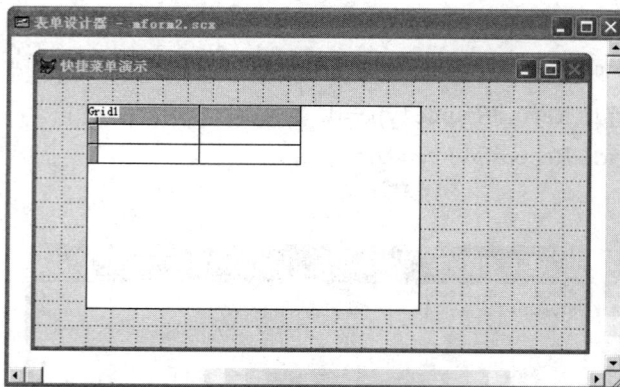

图 8-2-11　表单 MForm2 设计

(9) 右键点表单设计器中的表单,在弹出的菜单中选择"代码",将出现一个代码编写窗口,过程选择"RightClick",在代码编写区域输入代码:

```
DO menu2.mpr
```

如图 8-2-12 所示。

图 8-2-12 表单 MForm2 设计

(10) 执行表单 mform2，运行结果如图 8-2-2 和图 8-2-3 所示。

拓 展 练 习

在本教材下载资源中的"模块八任务 2 拓展练习"中，有一个数据库 mydb，其中有数据库表 stu、kech 和 chj。

(1) 设计一个名为"MyMenu"的快捷菜单，快捷菜单有五个菜单项，分别为"显示 stu"、"显示 kech"、"显示 chj"、"清屏"和"退出"。其中菜单项"显示 chj"和"清屏"之间包含分割线，菜单"清屏"设有快捷键 F5。

(2) 再设计一个名为"MyForm"的表单，要求表单运行时点击右键能够显示快捷菜单"MyMenu"，如图 8-2-13 所示。

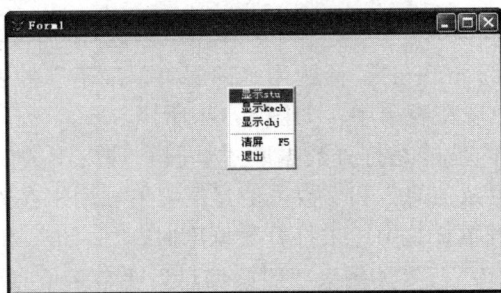

图 8-2-13 表单 MyForm

表单"MyForm"运行时，选择"显示 stu"菜单项，在表单中显示 stu 表的内容；选择"显示 kech"菜单项，在表单中显示 kech 表的内容；选择"显示 chj"菜单项，在表单中显示 chj 表的内容；选择"清屏"菜单项，清除表单中显示的内容；选择"退出"菜单项，退出表单，如图 8-2-14 和图 8-2-15 所示。

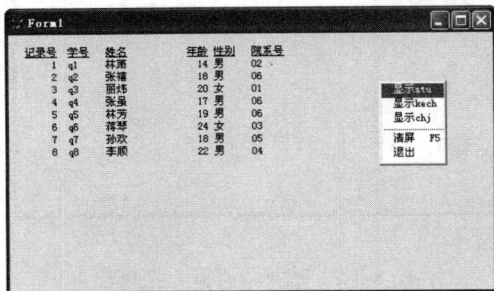

图 8-2-14 表单显示 stu 表

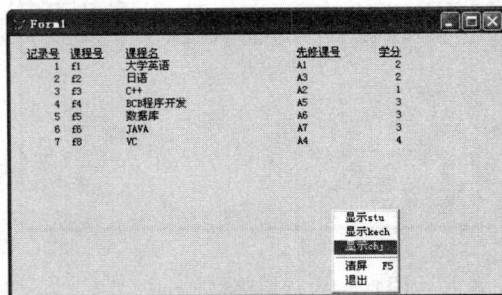

图 8-2-15 表单显示 chj 表

任务 3　创建顶层菜单

任务目标

(1) 掌握菜单的创建方法。
(2) 制定菜单所要执行的任务。
(3) 掌握生成菜单程序的方法。
(4) 学会在顶层表单中调用普通菜单。

任务内容

(1) 建立一个文件名为 Menu3 的菜单，菜单样式如表 8-3-1 所示。

表 8-3-1　菜单 menu3 界面

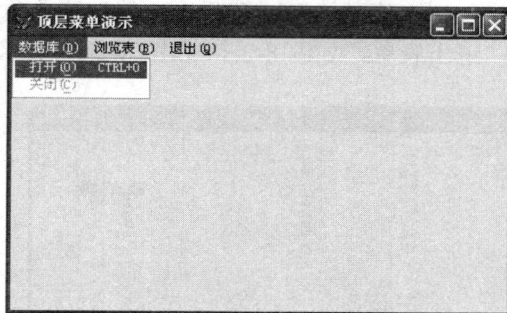

数据库(D)	浏览表(B)	退出(Q)
打开(O)	股票信息	
关闭(C)	数量信息	

(2) 建立一个文件名为 mform3、标题为"顶层菜单演示"的表单。表单运行时，居中显示，同时 menu3 菜单出现在表单中，如图 8-3-1 所示。

(3) "打开"菜单项的功能是打开数据库"炒股管理"；"关闭"菜单项的功能是关闭"炒股管理"数据库；"股票信息"和"数量信息"菜单项用来在表单中显示的对应数据库表；"退出"菜单项关闭表单。其中，未打开数据库时，"关闭"、"股票信息"、"数量信息"菜单项不可用；打开数据库后，"关闭"、"股票信息"、"数量信息"

菜单项可以使用，而"打开"菜单项不可用。其中炒股管理.dbc、股票信息 .dbf、数量信息.dbf 在本教材下载资源中的"模块八任务 3 任务内容"中，运行结果如图 8-3-2、图 8-3-3 所示。

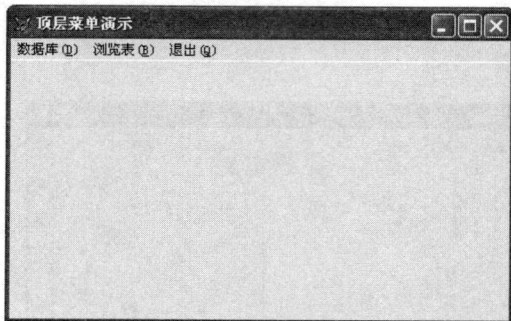

图 8-3-1　顶层菜单 menu3　　　　　　　　　图 8-3-2　选择"打开"菜单项

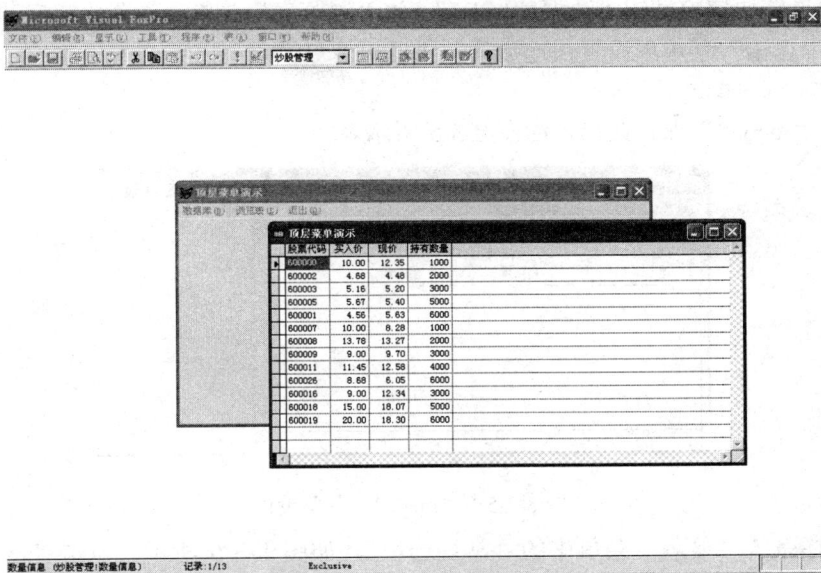

图 8-3-3 选择"数量信息"菜单项

操作步骤

本任务的操作步骤如下：

(1) 选择"文件"菜单项中的"新建"选项，指定文件类型为"表单"，单击"新建文件"按钮，进入表单设计器。

(2) 在表单设计器中，为表单设置居中显示、标题、顶层表单。设置属性如下。

Caption：顶层菜单演示；

AutoCenter：T—真；

ShowWindow：2—作为顶层表单。

设置完成后，以文件名"mform3"保存，如图 8-3-4 所示。

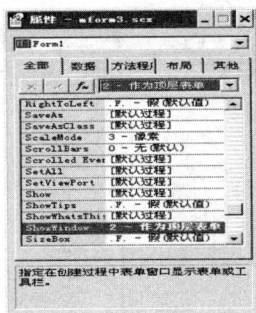

图 8-3-4 设置表单属性

(3) 选择"文件"菜单项中的"新建"选项，指定文件类型为"菜单"，单击"新建文件"按钮，选择"菜单"按钮，进入菜单设计器。

(4) 在菜单设计器中，设计"数据库"、"浏览表"和"退出"菜单项。并且为"数据库"菜单项设置快速启动键"数据库(\<D)";为"浏览表"菜单项设置快速启动键"浏览表(\<B)";为"退出"菜单项设置快速启动键"退出(\<Q)","过程"中输入命令：

　　　　mform3.release

并以文件名"menu3"保存菜单，如图 8-3-5 所示。

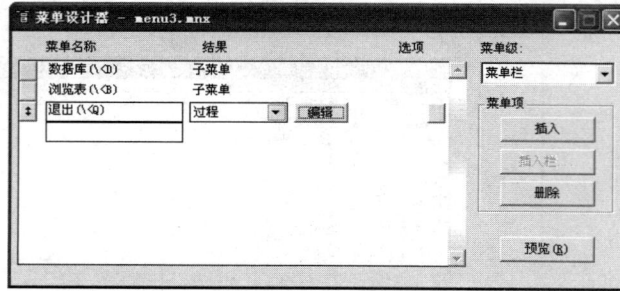

图 8-3-5　"menu3"菜单设计

　　（5）选择系统"显示"菜单中的"常规选项"，如图 8-3-6 所示。点击"常规选项"中的"设置"选项，在弹出的"设置"窗口输入命令：

　　　　PUBLIC dk,gb,gpxx,slxx

　　　　dk=.F.

　　　　gb=.T.

　　　　gpxx=.T.

　　　　slxx=.T.

同时需要把"常规选项"中的"顶层表单"勾上，如图 8-3-7 所示。

图 8-3-6　选择"常规选项"

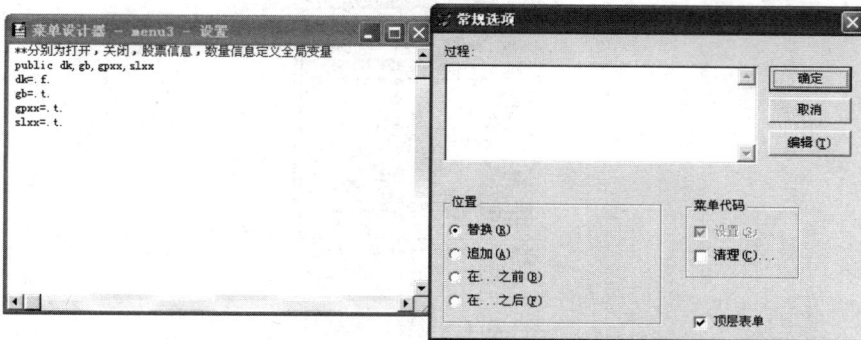

图 8-3-7　"设置"窗口输入代码

　　（6）为"数据库"菜单建立子菜单"打开"、"关闭"，并且为"打开"菜单项设置快速启动键"打开(\<O)"，为"关闭"菜单项设置快速启动键"关闭(\<C)"，如图 8-3-8 所示。

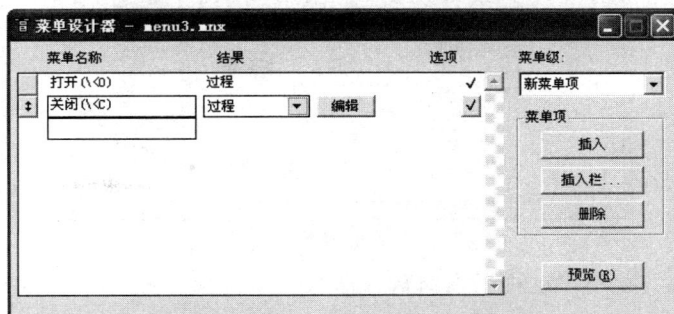

图 8-3-8 "数据库"子菜单设计

(7) 在"打开"菜单"过程"窗口输入命令：

OPEN database 炒股管理

dk=.T.

gb=.F.

gpxx=.F.

slxx=.F.

打开"打开"菜单的"提示选项"，"键标签"设置为 Ctrl + O，"跳过"项设置为 dk，如图 8-3-9 所示。

在"关闭"菜单"过程"窗口输入命令：

CLOSE database

dk=.F.

gb=.F.

gpxx=.T.

slxx=.T.

打开"关闭"菜单的"提示选项"，"跳过"项设置为 gb，如图 8-3-10 所示。

图 8-3-9 "打开"菜单的"提示选项"

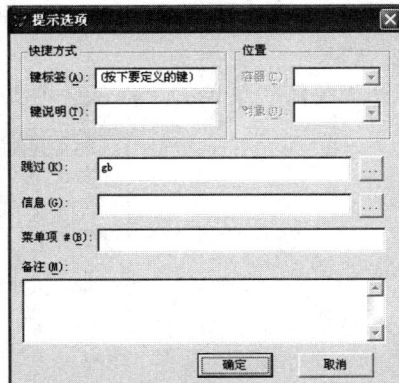

图 8-3-10 "关闭"菜单的"提示选项"

(8) 为"浏览表"菜单建立子菜单"股票信息"、"数量信息"，如图 8-3-11 所示。

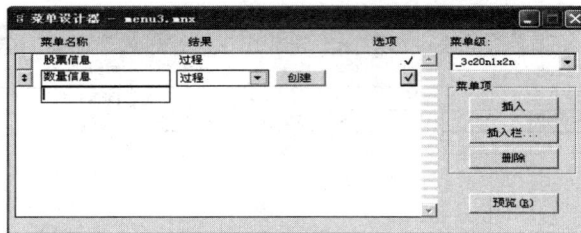

图 8-3-11   "浏览"子菜单设计

在"股票信息"菜单"过程"窗口输入命令：

    USE 股票信息

    BROWSE

    USE

打开"打开"菜单的"提示选项"，"跳过"项设置为 gpxx，如图 8-3-12 所示。

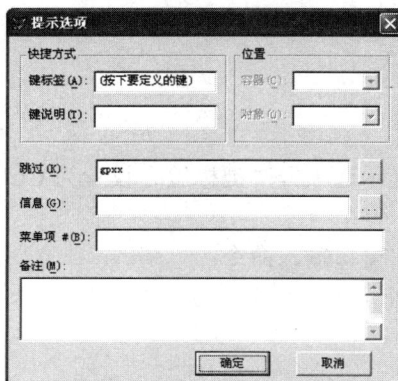

图 8-3-12   "股票信息"菜单的"提示选项"

后在"数量信息"菜单"过程"窗口输入命令：

    USE 数量信息

    BROWSE

    USE

打开"关闭"菜单的"提示选项"，"跳过"项设置为 slxx，如图 8-3-13 所示。

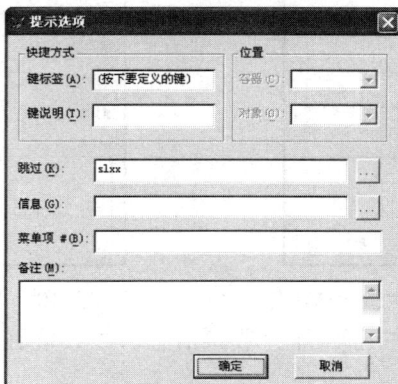

图 8-3-13   "数量信息"菜单的"提示选项"

(9) 把该菜单以为文件名"menu3"保存,并生成菜单可执行程序 menu3.mpr,如图 8-3-14 所示。

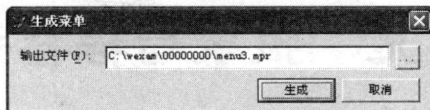

图 8-3-14　生成菜单执行文件

(10) 打开表单"mform3",右键点表单设计器中的表单。在弹出的菜单中选择"代码",将出现一个代码编写窗口,过程选择"Init",在代码编写区域输入代码:

　　　　DO menu3.mpr with this

如图 8-3-15 所示。

图 8-3-15　表单 mform3 加入菜单代码

(11) 执行表单 MForm3,运行结果如图 8-3-2 和图 8-3-3 所示。

拓 展 练 习

(1) 设计一个名为"SysMenu"的菜单,菜单中包含"文件"和"退出"两个菜单项。在"文件"菜单中包含"新建"、"打开"和"关闭"三个菜单命令,在"退出"菜单中包含"退出"菜单命令。要求这四个菜单命令的功能和 Visual FoxPro 中的功能相同。

(2) 设计一个名为"SysForm"的表单,标题为"系统菜单",要求表单运行时能够显示菜单"SysMenu",如图 8-3-16、图 8-3-17 所示。

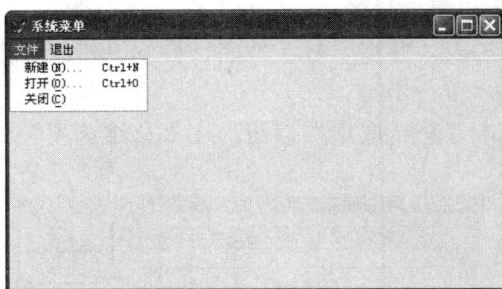

图 8-3-16　表单 SysForm "文件" 菜单

图 8-3-17　表单 SysForm "退出" 菜单

模块九　报表与标签设计

任务1　利用报表向导设计报表

任务目标

(1) 理解报表的意义。

(2) 掌握报表向导的设计方法。

(3) 掌握一对多报表和单表的报表设计方法。

任务内容

(1) 用报表向导建立一个以"学生基本情况表"为基础的报表。要求以"籍贯"进行分组统计人数和平均分。

(2) 根据"学生成绩表"和"课程表"建立一个一对多的报表，并以"课程代号"进行分组，将"平时成绩"字段修改为"平均成绩"字段，计算"平时成绩"与"考试成绩"的平均值。

本任务用到的表都存放在本教材的下载资源"模块九任务1任务内容"目录下。

操作步骤

1. 任务(1)的具体操作

(1) 选择"文件"菜单项中的"新建"选项，指定文件类型为"报表"，单击"向导"按钮，选择"报表向导"项，点击"确定"，进入报表向导窗口。

(2) 选择"学生基本情况表"为报表的数据源表，并将学号、姓名、性别、班级、籍贯、出生日期等字段加入到选定字段框中，单击"下一步"。

(3) 选定"籍贯"字段为报表分组字段，单击"总结选项"按钮，在"总结选项"对话框中，选择按学号进行分组计数，如图 9-1-1 所示。单击"确定"，返回"报表向导"对话框，并单击"下一步"。

(4) 选择报表样式为账务式，单击"下一步"。

(5) 不改变报表布局的默认设置，单击"下一步"。

(6) 不指定排序字段，单击"下一步"。

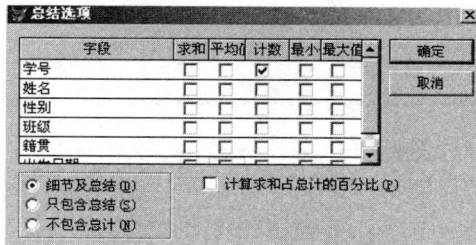

图 9-1-1　"总结选项"对话框

(7) 在报表标题栏输入"学生基本信息"，选中"保存报表并在'报表设计器'中修改报表"单选按钮。

(8) 单击"预览"按钮可浏览报表，如图 9-1-2 所示。单击"完成"按钮，为报表文件指定存储路径并指定报表文件名为"学生基本信息"。

(9) 报表设计完成后，将显示为打开状态，如图 9-1-3 所示。

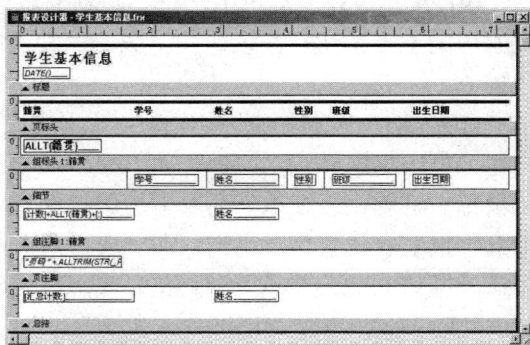

图 9-1-2　"学生基本信息"报表浏览结果

图 9-1-3　在"报表设计器"中打开的
"学生基本信息"报表

2．任务(2)的具体操作

使用"一对多报表向导"创建报表布局，然后在"报表设计器"中修改。具体步骤如下：

(1) 单击工具栏中的"新建"按钮，在弹出的"新建"对话框中选择"报表"，然后单击"向导"按钮，打开"向导选取"对话框，选择"一对多报表向导"，点击"确定"，启动报表向导。

(2) 从父表选择字段。打开"学生"数据库，从列表框中选择父表：学生成绩表，将所有添加到"选定字段"列表中，单击"下一步"。

(3) 从子表选择字段。从列表框中选择子表：课程表。从"可用字段"列表中选择字段：课程名称、学分，将其添加到"选定字段"列表中，单击"下一步"按钮。

(4) 为表建立关系。由于学生成绩表与课程表通过"课程代号"字段在数据库中已经存在关系，可直接单击"下一步"按钮。

(5) 排序记录。选择"学号"字段作为"排序"依据，选取"升序"排序方式。单击"下一步"按钮。

(6) 选择报表样式。选择"经营式"，单击"下一步"按钮。

(7) 完成。修改"报表标题"为学生成绩情况一览表。选择"保存报表并在'报表设计器'中修改报表"，单击"完成"按钮，以"学生成绩.frx"为名保存报表布局。进入"报表设计器"，如图 9-1-4 所示。

(8) 修改报表布局。调整某些对象的宽度，将

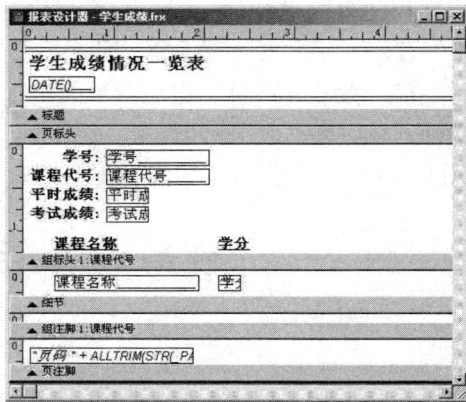

图 9-1-4　报表设计器

学号、课程代号、平时成绩、考试成绩、课程名称、学分标签移至组标题区的同一行，并将这些标签对应的域控件移至"细节"区的同一行。选定"标题"区域中的标签"学生成绩情况一览表"，在"格式"菜单中选择"字体"对话框，修改标题的字号、字体；在"格式"菜单中选择"对齐"子菜单中的"水平居中"，将标题移至页面中央。

(9) 在"报表"菜单中选择"数据分组"，打开"数据分组"对话框，单击分组表达式框右边的三点按钮，在表达式生成器中输入或选择字段"学生成绩表.课程代号"作为分组依据。

(10) 将"平时成绩"字段改为"平均成绩"字段。选择"报表控件工具栏"中的标签按钮，单击"组标头"区域中的"平时成绩"标签，将"平时成绩"改为"平均成绩"。再用鼠标右键单击"细节"区域中的域控件"平时成绩"，在弹出的快捷菜单中选择"属性"，打开"报表表达式"对话框，在"表达式"栏中输入：(学生成绩表.平时成绩+学生成绩表.考试成绩)/2，设定格式为"999.9"，单击"确定"。

(11) 预览报表，如图 9-1-5 所示。

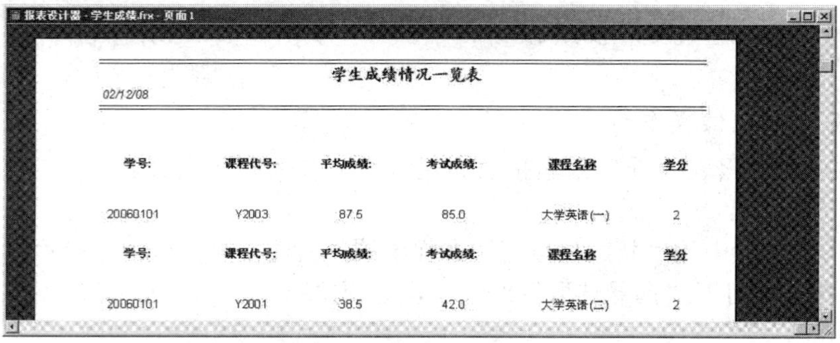

图 9-1-5　报表预览

拓 展 练 习

(1) 根据本教材的下载资源"模块九任务 1 拓展练习"目录下的"学生信息"数据库建立视图，以学生视图.vue(包括学号、姓名、性别、籍贯、课程号、课程名、成绩、学分、教师、职称等字段)为数据源建立一个报表，要求包含学号、姓名、性别、课程代号、考试成绩、学分、教师等字段，按学号进行分组，并自动打印每人的平均考试成绩。

(2) 运行报表向导，建立一个一对多的报表，内容自定，要求使用分组。

(3) 使用报表向导建立一个简单报表。要求选择学生表中所有字段；记录不分组；报表样式为"随意式"；列数为"1"，字段布局为"列"，方向为"纵向"；排序字段为"学号"(升序)；报表标题为"学生信息一览表"；报表文件名为 print1。

任务 2　利用报表设计器设计报表

任 务 目 标

(1) 掌握报表设计器中各种控件的用法和布局。

(2) 利用报表控件设计专门报表。

任务内容

利用报表设计器创建如图 9-2-1 所示的报表。本实验用到的表存放在本教材的下载资源"模块九任务 2 任务内容"目录下。

操作步骤

本任务的操作步骤如下：

(1) 在数据环境中添加学生表，从学生表中拖动除照片外的其他字段到"细节"带区。

(2) 设计报表的标题为学生基本信息，并在标题下添加一个域控件用于显示当前日期。

(3) 添加数据分组，选择"籍贯"字段为分组依据，并把"籍贯"字段添加到"组标头"带区。

(4) 利用线条控件添加线条。

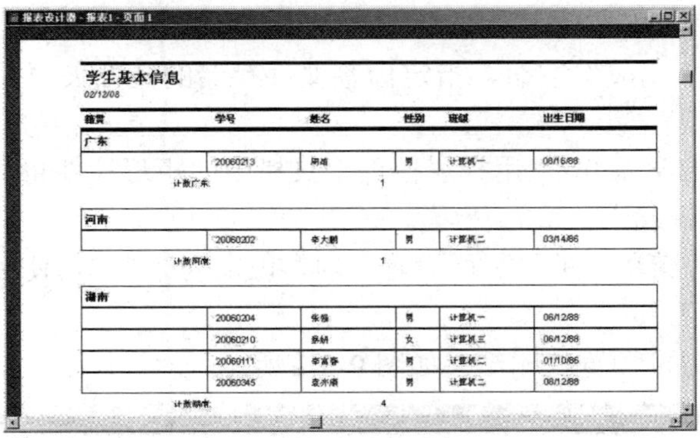

图 9-2-1　报表样式

拓展练习

在本教材的下载资源"模块九任务 2 拓展练习"目录下有数据表文件"产品表"，要求根据此数据表设计一个按"部门编号"来分组的报表，并用虚线隔开分组记录，报表以"部门_fz"名保存。产品表中的字段如下：

产品表(产品编号，产品名称，部门编号，生产日期，生产数量，产品成本，库存)

任务 3　标签的设计

任务目标

(1) 理解标签的意义。

(2) 掌握标签设计方法。

任务内容

根据"学生基本情况表"，使用标签向导设计包含学号、姓名、性别、籍贯及出生日期字段的学生标签。本实验用到的表存放在本教材的下载资源"模块九任务 3 任务内容"目录下。

操 作 步 骤

本任务的操作步骤如下：

(1) 单击工具栏中的"新建"按键，在弹出的"新建"对话框中选择"标签"，然后单击"向导"按钮，打开"标签向导"对话框。

(2) 选择表。选择"学生基本情况表"作为标签的数据源，单击"下一步"按钮。

(3) 选择标签类型。选中"公制"单选按钮，选择标签样式为 Avery 7163，单击"下一步"按钮。

(4) 定义标签布局。将学号、姓名、性别、班级和出生日期五个字段移到选定字段框中，注意数据项之间应留一定的空格，五个字段排成两行，两行之间空一行，可使用向导程序提供的命令完成这些功能，完成这些操作后单击"下一步"按钮。

(5) 排序记录。不排序，单击"下一步"按钮。

(6) 完成。单击"完成"按钮，指定标签文件存储的文件夹，并指定标签文件名为学生.lbx。

(7) 打开已存盘的学生.lbx，用报表控件工具栏中的矩形控件将标签设计器窗口中"细节"区中的 5 个对象框起来。

(8) 选择"文件"菜单中的"页面设置"项，设定列数为 3，使标签输出时每行显示三个标签，单击"确定"。

(9) 单击预览按钮，预览打印结果如图 9-3-1 所示。

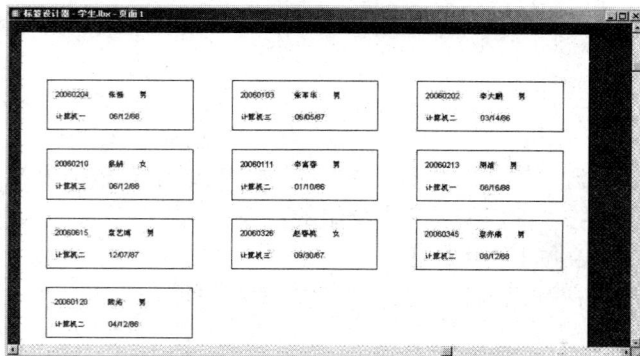

图 9-3-1　标签文件运行结果

拓 展 练 习

(1) 为自己设计一张名片，内容自定，要求使用标签。

(2) 利用读者表创建一个标签。读者表在本教材的下载资源"模块九任务 3 拓展练习"目录下。

模块十　综合实训——创建图书管理系统

1. 系统开发的目的和意义

现代化的图书管理是一个比较复杂的过程，涉及大量的读者信息与图书信息的管理，以及借书信息的管理、还书信息的管理、作者信息的管理和图书分类内容的管理等。面对数以万计的图书和读者而产生的不断变化的借书信息、图书信息，传统的管理方法不仅浪费人力、物力、财力，而且由于管理不规范容易导致各种错误的发生，已远不能适应现代管理的需要。因此实现一个智能化、系统化、信息化的图书管理系统是十分必要和不可缺少的。它将大大减轻图书管理的劳动强度，提高现代化图书管理的水平。

本综合实训给出的系统在功能实现上还存在某些不足，但它对于开发设计此类管理系统具有一定的参考价值。

2. 系统功能

本系统将实现对读者信息、图书信息、作者信息以及图书借阅信息等的计算机管理，包括图书管理的登记，各类信息的浏览、删除、组合查询、添加及其打印。系统功能模块如图 10-1-1 所示。

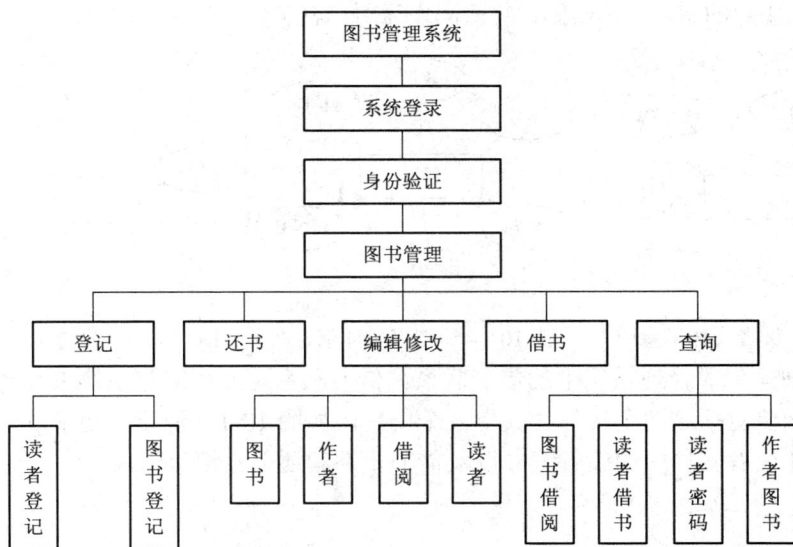

图 10-1-1　图书管理系统功能模块图

3. 建立实体-联系(E-R 图)

图书管理系统所用到的数据表以实体-联系给出示意图，其中数据表记录实体的各个属性，联系表示实体间的关系，如示意图中的"借书"就是联系，它表示把读者和图书联系起来。属性表示实体或关系的某种特征，如图书有图书编号、图书名称、出版社等。

　　提示：每个关系在数据库中可用一个数据表来进行描述，所以在数据库设计之前一般要进行实体与联系的创建和分析。

　　图书管理系统数据库的实体与联系主要由图书、读者、作者实体和两个联系组成，如图 10-1-2 所示，其中读者与图书之间是多对多的关系，作者与图书之间是一对多的关系。

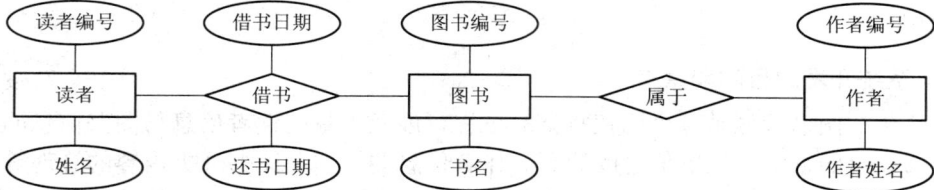

图 10-1-2　图书管理系统实体与联系示意图

　　一个实体的属性往往很多，但是在创建管理系统时，根据需要可以设置几个常用的属性。例如一本图书的属性很多，为了用户在管理上的方便，设置图书的属性可以包括书号、书名、价格、出版社、数量等，由于图书在图书馆中要进行唯一标识，因此还要把书号指定为每本图书的唯一标识号。

　　提示：要创建一个数据库系统，首先要对创建的系统进行分析，确定它的实体与联系，然后才能创建数据库。如果能够正确的创建所设计的数据库系统的实体与联系，就为后面的创建工作提供了依据，这些设计在管理系统中称为概念设计。

　　读者、图书、作者实体示意图如图 10-1-3、图 10-1-4 和图 10-1-5 所示。它们的唯一标识号分别为读者编号、书号和作者编号。为了让用户查询系统中的有关信息，可以建立一个用户表，记录合法用户的用户名和密码，将密码作为用户表实体的唯一标识号，如图 10-1-6 所示。

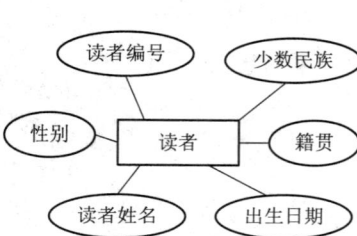

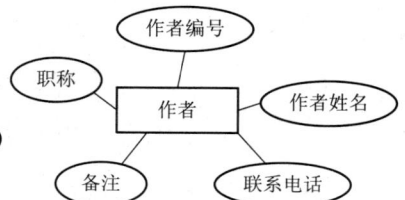

图 10-1-3　读者实体示意图　　　图 10-1-4　图书实体示意图　　　图 10-1-5　作者实体示意图

　　下面将创建图书管理系统中的借书联系。借书联系主要用来记录图书与读者两个实体的信息，所以要包括这两个实体的其中一个属性，如图 10-1-7 所示。借书联系是由图书实体中的书号和读者实体中的读者编号以及借书日期和还书日期等组成。

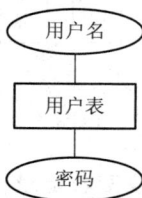

图 10-1-6　用户表实体示意图　　　　图 10-1-7　借书联系示意图

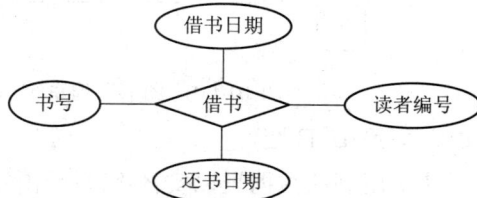

完成了图书管理系统的概念设计以后，就可创建数据库以及概念设计中的实体和联系的数据表。

4．设计数据表结构

实体由若干属性组成。一个实体在数据库中对应一个数据表，实体的属性则对应数据表中的字段，而每个字段又包括字段名、数据类型、字段宽度等属性。数据库管理系统操作的对象主要是数据表，因此在创建数据库及数据表以前，必须先设计数据表结构。本系统数据表结构的设计在模块四中给出了详细说明，此处不再重复。

5．创建数据库及数据表

首先创建一个名为"图书管理系统"的项目文件，以便对图书管理系统中创建的数据库、数据表、表单以及程序等进行统一管理和使用。然后向该项目中添加一个名为 datal 的数据库以及五个数据表，即读者表、图书表、作者表、借书表和用户表。创建过程参照模块一任务 2 操作，此处不再重复。创建后的项目管理器如图 10-1-8 所示。

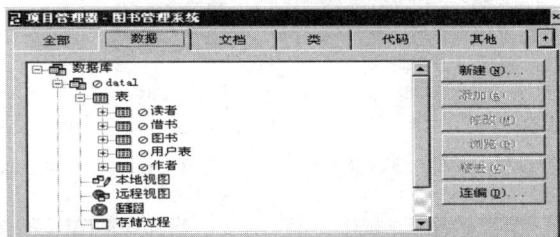

图 10-1-8　创建数据库和数据表后的项目管理器

当用户创建五个数据表后，就可以在数据表间创建关系。例如将图书表中的书号与借书表中的书号字段建立关系，将读者表中的读者编号与借书数据表中的读者编号字段建立关系。

编辑已创建的五个数据表之间关系的方法如下：

打开已创建的数据库 datal，用鼠标选中要建立关系的主索引字段，并将该字段拖放到与该字段建立关系的索引字段上，这时两个有关系的数据表间通过索引字段产生一条连线。本数据库中数据表关系面板如图 10-1-9 所示。

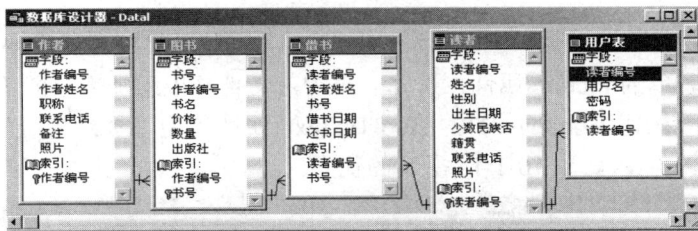

图 10-1-9　数据库中数据表关系面板

注意：两个数据表间要建立关系，首先应在两个表中建立索引字段，其中应有一个是主索引字段。如作者表中的作者编号、图书表中的书号、读者表中的读者编号都是主索引字段。

6．创建表单界面

表单是 Visual FoxPro 中最能体现面向对象编程的一部分，是应用程序设计的核心。表单的设计可以采用表单生成器或表单设计器，通过设置表单的属性、响应表单的事件、执行表单的方法代码，可以完成较强功能的应用程序设计。

图书管理系统的功能操作主要是通过使用表单界面来实现，它包含 15 个表单，用以完成基本的图书管理功能，如图 10-1-10 所示。

(1) 创建"主表单"。创建第一个"主表单"，表单中添加了一个编辑框控件及两个命令钮控件，如图 10-1-11 所示。表单(Form1)的 AutoCenter 及 ShowTips 属性值都设置为".T."，如图 10-1-12、图 10-1-13 所示。

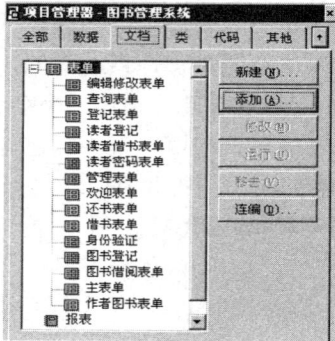

图 10-1-10　创建 15 个表单

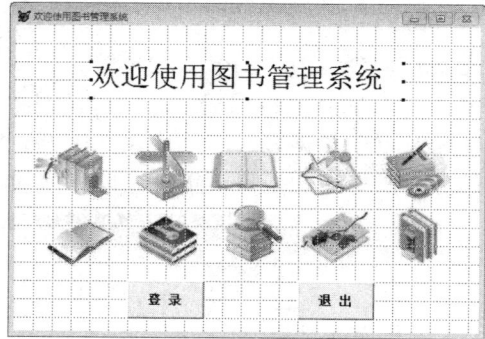

图 10-1-11　主表单编辑界面

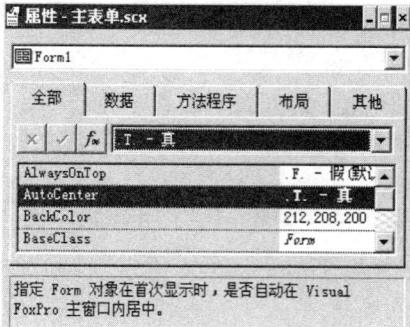

图 10-1-12　设置 AutoCenter 属性

图 10-1-13　设置 ShowTips 属性

还可以设置表单的 Picture 属性，选择一个图形文件，以增加表单的美观。

设置"登录"按钮(Command1)的 ToolTipText 属性值为"登录系统"，双击该按钮在 Click 事件代码框中输入如图 10-1-14 所示的代码。

图 10-1-14　"登录按钮"的 Click 事件代码框

设置"退出"按钮(Command2)的 ToolTipText 属性值为"退出系统"，双击该按钮在 Click 事件代码框中输入如图 10-1-15 所示的代码。

图 10-1-15 "退出按钮"的 Click 事件代码框

(2) 创建"身份验证"表单。"身份验证"表单的界面如图 10-1-16 所示。先将四个编辑框控件、两个文本框控件、两个命令按钮控件和一个组合框控件添加到表单上。然后为表单设置数据环境，将"用户表"添加到数据环境中，如图 10-1-17 所示。接着在属性窗口为 Text2 和 Combo1 控件指定数据源，如图 10-1-18、图 10-1-19 所示。

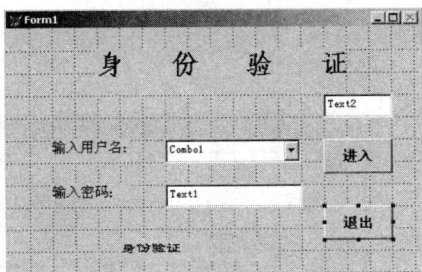

图 10-1-16 "身份验证"表单编辑界面

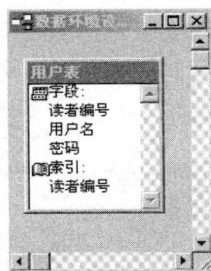

图 10-1-17 向数据环境添加"用户表"

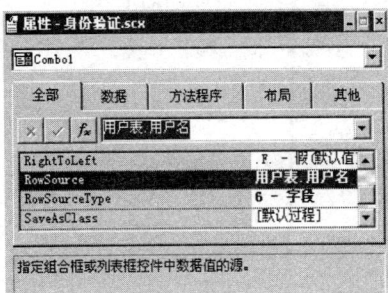

图 10-1-18 为 Combo1 控件指定数据源

图 10-1-19 为 Text2 控件指定数据源

将 Text1 文本框的 Passwordchar 属性值设置为"*"。将 Text2 文本框的 Visible 属性值设置为".F."。

"进入"按钮(Command1)的功能代码框如图 10-1-20 所示，该按钮用来检验用户输入的用户名和密码是否正确。"退出"按钮(Command2)功能代码框如图 10-1-21 所示，单击该按钮可以退出程序。表单运行效果如图 10-1-22 所示。

图 10-1-20 "进入"按钮功能代码框

图 10-1-21　"退出"按钮功能代码框

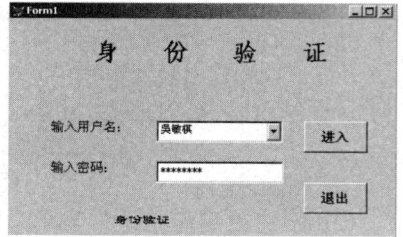

图 10-1-22　"身份验证"表单运行效果

(3) 创建"欢迎"表单。当用户输入用户名和密码正确以后，则出现"欢迎"表单，如图 10-1-23 所示。

将计时器控件的 Interval 属性值设置为"5000"毫秒，如图 10-1-24 所示，表示该表单的运行显示时间不超过 5 秒。并在 Timer 事件框中编写如图 10-1-25 所示的代码。

图 10-1-23　"欢迎表单"的编辑界面

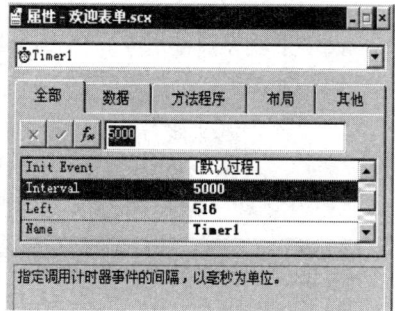

图 10-1-24　设置 Interval 属性

图 10-1-25　计时器控件的 Timer 事件代码框

(4) 创建"管理表单"。通过该表单可以选择用户所要进行的操作。表单中有五个命令按钮，分别是"借书"、"还书"、"登记"、"查询"和"编辑修改"，如图 10-1-26 所示。

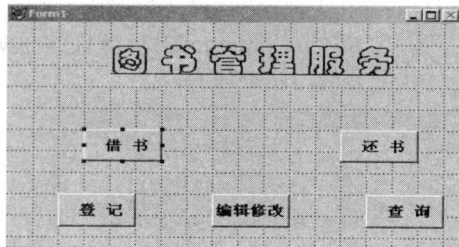

图 10-1-26　"管理表单"编辑界面

"借书"按钮(Command1)、"还书"按钮(Command2)、"登记"按钮(Command3)、"编辑修改"按钮(Command4)和"查询"按钮(Command5)所对应的 Click 事件代码如图 10-1-27

到 10-1-31 所示。

图 10-1-27　"借书"按钮代码框

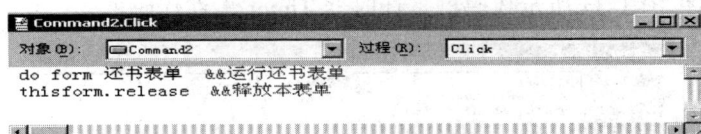

图 10-1-28　"还书"按钮代码框

图 10-1-29　"登记"按钮代码框

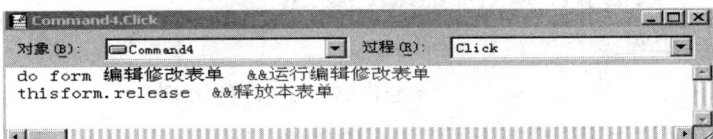

图 10-1-30　"编辑修改"按钮代码框

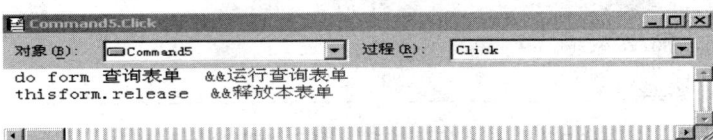

图 10-1-31　"查询"按钮代码框

(5) 创建"借书"表单。用户在"借书"表单中输入读者编号和书号，单击"确定借书"按钮可以向借书表中添加一行记录，表单设计如图 10-1-32 所示。

图 10-1-32　"借书表单"的编辑界面

当表单初始化时执行如图 10-1-33 所示 Init 事件代码，让 Text3 文本框读取系统时间。

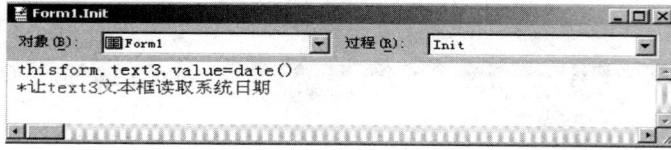

图 10-1-33　表单的初始化代码

将计时器控件的 Interval 属性值设置为"6000"毫秒，将 Text1 和 Text2 的 Value 属性值设置为"0"，图 10-1-34 所示代码框是计时器 Timer 事件代码框。

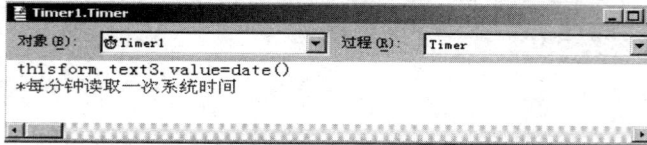

图 10-1-34　计时器事件代码框

图 10-1-35 所示是"确定借书"按钮的 Click 事件代码框。

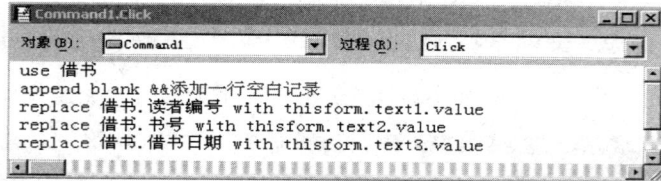

图 10-1-35　"确定借书"按钮功能代码框

图 10-1-36 所示是"返回管理界面"按钮的功能代码框。

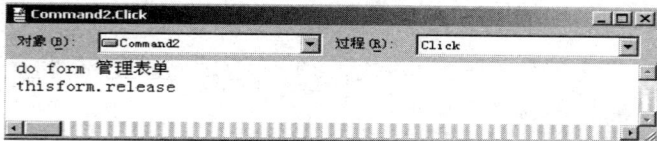

图 10-1-36　"返回管理界面"按钮功能代码框

(6) 创建"还书表单"。"还书表单"与"借书表单"的编辑界面大部分是相同的，如图 10-1-37 所示。除了"确定还书"按钮与"确定借书"按钮不同外，其他的制作方法可以参照"借书表单"。

图 10-1-37　"还书表单"编辑界面

"确定还书"按钮的功能代码如图 10-1-38 所示，单击该按钮可以删除用户的借书记录，并为被删除的记录添加还书日期。

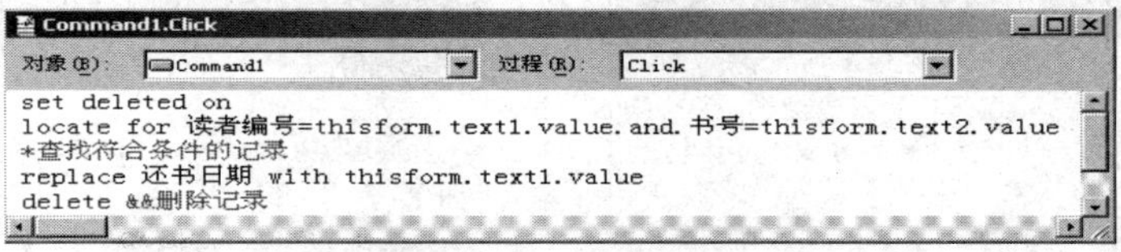

図 10-1-38　"确定还书"按钮功能代码

(7) 创建"登记表单"。"登记表单"是一个导航表单，如图 10-1-39 所示，通过它可以调用读者登记表单和图书登记表单。使用读者登记表单可以注销用户和登记新用户，使用图书登记表单可以注销图书和登记新图书。

图 10-1-39　"登记表单"编辑界面

"读者登记"按钮功能代码框如图 10-1-40 所示。

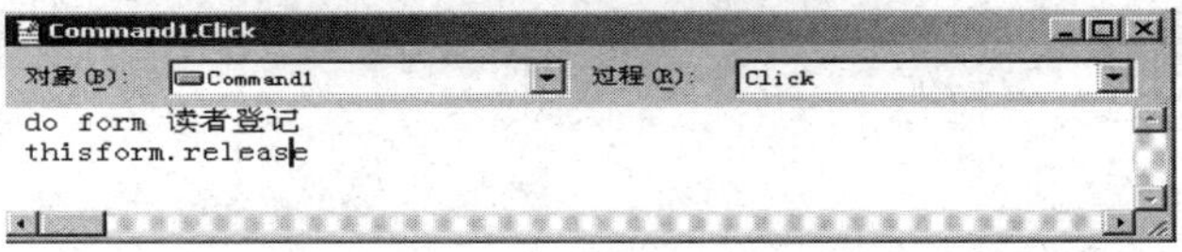

图 10-1-40　"读者登记"按钮功能代码框

"图书登记"按钮功能代码框如图 10-1-41 所示。

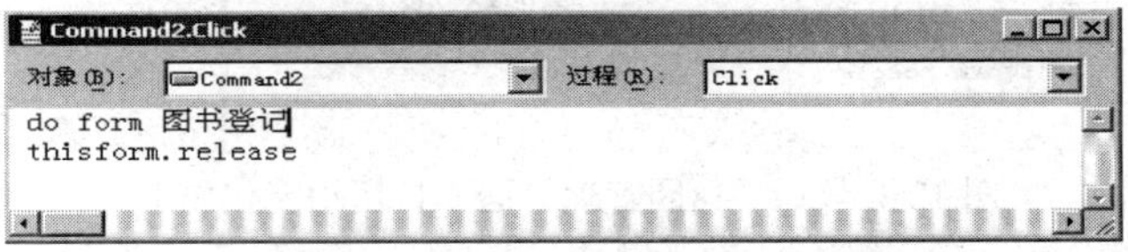

图 10-1-41　"图书登记"按钮功能代码框

"返回管理界面"按钮功能代码框如图 10-1-42 所示。

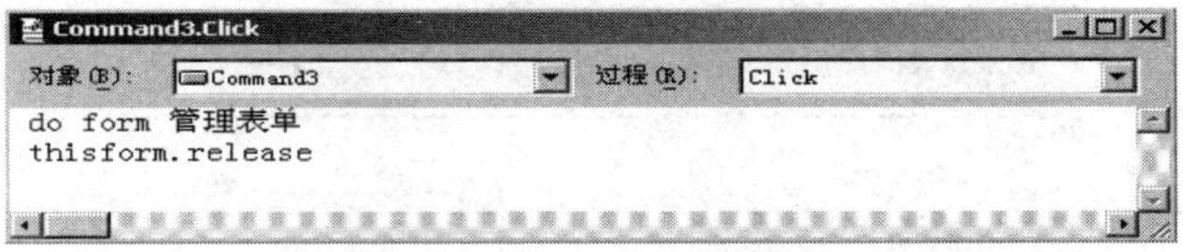

图 10-1-42　"返回管理界面"按钮功能代码框

(8) 创建"读者登记"表单。在该系统中"读者登记"表单的创建主要是借助表单向导来生成，在生成的表单中再添加 3 个命令按钮，它们是"图书登记"、"返回上一级"和"返回管理界面"按钮。表单编辑界面如图 10-1-43 所示。表单运行界面如图 10-1-44 所示。

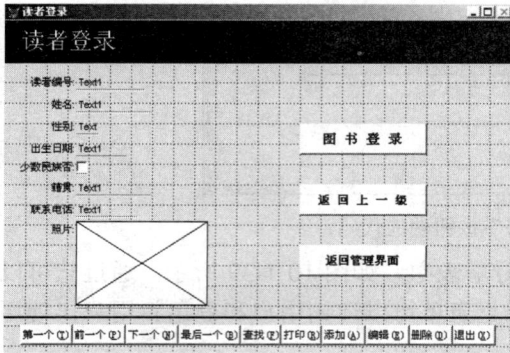

图 10-1-43 "读者登记"表单编辑界面

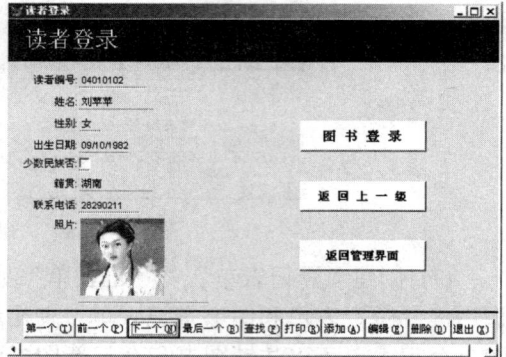

图 10-1-44 "读者登记"表单运行界面

"图书登记"按钮功能代码框如图 10-1-45 所示。

图 10-1-45 "图书登记"按钮功能代码框

"返回上一级"按钮功能代码框如图 10-1-46 所示。

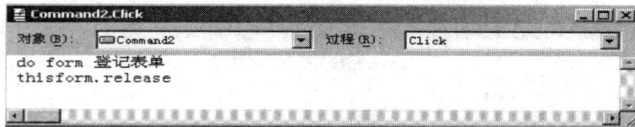

图 10-1-46 "返回上一级"按钮功能代码框

"返回管理界面"按钮功能代码框如图 10-1-47 所示。

图 10-1-47 "返回管理界面"按钮功能代码框

(9) 创建"图书登录"表单。在该系统中"图书登录"表单的创建也是借助表单向导生成的，在生成的表单中再添加 3 个命令按钮。它们是"读者登录"、"返回上一级"和"返回管理界面"，如图 10-1-48 所示。

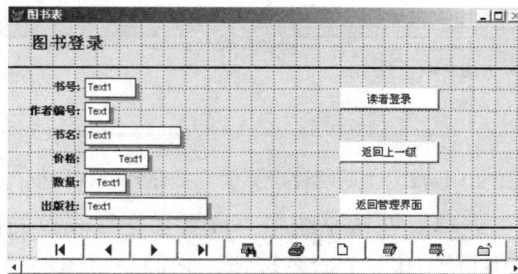

图 10-1-48 "图书登记"表单编辑界面

在使用向导过程中，选择数据表和字段时选择"图书表"数据表，并将所有字段选中。

"读者登录"按钮的功能代码框如图 10-1-49 所示，其他两个按钮与"读者登录"表单中相应按钮代码相同。

图 10-1-49　　"读者登录"按钮功能代码框

(10) 创建"查询表单"。"查询表单"也是一个导航表单，表单上添加了五个命令按钮。它们是"读者借书信息"、"图书借阅信息"、"作者图书信息"、"读者密码信息"和"返回管理界面"，如图 10-1-50 所示。

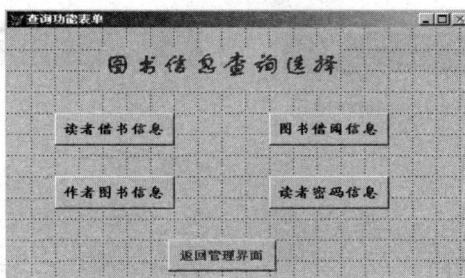

图 10-1-50　　"查询表单"编辑界面

通过该表单可以调用读者借书表单、图书借阅表单、作者图书表单和读者密码表单。可以查询用户借书的信息、图书被借的信息、作者著书的信息和查询用户的密码。

"读者借书信息"按钮功能代码框如图 10-1-51 所示。

图 10-1-51　　"读者借书信息"按钮功能代码框

"图书借阅信息"按钮功能代码框如图 10-1-52 所示。

图 10-1-52　　"图书借阅信息"按钮功能代码框

"作者图书信息"按钮功能代码框如图 10-1-53 所示。

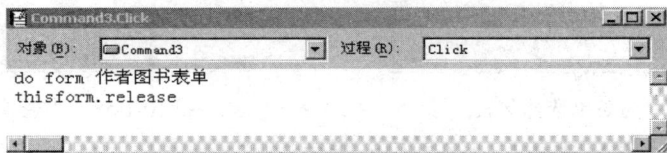

图 10-1-53　　"作者图书信息"按钮功能代码框

"读者密码信息"按钮功能代码框如图 10-1-54 所示。

图 10-1-54 "读者密码信息"按钮功能代码框

"返回管理界面"按钮代码与"读者登录"表单中相应按钮代码相同。

(11) 创建"读者借书表单"。在该应用程序中，"读者借书表单"也是借助表单向导生成的，然后在生成的表单上添加一个"返回管理界面"按钮，如图 10-1-55 所示。表单运行界面如图 10-1-56 所示。

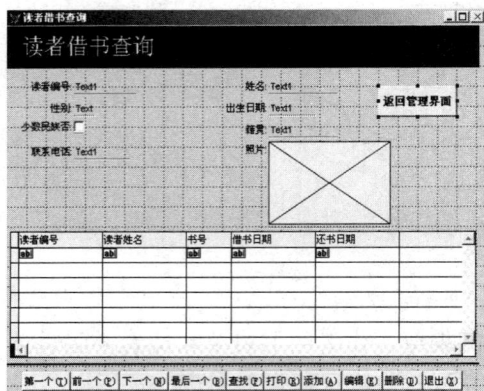

图 10-1-55 "读者借书表单"编辑界面

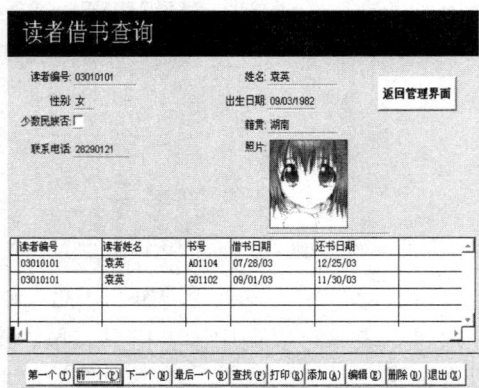

图 10-1-56 "读者借书表单"运行界面

使用表单向导创建表单过程时，在向导选择对话框中选择"一对多表单向导"选项，在出现的"一对多表单向导"对话框中，选择"读者"数据表作为表单的父表，将该数据表中的所有字段选中，如图 10-1-57 所示。在为表单选择子表对话框中选择"借书"数据表作为表单的子表，并选中所有字段，如图 10-1-58 所示。

"返回管理界面"按钮代码与"读者登录"表单中相应按钮代码相同。

图 10-1-57 为表单选择父表

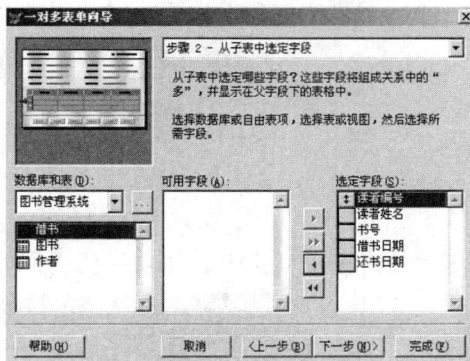

图 10-1-58 为表单选择子表

(12) 创建"图书借阅表单"。"图书借阅表单"与"读者借书表单"的创建方法完全相同，也是借助表单向导生成，然后在生成的表单上添加一个"返回管理界面"按钮。表单编辑界面如图 10-1-59 所示，表单运行界面如图 10-1-60 所示。

图 10-1-59 "图书借阅表单"编辑界面

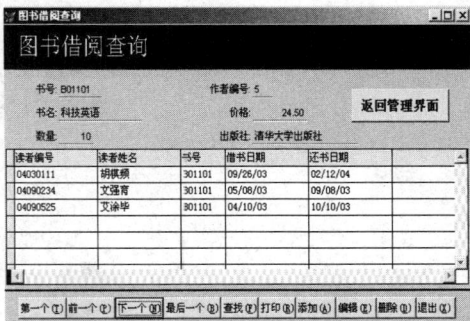

图 10-1-60 "图书借阅表单"运行界面

"返回管理界面"按钮代码与"读者登录"表单中"返回管理界面"按钮代码相同。

(13) 创建"作者图书表单"。"作者图书表单"与"读者借书表单"的创建方法完全相同。

表单的编辑界面如图 10-1-61 所示，表单运行界面如图 10-1-62 所示。

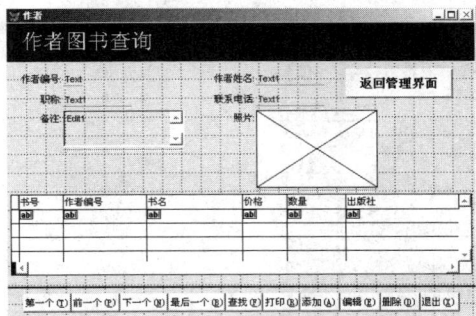

图 10-1-61 "作者图书表单"编辑界面

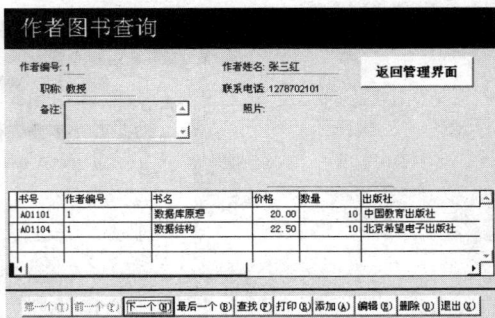

图 10-1-62 "作者图书表单"运行界面

(14) 创建"读者密码表单"。"读者密码表单"与"读者借书表单"的创建方法完全相同。

表单的编辑界面如图 10-1-63 所示，表单运行界面如图 10-1-64 所示。

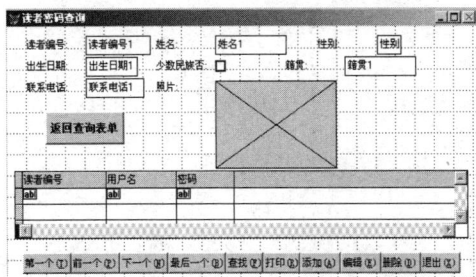

图 10-1-63 "读者密码表单"编辑界面

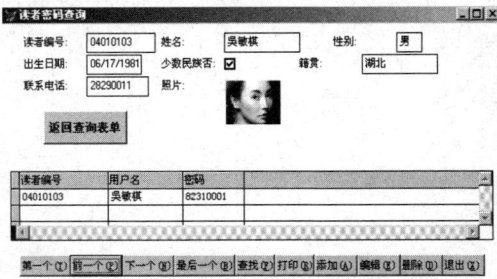

图 10-1-64 "读者密码表单"运行界面

(15) 创建"编辑修改表单"。"编辑修改表单"是一个编辑修改本系统数据表信息的导航表单，可用来对"读者"数据表、"借书"数据表、"图书"数据表和"作者"数据表中的记录进行浏览、修改、追加和删除。该表单的创建过程以及表单中各控件的事件代码在第九章的例 9.9 中给出了详细的描述和说明，表单的编辑界面如图 10-1-65 所示。表单中新添加了一个"返回管理界面"命令按钮，以便随时能从该表单返回到管理表单。

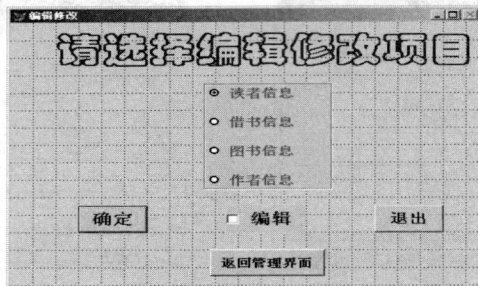

图 10-1-65　"编辑修改表单"编辑界面

7. 创建主程序

在图书管理系统所有表单全部制作完成以后，还要为图书管理系统编写一个主程序，该程序应该能够启动事务处理，并能为用户提供一个操作界面，整个系统的运行由主程序启动。图书管理系统的主程序如图 10-1-66 所示。

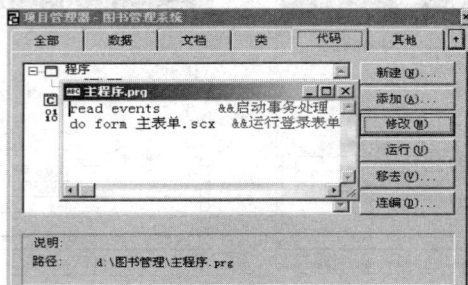

图 10-1-66　图书管理系统主程序

主程序的创建方法不唯一，为了使程序便于集中管理，一般使用项目管理器创建应用程序。首先打开本系统已创建的"图书管理系统"项目文件，选取"代码"选项卡，然后选择"程序"项，单击"新建"按钮，在弹出的程序编辑器中输入主程序。

考 级 篇

　　考虑读者参加全国计算机等级考试机试的需要，根据 2013 版全国计算机等级考试考试大纲的要求，组织了 10 套针对性很强的最新无纸化上机模拟试题。每套试题包括选择题、基本操作题、简单应用题和综合应用题，知识涉及面广，动手操作能力要求高。为此，对每套上机试题都作了解题分析，并给出了详细的操作步骤和程序运行界面，是读者参加全国计算机等级考试进行备考的很好资料。

Visual FoxPro 无纸化考试模拟试题

模拟试题一及解题分析

一、选择题(计 40 分)

下列各题 A、B、C、D 四个选项中，只有一个选项是正确的。

(1) 下列链表中，其逻辑结构属于非线性结构的是(   )。

   A) 循环链表　　　　B) 双向链表　　　　C) 带链的栈　　　D) 二叉链表

(2) 设循环队列的存储空间为 Q(1:35)，初始状态为 front=rear=35。现经过一系列入队与退队运算后，front=15，rear=15，则循环队列中的元素个数为(   )。

   A) 16　　　　　　　B) 20　　　　　　　C) 0 或 35　　　D) 15

(3) 下列关于栈的叙述中，正确的是(   )。

   A) 栈顶元素一定是最先入栈的元素　　　　B) 栈操作遵循先进后出的原则

   C) 栈底元素一定是最后入栈的元素　　　　D) 以上三种说法都不对

(4) 在关系数据库中，用来表示实体间联系的是(   )。

   A) 二维表　　　　　B) 树状结构　　　　C) 属性　　　　D) 网状结构

(5) 公司中有多个部门和多名职员，每个职员只能属于一个部门，一个部门可以有多名职员。则实体部门和职员间的联系是(   )。

   A) m:1 联系　　　　B) 1:m 联系　　　　C) 1:1 联系　　　D) m:n 联系

(6) 有两个关系 R 和 S 如下：

R		
A	B	C
a	1	2
b	2	1
c	3	1

S		
A	B	C
c	3	1

则由关系 R 得到关系 S 的操作是(   )。

   A) 自然联接　　　　B) 选择　　　　　C) 并　　　　D) 投影

(7) 数据字典(DD) 所定义的对象都包含于(   )。

   A) 程序流程图　　　B) 数据流图(DFD 图) C) 方框图　　　D) 软件结构图

(8) 软件需求规格说明书的作用不包括(　　)。

　　A) 软件可行性研究的依据

　　B) 用户与开发人员对软件要做什么的共同理解

　　C) 软件验收的依据

　　D) 软件设计的依据

(9) 下面属于黑盒测试方法的是(　　)。

　　A) 逻辑覆盖　　　　B) 语句覆盖　　　　C) 路径覆盖　　　D) 边界值分析

(10) 下面不属于软件设计阶段任务的是(　　)。

　　A) 数据库设计　　　　　　　　　　　B) 算法设计

　　C) 软件总体设计　　　　　　　　　　D) 制定软件确认测试计划

(11) 不属于数据管理技术发展三个阶段的是(　　)。

　　A) 文件系统管理阶段　　　　　　　　B) 高级文件管理阶段

　　C) 手工管理阶段　　　　　　　　　　D) 数据库系统阶段

(12) 以下哪个术语描述的是属性的取值范围(　　)。

　　A) 字段　　　　　　B) 域　　　　　　C) 关键字　　　　D) 元组

(13) 创建新项目的命令是(　　)。

　　A) CREATE NEW ITEM　　　　　　　B) CREATE ITEM

　　C) CREATE NEW　　　　　　　　　　D) CREATE PROJECT

(14)在项目管理器的"数据"选项卡中按大类划分可以管理(　　)。

　　A) 数据库、自由表和查询　　　　　　B) 数据库

　　C) 数据库和自由表　　　　　　　　　D) 数据库和查询

(15)产生扩展名为 .qpr 文件的设计器是(　　)。

　　A) 视图设计器　　B) 查询设计器　　　C) 表单设计器　　D) 菜单设计器

(16)在设计表单时定义、修改表单数据环境的设计器是(　　)。

　　A) 数据库设计器　　B) 数据环境设计器　　C) 报表设计器　　D) 数据设计器

(17) 以下正确的赋值语句是(　　)。

　　A) A1，A2，A3=10　　　　　　　　　B) SET 10 TO A1，A2，A3

　　C) LOCAL 10 TO A1，3．2，A3　　　D) STORE 10 TO A1，A2，A3

(18) 将当前表中当前记录的值存储到指定数组的命令是(　　)。

　　A) CATHER　　　　　　　　　　　　B) COPY TO ARRAY

　　C) SCATTER　　　　　　　　　　　　D) STORE TO ARRAY

(19) 表达式 AT("IS"，"THIS IS A BOOK")的运算结果是(　　)。

　　A) .T.　　　　　　　B) 3　　　　　　　C) 1　　　　　　D) 出错

(20) 在 Visual FoxPro 中，建立数据库会自动产生扩展名为(　)。

　　A) .dbc 的一个文件　　　　　　　　　B) .dbc、.dctT 和.dcx 三个文件

　　C) .dbc 和.dct 两个文件　　　　　　　D) .dbc 和.dcx 两个文件

(21) 以下关于字段有效性规则叙述正确的是(　　)。

　　A) 自由表和数据库表都可以设置　　　B) 只有自由表可以设置

　　C) 只有数据库表可以设置　　　　　　D) 自由表和数据库表都不可以设置

(22) 建立表之间临时关联的命令是(　　)。

    A) CREATE RELATION TO……　　　　B) SET RELATION TO……

    C) TEMP RELATION TO……　　　　　D) CREATE TEMP TO……

(23) 在 Visual FoxPro 的 SQL 查询中,为了计算某数值字段的平均值应使用函数(　　)。

    A) AVG　　　　　B) SUM　　　　　C) MAX　　　　D) MIN

(24) 在 Visual FoxPro 的 SQL 查询中,用于分组的语句是(　　)。

    A) ORDER BY　　B) HAVING BY　　C) GROUP BY　　D) COMPUTE BY

(25) 在 Visual FoxPro 中 SQL 支持集合的并运算,其运算符是(　　)。

    A) UNION　　　　B) AND　　　　　C) JOIN　　　　D) PLUS

(26) 在 Visual FoxPro 的 SQL 查询中,为了将查询结果存储到临时表应该使用语句(　　)。

    A) INTO TEMP　　　　　　　　　　B) INTO DBF

    C) INTO TABLE　　　　　　　　　　D) I NTO CURSOR

(27) 以下不属于 SQL 数据操作的语句是(　　)。

    A) UPDATE　　　B) APPEND　　　C) INSERT　　　D) DELETE

(28) 如果已经建立了主关键字为仓库号的仓库关系,现在用如下命令建立职工关系

    CREATE TABLE 职工(职工号 C(5)PRIMARY KEY,仓库号 C(5)REFERENCE 仓库,工资 I)

则仓库和职工之间的联系通常为(　　)。

    A) 多对多联系　　B) 多对一联系　　C) 一对一联系　　D) 一对多联系

(29) 查询和视图有很多相似之处,下列描述中正确的是(　　)。

    A) 视图一经建立就可以像基本表一样使用

    B) 查询一经建立就可以像基本表一样使用

    C) 查询和视图都不能像基本表一样使用

    D) 查询和视图都能像基本表一样使用

(30) 在 DO WHILE…ENDDO 循环结构中 LOOP 语句的作用是(　　)。

    A) 退出循环,返回到程序开始处

    B) 终止循环,将控制转移到本循环结构 ENDDO 后面的第一条语句继续执行

    C) 该语句在 DO WHILE…ENDDO 循环结构中不起任何作用

    D) 转移到 DO WHILE 语句行,开始下一次判断和循环

(31) 要为当前表所有职工增加 200 元奖金,应该使用的命令是(　　)。

    A) CHANGE 奖金 WITH 奖金+200

    B) REPLACE 奖金 WITH 奖金+200

    C) CHANGE ALL 奖金 WITH 奖金+200

    D) REPLACE ALL 奖金 WITH 奖金+200

(32) 列表框的(　　)属性代表列表框中项目的数目。

    A) List　　　　　B) ListIndex　　　C) ListCount　　D) Seleted

(33) 在创建快速报表时,基本带区包括(　　)。

    A) 标题、细节和总结　　　　　　　B) 页标头、细节、页注脚

    C) 组标头、细节、组注脚　　　　　D) 报表标题、细节、页注脚

(34) SQL 语言的 GRANT 和 REVOKE 语句主要用来维护数据库的(　　　)。

　　A) 一致性　　　　　　B) 完整性　　　　　C) 安全性　　　　D) 可靠性

(35) 报表的数据源可以是(　　　)。

　　A) 表或视图　　　　　　　　　　　　B) 表或查询

　　C) 表、查询或视图　　　　　　　　　D) 表或其他报表

(36) 在表单上说明复选框是否可用的属性是(　　　)。

　　A) ViSible　　　　B) Value　　　　　C) Enabled　　　D) Alignment

(37) 为了在报表的某个区域显示当前日期，应该插入一个(　　　)。

　　A) 域控件　　　　　B) 日期控件　　　　C) 标签控件　　　D) 表达式控件

第(33)～第(35)题使用如下两个表：

部门(部门号，部门名，负责人，电话)

职工(部门号，职工号，姓名，性别，出生日期)

(38) 可以正确查询 1964 年 8 月 23 日出生的职工信息的 SQL SELECT 命令是(　　　)。

　　A) SELECT*FROM 职工 WHERE 出生日期=1964-8-23

　　B) SELECT*FROM 职工 WHERE 出生日期="1964-8-23"

　　C) SELECT*FROM 职工 wHERE 出生日期={^1964-8-23}

　　D) SELECT*FROM 职工 WHERE 出生日期=("1964-8-23")

(39) 可以正确查询每个部门年龄最长者的信息(要求得到的信息包括部门名和最长者的出生日期)的 SQL SELECT 命令是(　　　)。

　　A) SELECT 部门名，MAX(出生日期)FROM 部门 JOIN 职工；
　　ON 部门.部门号=职工.部门号 GROUP BY 部门名

　　B) SELECT 部门名，MIN(出生日期)FROM 部门 JOIN 职工；
　　ON 部门.部门号=职工.部门号 GROUP BY 部门名

　　C) SELECT 部门名，MIN(出生日期)FROM 部门 JOIN 职工；
　　WHERE 部门.部门号=职工.部门号 GROUP BY 部门名

　　D) SELECT 部门名，MAX(出生日期)FROM 部门 JOIN 职工；
　　WHERE 部门.部门号=职工.部门号 GROUP BY 部门名

(40) 可以正确查询所有目前年龄在 35 岁以上的职工信息(姓名、性别和年龄)的 SQL SELECT 命令是(　　　)。

　　A) SELECT 姓名，性别，YEAR(DAET())－YEAR(出生日期)年龄 FROM 职工；
　　WHERE 年龄＞35

　　B) SELECT 姓名，性别，YEAR(DAET())－YEAR(出生日期)年龄 FROM 职工；
　　WHERE YEAR(出生日期)＞35

　　C) SELECT 姓名，性别，年龄=YEAR(DATE())－YEAR(出生日期)FROM 职工；
　　WHERE YEAR(DAET())－YEAR(出生日期)＞35

　　D) SELECT 姓名，性别，YEAR(DATE())－YEAR(出生日期)年龄 FROM 职工；
　　WHERE YEAR(DATE())－YEAR(出生日期)＞35

二、基本操作题(计 18 分)

1. 在考生文件夹下建立项目 SALES_M。
2. 在新建立的项目中建立数据库 CUST_M。
3. 把自由表 CUST 和 ORDER1 加入到新建立的数据库中。
4. 为确保 ORDER1 表元组唯一,请为 ORDER1 表建立候选索引,索引名为订单编号,索引表达为订单编号。

三、简单应用(计 24 分)

1. 根据 order1 表和 cust 表建立一个查询 query1,查询出公司所在地是"北京"的所有公司的名称、订单日期、送货方式,要求查询去向是表,表名是 query1.dbf,并执行该查询。
2. 建立表单 my_form,表单中有两个命令按钮,按钮的名称分别为 cmdYes 和 cmdNo,标题分别为"登录"和"退出"。

四、综合应用(计 18 分)

在考生文件夹下有股票管理数据库 stock,数据库中有表 stock_sl 和表 stock_fk。
stock_sl 的表结构是:股票代码 C(6)、买入价 N(7.2)、现价 N(7.2)、持有数量 N(6)。
stock_fk 的表结构是:股票代码 C(6),浮亏金额 N(11.2)。
请编写并运行符合下列要求的程序:
设计一个名为 menu_lin 的菜单,菜单中有两个菜单项"计算"和"退出"。
程序运行时,单击"计算"菜单项应完成下列操作:
(1) 将现价比买入价低的股票信息存入 stock_fk 表,其中:浮亏金额=(买入价−现价)*持有数量(注意要先把表的 stock_fk 内容清空)。
(2) 根据 stock_fk 表计算总浮亏金额,存入一个新表 stock_z 中,其字段名为浮亏金额,类型为 N(11.2),该表最终只有一条记录。
单击"退出"菜单项,程序终止运行。

解 题 分 析

一、选择题

(1) D。循环链表、双向链表、带链的栈都是线性结构,二叉链表是非线性结构二叉树的链式存储结构,只有它是非线性结构。此处答案为 D。
(2) C。在循环队列中,用队尾指针 rear 指向队列中的队尾元素,用队头指针 front 指向队头元素的前一个位置。因此,从队头指针 front 指向的后一个位置到队尾指针 rear 指向的位置之间所有的元素均为队列中的元素。循环队列的初始状态为空,即 rear=front=m,每进行一次入队运算,队尾指针就进一。每进行一次出队运算,队头指针就进一。此题中

rear=front=15，可能出现的情况是入队的元素全部出队，此时队列中元素个数为 O；也可能是执行入队出队的次数不一样，最终状态是队列为满的状态，此时队列中元素个数为 35。故答案为 C。

(3) B。栈(Stack)是限定在一端进行插入与删除的线性表。在栈中，允许插入与删除的这一端称为栈顶，而不允许插入与删除的另一端称为栈底。栈是按照"先进后出"或"后进先出"的原则组织数据的，因此，栈也被称为"先进后出"表或"后进先出"表，所以答案为 B。

(4) A。在关系数据库中，实体与实体间的联系可以用关系(二维表)的形式来表示。本题答案为 A。

(5) B。两个实体间的联系可分为 3 种类型：① 一对一联系，一对一的联系表现为主表中的一条记录与相关表中的一条记录相关联；② 一对多联系，一对多的联系表现为主表中的一条记录与相关表中的多条记录相关联；③ 多对多联系，多对多的联系表现为主表中的多条记录与相关表中的多条记录相关联。在本题中一个部门可以有多位职员，每位职员只能属于一个部门。故答案为 B。

(6) B。选择运算又称为限制。它是指从一个关系(表)中找出满足一定条件的所有元组(记录)，即在二维表中选取若干行。选择运算是根据某些条件对关系做水平分割，即选取符合条件的元组。从题目中所给关系可以看出由关系 R 得出关系 S 的操作是选择，故答案为 B。

(7) B。数据字典是指对数据的数据项、数据结构、数据流、数据存储、处理逻辑、外部实体等进行定义和描述，其目的是对数据流图中的各个元素做出详细的说明。故答案为 B。

(8) A。软件需求规格说明书(Software Requirement Specification，SRS)是需求分析阶段的最终成果，是软件开发中的重要文档之一。软件需求规格说明书的作用包括：① 便于用户、开发人员进行理解和交流；② 反映出用户问题的结构，可以作为软件开发工作的基础和依据；③ 作为确认测试和验收的依据。

(9) D。黑盒测试也称为功能测试，它是通过测试来检测每个功能是否都能正常使用。在测试中，把程序看作一个不能打开的黑盒子，在完全不考虑程序内部结构和内部特性的情况下，在程序接口进行测试，它只检查程序功能是否按照需求规格说明书的规定正常使用，程序是否能适当地接收输入数据并产生正确的输出信息。黑盒测试方法主要有等价类划分法、边界值分析法、错误推测法和因果法等，主要用于软件确认测试。故答案为 D。

(10) D。软件设计包括总体设计和详细设计，总体设计又包括最佳方案的设计、软件结构设计、数据结构及数据库设计。详细设计是总体设计的进一步的具体化，其基本任务有：为每个模块进行详细的算法设计；为模块内的数据结构进行设计；对数据库进行物理设计，即确定数据库的物理结构；界面设计；编写文档；评审，对详细设计成果进行审查和复审。故答案为 D。

(11) B。数据管理技术发展的三个阶段包括人工管理阶段、文件系统管理阶段和数据库系统管理阶段，故本题选 B。

(12) B。用"域"这个术语来描述属性的取值范围，如性别这个属性的取值范围只能是"男"、"女"这两个汉字中的一个。故选 B。

(13) D。用 CREATE 命令可以用来建立新表，选项 B 中的 CREATE ITEM 命令可建立名为 ITEM 的新表；选项 C 中的 CREATE NEW 命令可建立名为 NEW 的新表；选项 A 是一个错误的命令格式；选项 D 是创建新项目的命令，故选 D。

(14) A。在项目管理器的"数据"选项卡中按大类划分为数据库、自由表和查询共三项内容，故选 A。

(15) B。视图文件的扩展名为.vue；查询文件的扩展为.qpr；表单文件的扩展名为.sex；菜单文件的扩展名为.mnx，故选 B。

(16) B。Visual FoxPro 的设计器是创建和修改应用系统各种组件的可视化工具。利用各种设计器使得创建表、表单、数据库、查询和报表等操作变得轻而易举。其中，数据环境设计器可用来定义或修改表单的数据环境，即 B 为正确选项。

(17) D。向简单内存变量赋值不必事先定义。变量的赋值命令有两种格式：

① ＜内存变量名＞=＜表达式＞，如 a=5，此格式一次只能为一个变量赋值。

② STORE＜表达式＞TO＜内存变量名表＞，如 STORE 5 TO a，b，c，此种格式可同时为多个变量赋值。

所以，只有选项 D 是正确的赋值语句。

(18) C。将当前表中当前记录的值存储到指定数组的命令是 SCATTER 命令，具体格式为 SCATTER TO＜数组名＞，故此题选项 C 正确；选项 A 中的 GATHER 命令是将数组数据复制到表的当前记录的命令；选项 B 中的 COPY TO ARRAY 命令是将表中数据复制到数组；选项 D 是错误的命令格式。

(19) B。AT(＜字符表达式 1＞，＜字符表达式 2＞[，＜数值表达式＞])函数的返回值是数值型，该函数的功能是：如果＜字符表达式 1＞是＜字符表达式 2＞的子串，则返回＜字符表达式 1＞值的首字符在＜字符表达式 2＞值中的位置，若不是子串，则返回 0。第三个自变量＜数值表达式＞用于表明要在＜字符表达式 2＞值中搜索＜字符表达式 1＞值的第几次出现的位置，其默认值是 1。此题中没有第三个自变量＜数值表达式＞，所以"IS"是在"THIS IS A BOOK"中的第 3 个字符位置出现的，故选项 B 正确。

(20) B。数据库在磁盘上以文件形式存储，扩展名为.dbc，在生成数据库文件的同时，系统会自动产生一个数据库备注文件(扩展名为.dct)和一个数据库索引文件(扩展名为.dcx)，用户不可以随意修改这些文件。

(21) C。字段有效性规则也称作域约束规则，在插入或修改字段时被激活，主要用于数据输入正确性的检验。只有在数据库表中才可以设置，因此 C 选项正确。

(22) B。在数据库中建立的表间联系会随着数据库的打开而打开，是一种永久联系，在每次使用表时，不需要重新建立，但永久联系不能实现不同记录之间指针的联动，而临时联系却可以实现表间记录指针的联动，这种临时联系称为关联。建立关联的命令格式为：SET RELATION TO＜索引关键字＞INTO＜工作区号＞|＜表的别名＞，因此 B 选项正确。

(23) A。AVG()函数是计算平均值的函数；SUM()函数是求和函数；MAX()函数是求最大值函数；MIN()函数是求最小值函数，故选 A。

(24) C。ORDER BY 短语用来对查询的结果进行排序，HAVING 短语必须跟随 GROUP BY 使用，它用来限定分组必须满足的条件，GROUP BY 短语用于对查询结果进行分组，可以利用它进行分组汇总。

(25) A。SQL 支持集合的并(UNION)运算，可以将具有相同查询字段个数且对应字段值域相同的 SQL 查询语句用 UNION 短语连接起来，合并成一个查询结果输出。因此选 A。

(26) D。INTO DBF 和 INTO TABLE 两者的功能相同，都是将查询结果存储到永久表中，INTO CURSOR 是将查询结果存储到临时表中，INTO TEMP 在 Visual FoxPro 中是错误的存储格式，故选 D。

(27) B。SQL 可以完成数据库操作要求的所有功能，包括数据查询、数据操作、数据定义和数据控制，是一种全能的数据库语言。INSERT、UPDATE、DELETE 命令均属于 SQL 的数据操作功能。

(28) D。此题有一个仓库关系，其主关键字为仓库号，又建立了一个职工关系，并通过仓库号字段建立了两表之间的联系，一个仓库关系中可以有多名职工，而一名职工只能工作于一个仓库，所以仓库和职工之间是一对多的联系。在 Visual FoxPro 中没有多对一的联系，故选项 D 正确。

(29) C。查询是从指定的表或视图中提取满足条件的记录，然后按照想得到的输出类型定向输出查询结果，诸如浏览器、报表、表、标签等。查询是以扩展名为.qpr 的文件保存在磁盘上的，这是一个文本文件，它的主体是 SQL SELECT 语句。视图兼有"表"和"查询"的特点，与查询类似的地方是，可以用来从一个或多个相关联的表中提取有用信息；与表相类似的地方是，可以用来更新其中的信息，并将更新结果永久保存在磁盘上。但是无论是查询还是视图，都不能像基本表一样使用。

(30) D。在 DO WHILE…ENDDO 循环结构中，LOOP 语句的作用是：结束循环体的本次执行，不再执行其后面的语句，是转回到 DO WHILE 处重新判断条件，而不是退出循环，故选项 D 正确。

(31) D。可以使用 REPLACE 命令直接指定表达式或值修改记录，REPLACE 命令的常用格式是：REPLACE FieldName1 WITH eExpression1 [, FieldName2 WITH eExpression2]…… [FOR 1Expression1]。该命令的功能是直接利用表达式 eExpression 的值替换字段 FieldName 的值，从而达到修改记录值的目的。该命令一次可以修改多个字段(eExpression1，eExpression2……)的值，如果不使用 FOR 短语，则默认修改的是当前记录；如果使用了 FOR 短语，则修改逻辑表达式 1Expression1 为真的所有记录。根据题意，要为当前表所有职工增加 200 元奖金，应该使用的命令是：REPLACEALL 奖金 WITH 奖金+200。

(32) C。本题列出的列表框的各属性的含义如下。List 属性：一个字符串数组，用来存取列表框中的数据条目。ListCount 属性：指明列表框中数据条目的数目。Selected 属性：逻辑数组属性，用来指定列表框内的各个条目是否处于选定状态。ListIndex 属性：指出列表框中最近被选中的数据条目的序号。

(33) B。设计器窗口包含 3 个空白区域(带区)，分别为页标头、细节、页注脚。

(34) C。数据库管理系统保证数据安全的主要措施是进行存取控制，即规定不同用户对于不同数据对象所允许执行的操作，并控制各用户只能存取他有权存取的数据。SQL 语言用 GRANT 语句向用户授予数据访问权限。授予的权限可以由 DBA 或其他授权者用 REVOKE 语句收回。

(35) A。数据环境通过下列方式管理报表的数据源：打开或运行报表时打开表或视图；

基于相关表或视图收集报表所需数据集合；关闭或释放报表时关闭表。

(36) C。Enabled 属性用来指定表单或控件能否响应由用户引发的事件，默认值为.T.，即对象是有效的，能被选择，能响应用户引发的事件；Visible 属性是指定对象是可见还是隐藏；用 Value 属性可以设置复选框的状态，该属性的默认值为 0，为 0 时复选框不会被选中，为 1 时是选中状态；Alignment 属性是指定标题文本在控件中显示的对齐方式。故此题选项 C 正确。

(37) A。域控件用于打印表或视图中的字段、变量和表达式的计算结果。例如，通过设置域控件，可以自动给报表添加页码，或通过域控件实时显示当前日期和时间等。标签控件用于输入数据记录之外的信息。

(38) C。1964 年 8 月 23 日这个日期正确的表示格式为{^1964-8-23}，选项 A、B、D 中的日期表示格式都是错误的，故选 C。

(39) B。如果要查询年龄最长者的信息，应该查询出生日期靠前的，即应该查询出生日期的最小值，所以选项 A 中使用 MAX()函数查询最大值是错误；选项 C 中用 JOIN 短语来联接两个表，那么联接的条件就应该用 ON 短语给出，JOIN…ON 在查询语句中必须匹配出现，然后再用 WHERE 子句指定筛选条件，所以选项 C 中没有 ON 短语，是错误的；选项 D 中也是用 JOIN 短语来联接两个表，也是缺少 ON 短语，同时查询的最大值，所以此选项也是错误的。正确答案应该是选项 B。

(40) D。题意要求查询年龄在 35 岁以上的职工信息，年龄的计算方法是 YEAR(DATE())−YEAR(出生日期)，其中 DATE()函数是返回当前的系统日期，再通过 YEAR()函数，将当前的系统日期中的年份计算出来，再减去出生日期中的年份，便得到了现在的职工年龄。查询的条件是年龄在 35 岁以上的，选项 A 中指定的条件是"年龄＞35"是错误的，因为年龄是通过计算得到的，正确的条件设置应该是 WHERE YEAR(DATE())−YEAR(出生日期)＞35，所以选项 A 和 B 都是错误的；选项 C 中年龄字段的格式错误，应该是 YEAR(DATF())−YEAR(出生日期)年龄，或者是 YEAR(DATE())−YEAR(出生日期) AS 年龄，所以选项 D 是正确的。

二、基本操作

考核知识点：创建项目、建立数据库、向数据库添加自由表、建立索引。

操作剖析：

1. 新建项目可按下列步骤：选择"文件"菜单的"新建"命令，在"新建"对话框中选择"项目"，单击"新建文件"按钮，弹出"创建"对话框，输入项目文件名 Sales_m，点击"保存"，出现项目管理器窗口。

2. 选中数据选项卡，选取"数据库"项，单击"新建"按钮，在"新建数据库"对话框中，选择"新建数据库"，在"创建"对话框中输入数据库名 cust_m，点击"保存"。

3. 在项目管理器选定数据库 cust_m 项下的"表"，点击"添加"，将 cust 表、order1 表添加到数据库 cust_m 中，如图 1-1 左图所示(参考)。

4. 在项目管理器选取 order1 表，单击"修改"，在 order1 表设计器中的索引选项卡建立索引名和索引表达式均为"订单编号"的候选索引，如图 1-1 右图所示(参考)。

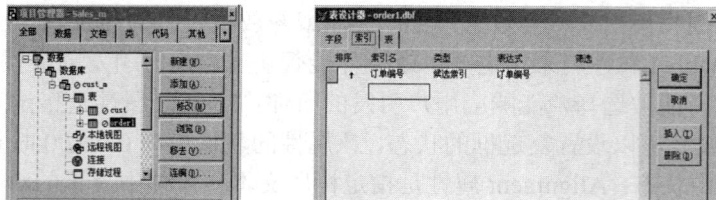

图 1-1

三、简单应用

1. 考核知识点：建立查询及查询去向。

操作剖析：

建立查询可以使用"文件"菜单完成，选择文件—新建—查询—新建文件，将 order1 和 cust 添加到查询中，从字段中选择名称、订单日期、送货方式，在"筛选"栏中选择"所在地=北京"，单击查询菜单下的查询去向，选择表，输入表名 query1.dbf。最后运行该查询。查询建立过程及查询语句如图 1-2 所示(参考)。

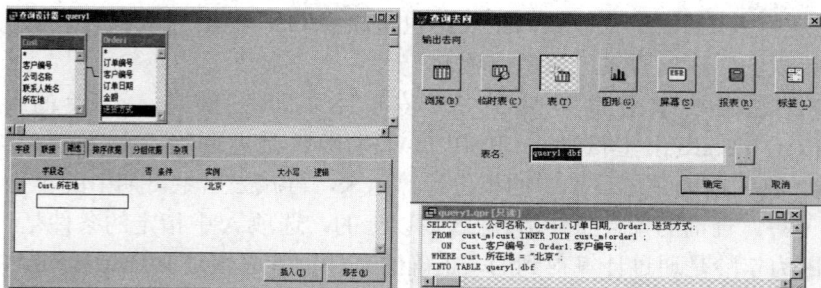

图 1-2

2. 考核知识点：表单的建立。

操作剖析：

可以用三种方法调用表单设计器：在项目管理器环境下调用；单击"文件"菜单中的"新建"，打开"新建"对话框，选择"表单"；在命令窗口输入 CREATE FORM 命令。

打开表单设计器后，在表单控件工具栏上单击"命令按钮"，在表单上放置两个命令按钮控件。分别修改其属性 Name 为 cmdYes 和 cmdNo，Caption 属性分别设置为"登录"和"退出"。

表单布局及属性设置如图 1-3 所示(参考)。

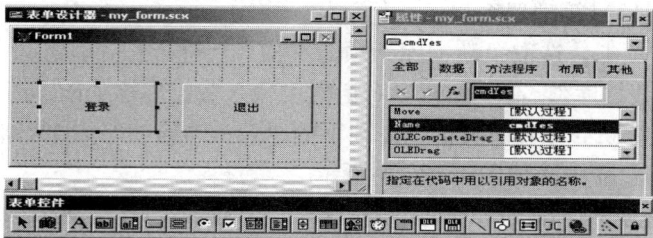

图 1-3

四、综合应用

考核知识点：菜单的建立、结构化查询语言(SQL)中 SELECT、APPEND 和 CREAT TABLE 的应用等知识。

操作剖析：

利用菜单设计器定义两个菜单项，在菜单名称为"计算"的菜单项的结果列中选择"过程"，并通过单击"编辑"按钮打开一个窗口来添加"计算"菜单项要执行的命令。在菜单名称为"退出"的菜单项的结果列中选择"命令"，并在后面的"选项"列中输入退出菜单的命令：SET SYSMENU TO DEFAULT。

"计算"菜单项要执行的程序：首先是打开数据库文件 OPEN DATABASE stock.dbc。然后将"现价比买入价低的股票信息"放入数组 AFields 中：SELECT 股票代码,(买入价-现价)*持有数量 AS 浮亏金额 FROM STOCK_SL WHERE 买入价>现价 INTO ARRAY Afields；设置删除状态：SET DELETE ON； 删除 stock_fk 表中的所有记录：DELETE FROM STOCK_FK；将数组 AFields 中的值保存到 STOCK_FK 表中：INSERT INTO STOCK_FK FROM ARRAY AFields；将表 STOCK_FK 中的总浮亏金额存入变量 AFields 中：SELECT SUM(浮亏金额) FROM STOCK_FK INTO ARRAY AFields；建立表 stock_z：CREATE TABLE STOCK_Z (浮亏金额 N(11,2))；将 AFields 的值插入到表 stock_z 中：INSERT INTO STOCK_Z FROM ARRAY AFields。程序代码如图 1-4 所示(参考)。

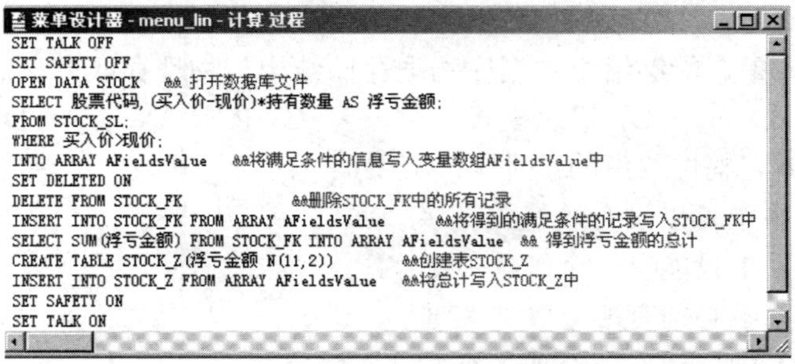

```
菜单设计器 - menu_lin - 计算 过程                               _ □ ×
SET TALK OFF
SET SAFETY OFF
OPEN DATA STOCK      && 打开数据库文件
SELECT 股票代码, (买入价-现价)*持有数量 AS 浮亏金额;
FROM STOCK_SL;
WHERE 买入价>现价;
INTO ARRAY AFieldsValue   &&将满足条件的信息写入变量数组AFieldsValue中
SET DELETED ON
DELETE FROM STOCK_FK           &&删除STOCK_FK中的所有记录
INSERT INTO STOCK_FK FROM ARRAY AFieldsValue      &&将得到的满足条件的记录写入STOCK_FK中
SELECT SUM(浮亏金额) FROM STOCK_FK INTO ARRAY AFieldsValue   && 得到浮亏金额的总计
CREATE TABLE STOCK_Z (浮亏金额 N(11,2))      &&创建表STOCK_Z
INSERT INTO STOCK_Z FROM ARRAY AFieldsValue        &&将总计写入STOCK_Z中
SET SAFETY ON
SET TALK ON
```

图 1-4

模拟试题二及解题分析

一、选择题(计 40 分)

下列各题 A、B、C、D 四个选项中，只有一个选项是正确的。

(1) 下列叙述中正确的是(　　　　)。
   A) 循环队列是队列的一种链式存储结构
   B) 循环队列是一种逻辑结构
   C) 循环队列是队列的一种顺序存储结构
   D) 循环队列是非线性结构

(2) 下列叙述中正确的是(　　　　)。
   A) 栈是一种先进先出的线性表　　　　　B) 队列是一种后进先出的线性表
   C) 栈与队列都是非线性结构　　　　　　D) 以上三种说法都不对

(3) 一棵二叉树共有 25 个结点，其中 5 个是叶子结点，则度为 1 的结点数为(　　　　)。
   A) 4　　　　　　B) 16　　　　　　C) 10　　　　　　D) 6

(4) 在下列模式中，能够给出数据库物理存储结构与物理存取方法的是(　　　　)。
   A) 逻辑模式　　　B) 概念模式　　　C) 内模式　　　D) 外模式

(5) 在满足实体完整性约束的条件下(　　　　)。
   A) 一个关系中可以没有候选关键字
   B) 一个关系中只能有一个候选关键字
   C) 一个关系中必须有多个候选关键字
   D) 一个关系中应该有一个或多个候选关键字

(6) 有三个关系 R、S 和 T 如下：

R		
A	B	C
a	1	2
b	2	1
c	3	1

S		
A	B	C
a	1	2
d	2	1

T		
A	B	C
b	2	1
c	3	1

则由关系 R 和 S 得到关系 T 的操作是(　　　　)。
   A) 并　　　　　　B) 差　　　　　　C) 交　　　　　　D) 自然联接

(7) 软件生命周期中的活动不包括(　　　　)。
   A) 软件维护　　　B) 需求分析　　　C) 市场调研　　　D) 软件测试

(8) 下面不属于需求分析阶段任务的是(　　　　)。

A) 确定软件系统的性能需求　　　　B) 确定软件系统的功能需求

C) 制定软件集成测试计划　　　　　D) 需求规格说明书评审

(9) 在黑盒测试方法中，设计测试用的主要根据是(　　　　)。

A) 程序外部功能　　　　　　　　　B) 程序数据功能

C) 程序流程图　　　　　　　　　　D) 程序内部逻辑

(10) 在软件设计中不使用的工具是(　　　　)。

A) 系统结构图　　　B) 程序流程图　　　C) PAD 图　　　D) 数据流图(DFD 图)

(11) Visual FoxPro 6.0 属于(　　　　)。

A) 层次数据库管理系统　　　　　　B) 关系数据库管理系统

C) 面向对象数据库管理系统　　　　D) 分布式数据库管理系统

(12) 下列字符型常量的表示中，错误的是(　　　　)。

A) [[品牌]]　　　B) '5+3'　　　　C) '[x=y]'　　　D) ["计算机"]

(13) 函数 UPPER("1a2B")的结果是(　　　　)。

A) 1A2b　　　B) 1a2B　　　C) 1A2B　　　D) 1a2b

(14) 可以随表的打开而自动打开的索引是(　　　　)。

A) 单项压缩索引文件　　　　　　　B) 单项索引文件

C) 非结构复合索引文件　　　　　　D) 结构复合索引文件

(15) 为数据库表增加字段有效性规则是为了保证数据的(　　　　)。

A) 域完整性　　　B) 表完整性　　　C) 参照完整性　　　D) 实体完整性

(16) 在 Visual FoxPro 中，可以在不同工作区同时打开多个数据库或自由表，改变当前工作区的命令是(　　　　)。

A) OPEN　　　B) SELECT　　　C) USE　　　D) LOAD

(17) 在 INPUT、ACCEPT 和 WAIT 三个命令中，必须要以回车键表示输入结束的命令是(　　　　)。

A) ACCEPT、WAIT　　　　　　　　B) INPUT、WAIT

C) INPUT、ACCEPT　　　　　　　　D) INPUT、ACCEPT 和 WAIT

(18) 下列控件中，不能设置数据源的是(　　　　)。

A) 复选框　　　B) 命令按钮　　　C) 选项组　　　D) 列表框

(19) 查询"教师"表中"住址"字段中含有"望京"字样的教师信息。正确的 SQL 语句是(　　　　)。

A) SELECT*FROM 教师 WHERE 住址 LIKE"%望京%"

B) SELECT*FROM 教师 FOR 住址 LIKE"%望京%"

C) SELECT*FROM 教师 FOR 住址= LIKE"%望京%"

D) SELECT*FROM 教师 WHERE 住址= LIKE"%望京%"

(20) 查询设计器中的"筛选"选项卡的作用是(　　　　)。

A) 查看生成的 SQL 代码　　　　　　B) 制定查询条件

C) 增加或删除查询表　　　　　　　D) 选择所要查询的字段

(21) 某数据库有 20 条记录，若用函数 EOF()测试结果为.T.，那么此时函数 RECND()的值是(　　　　)。

A) 21　　　　　　　B) 20　　　　　　　C) 19　　　　　　　D) 1

(22) 为"教师"表的职工号字段添加有效性规则：职工号的最左边三位字符是"110"，正确的 SQL 语句是(　　　　)。

　　A) CHANGE TABLE 教师 ALTER 职工号 SET CHECK LEFT (职工号,3)= "110"

　　B) CHANGE TABLE 教师 ALTER 职工号 SET CHECK OCCURS (职工号,3)= "110"

　　C) ALTER　TABLE 教师 ALTER 职工号 SET CHECK LEFT (职工号,3)= "110"

　　D) ALTER　TABLE 教师 ALTER 职工号 CHECK LEFT (职工号,3)= "110"

(23) 对数据表建立性别(C,2)和年龄(N,2)的复合索引时，正确的索引关键字表达式为(　　　　)。

　　A) 性别+年龄　　　　　　　　　　　　B) VAL (性别)+年龄

　　C) 性别,年龄　　　　　　　　　　　　D) 性别+STR(年龄,2)

(24) 删除视图 salary 的命令是(　　　　)。

　　A) DR 调用，DROP VIEW salary　　　　B) DROP　salary VIEW

　　C) DELETE salary　　　　　　　　　　D) DELETE salary VIEW

(25) 关于内存变量的调用，下列说法正确的是(　　　　)。

　　A) 局部变量能被本层模块和下层模块程序调用

　　B) 私有变量能被本层模块和下层模块程序调用

　　C) 局部变量不能被本层模块程序调用

　　D) 私有变量只能被本层模块程序调用

(26) 在命令按钮中，决定命令按钮数目的属性是(　　　　)。

　　A) ButtonNum　　　B) ControlSource　　　C) ButtonCount　　　D) Value

(27) 报表文件的扩展名是(　　　)。

　　A) .mnx　　　　　　B) .fxp　　　　　　　C) .prg　　　　　　D) .frx

(28) 下列选项中，不属于 SQL 数据定义功能的是(　　　　)。

　　A) ALTER　　　　　B) CREATE　　　　　C) DROP　　　　　D) SELECT

(29) 要将 Visual FoxPro 系统菜单恢复成标准配置,可先执行 SET SYSMENU NOSAVE 命令，然后再执行(　　　)。

　　A) SET　TO　SYSMENU　　　　　　　B) SET　SYSMENU TO　DEFAULT

　　C) SET　TO　DEFAULT　　　　　　　　D) SET　DEFAULT TO　SYSMENU

(30) 假设有一表单，其中包含一个选项按钮组，在表单运行启动时，最后触发的事件是(　　　　)。

　　A) 表单的 Init　　　　　　　　　　　B) 选项按钮的 Init

　　C) 选项按钮组的 Init　　　　　　　　D) 表单的 Load

(31) 在 SQL SELECT 语句中与 INTO TABLE 等价的短语是(　　　　)。

　　A) INTO DBF　　　B) TO TABLE　　　C) INTO FORM　　　D) INTO FILE

(32) CREATE DATABASE 命令用来建立(　　　　)。

　　A) 数据库　　　　　B) 关系　　　　　　C) 表　　　　　　D)数据文件

(33) 欲执行程序 temp.prg ，应该执行的命令是(　　　　)。

　　A) DO PRG temp.prg　　　　　　　　　B) DO temp.prg

  C) DO CMD temp.prg   D) DO FORM temp.prg

(34) 执行命令 MyForm=CreateObject(" Form ")可以建立一个表单，为了让该表单在屏幕上显示，应该执行命令(   )。

  A) MyForm.List   B) MyForm.Display

  C) MyForm.Show   D) MyForm.ShowForm

(35) 假设有 student 表，可以正确添加字段"平均分数"的命令是(   )。

  A) ALTER TABLE student ADD 平均分数 F(6，2)

  B) ALTER DBF student ADD 平均分数 F6，2

  C) CHANGE TABLE student ADD 平均分数 F(6，2)

  D) CHANGE TABLE student INSERT 平均分数 6，2

第(36)～第(40)题使用如下三个数据库表：

图书(索书号，书名，出版社，定价，ISBN)

借书证(借书证号，姓名，性别，专业，所在单位)

借书记录(借阅号，索书号，借书证号，借书日期，还书日期)

其中：定价是货币型，结束日期和还书日期是日期型，其他是字符型。

(36) 查询借书证上专业"计算机"的所有信息，正确的 SQL 语句是(   )。

  A) SELECT   ALL   FORM 借书证 WHERE 专业="计算机"

  B) SELECT 借书证号 FROM 借书证 WHERE 专业="计算机"

  C) SELECT   ALL   FORM 借书记录 WHERE 专业="计算机"

  D) SELECT   *   FROM 借书证 WHERE 专业="计算机"

(37) 查询 2011 年被借过图书的书名、出版社和借书日期，正确的 SQL 语句是(   )。

  A) SELECT 书名,出版社,借书日期 FROM 图书,借书记录

  WHERE 借书日期=2011 AND 图书索引号=借书记录,索引号

  B) SELECT 书名,出版社,借书日期 FROM 图书,借书记录

  WHERE 借书日期=YEAR(2011)AND 图书索引号=借书记录,索引号

  C) SELECT 书名,出版社,借书日期 FROM 图书,借书记录

  WHERE 图书索引号=借书记录,索引号 AND YEAR(借书日期)=2011

  D) SELECT 书名,出版社,借书日期 FROM 图书,借书记录

  图书索引号=借书记录,索引号 AND WHERE YEAR(借书日期)=YEAR(2011)

(38) 查询所有借阅过"中国出版社"图书的读者的姓名和所在单位，正确的语句是(   )。

  A) SELECT 姓名,所在单位 FROM 借书证,图书,借书记录

  WHERE 图书,索书号=借书记录,索书号 AND

  借书证,借书证号=借书记录,借书证号 AND 出版社="中国出版社"

  B) SELECT 姓名,所在单位 FROM 图书, 借书证

  WHERE 图书,索书号=借书证,借书证号 AND 出版社="中国出版社"

  C) SELECT 姓名,所在单位 FROM 图书, 借书记录

  WHERE 图书,索书号=借书记录,索书号 AND 出版社="中国出版社"

  D) SELECT 姓名,所在单位 FROM 借书证, 借书记录

WHERE 借书证,借书证号=借书记录,借书证号 AND　出版社="中国出版社"

(39) 从图书证表中删除借书证号为"1001"的记录，正确的 SQL 语句是(　　　)。

  A) DELETE FROM　借书证　WHERE　借书证号="1001"

  B) DELETE FROM　借书证　FOR 借书证号="1001"

  C) DROP FROM　借书证 WHERE 借书证号="1001"

  D) DROP FROM　借书证　FOR 借书证号="1001"

(40) 将原值为"锦上计划研究所"的所在单位字段值重设为"不详"，正确的 SQL 语句是(　　　)。

  A) UPDATE　借书证　SET　所在单位="锦上计划研究所"WHERE 所在单位="不详"

  B) UPDATE　借书证　SET　所在单位="不详"WITH 所在单位="锦上计划研究所"

  C) UPDATE　借书证　SET　所在单位="不详"WHERE 所在单位="锦上计划研究所"

  D) UPDATE　借书证　SET　所在单位="锦上计划研究所"WITH 所在单位="不详"

二、基本操作(计 18 分)

1. 请在考生文件夹下建立一个数据库 KS4。

2. 将考生文件夹下的自由表 STUD、COUR、SCOR 加入到数据库 KS4 中。

3. 为 STUD 表建立主索引，索引名和索引表达式均为学号；为 COUR 表建立主索引，索引名和索引表达式均为课程编号；为 SCOR 表建立两个普通索引，其中一个索引名和索引表达式均为学号；另一个索引名和索引表达式均为课程编号。

4. 在以上建立的各个索引的基础上为三个表建立联系。

三、简单应用(计 24 分)

1. 在考生文件夹中有一个数据库 STSC，其中有数据库表 STUDENT、SCORE 和 COURSE 利用 SQL 语句查询选修了"网络工程"课程的学生的全部信息，并将结果按学号降序存放在 NETP.dbf 文件中(库的结构同 STUDENT，并在其后加入课程号和课程名字段)。

2. 在考生文件夹中有一个数据库 STSC，其中有数据库表 STUDENT，使用一对多报表向导制作一个名为 CJ2 的报表，存放在考生文件夹中。要求：选择父表 STUDENT 表中学号和姓名字段，从子表 SCORE 中选择课程号和成绩，排序字段选择学号(升序)，报表式样为简报式，方向为纵向。报表标题为"学生成绩表"。

四、综合应用(计 18 分)

在考生文件夹下有工资数据库 WAGE3，包括数据表文件：ZG(仓库号 C(4)，职工号 C(4)，工资 N(4))，设计一个名为 TJ3 的菜单，菜单中有两个菜单项"统计"和"退出"。

程序运行时，单击"统计"菜单项应完成下列操作：检索出工资低于本仓库职工平均工资的职工信息，并将这些职工信息按照仓库号升序，在仓库号相同的情况下再按职工号升序存放到 EMP1 文件中，该数据表文件和 ZG 数据表文件具有相同的结构。单击"退出"

菜单项，程序终止运行。

解 题 分 析

一、选择题

(1) C。为了充分利用存储空间，可以把顺序队列看成一个环状空间，即把顺序队列的头尾指针相连，这样的队列称之为循环队列。它是对顺序队列的改进，故循环队列是队列的一种顺序存储结构。选项 C 正确。

(2) D。栈是一种后进先出的线性表，队列是一种先进先出的线性表，二者均是线性结构，故选项 A、B、C 均不对，答案为选项 D。

(3) B。由二叉树的性质 n0=n2+1 可知，度为 0 的结点数(即叶子结点数)=度为 2 的结点数+1，根据题意得知，度为 2 的结点数为 4 个，那么 25–5–4=16，即为度为 1 的结点数，选项 D 正确。

(4) C。内模式也称存储模式，它是数据物理结构和存储方式的描述，是数据在数据库内部的表示方式，对应于物理级，它是数据库中全体数据的内部表示或底层描述，是数据库最低一级的逻辑描述，它描述了数据在存储介质上的存储方式的物理结构，对应着实际存储在外存储介质上的数据库。所以选项 A 正确。

(5) D。在关系 R 中如记录完全函数依赖于属性(组)X，则称 X 为关系 R 中的一个候选关键字。在一个关系中，候选关键字可以有多个且在任何关系中至少有一个关键字。所以在满足数据完整性约束的条件下，一个关系应该有一个或多个候选关键字，所以选项 C 正确。

(6) B。R 和 S 的差是由属于 R 但不属于 S 的元组组成的集合，运算符为 "–"。记为 T=R–S。根据本题关系 R 和关系 S 运算前后的变化，可以看出此处进行的是关系运算的差运算。故选项 B 正确。

(7) C。通常把软件产品从提出、实现、使用、维护到停止使用(退役)的过程称为软件生命周期。可以将软件生命周期分为软件定义、软件开发及软件运行维护三个阶段。软件生命周期的主要活动阶段是可行性研究与计划制定、需求分析、软件设计、软件实现、软件测试、运行和维护。软件生命周期不包括市场调研。

(8) C。需求分析是对待开发软件提出的需求进行分析并给出详细的定义，主要工作是编写软件需求规格说明书及用户手册。需求分析的任务是导出目标系统的逻辑模型，解决 "做什么" 的问题。制定软件集成测试计划是软件设计阶段需要完成的任务。

(9) A。黑盒测试也称功能测试或数据驱动测试，设计测试用例着眼于程序外部结构，不考虑内部逻辑结构，主要针对软件界面和软件功能进行测试。故选项 D 正确。

(10) D。软件设计包括概要设计和详细设计，软件概要设计中，面向数据流的设计方法有变换型系统结构图和事务型数据流两种。软件详细设计，程序流程图(PDF)和问题分析图(PAD)是过程设计的常用工具。数据流图(DFD)是软件定义阶段结构化分析方法常用的工具。

(11) B。Visual FoxPro 6.0 是一种关系数据库管理系统，该系统可以对多个关系型数据库进行管理。基本的数据结构是二维表。

(12) A。字符型常量也称为字符串，其表示方法是用定界符半角单引号、双引号或方括号把字符串扩起来。字符型常量的定界符必须成对匹配，不能一边用单引号一边用双引号。如果某种定界符本身也是字符串的内容，则需要用另一种定界符为该字符串定界。故选项 A 中用两对方括号定界是错误的。

(13) C。函数 UPPER() 的功能是将指定表达式值中的小写字母转换成大写字母，其他它字符不变。所以选项 C 正确。

(14) D。按文件的扩展名分类，索引可以分为单索引文件和复合索引文件，其中复合索引文件又包括结构复合索引文件和非结构复合索引文件。复合索引文件的特点有文件的主名与表名同名；打开表时自动打开；可以包含多个索引关键字表达式；在添加、更改或删除记录时自动维护索引。在表设计器中建立的索引都是结构复合压缩索引。

(15) A。数据完整性一般包括实体完整性、域完整性、参照完整性等。实体完整性是保证表中记录唯一的特性，即在一个表中不允许有重复的记录。在 Visual FoxPro 中利用主关键字或候选关键字来保证表中记录的唯一，即保证实体唯一性；增加字段有效性规则是对数据类型的定义，属于域完整性的范畴，比如对数值型字段，通过指定不同的宽度说明不同范围的数值数据类型，从而可以限定字段的取值类型和取值范围；参照完整性：在输入或删除记录时，参照完整性能保持表之间已定义的关系。故选项 A 正确。

(16) B。OPEN 命令表示打开数据库，SELECT 命令表示选择工作区，USE 命令表示打开表及其相关索引文件、打开一个 SQL 视图或关闭表，LOAD 命令表示将二进制文件、外部命令或者外部函数装入内存中。所以选项 B 正确。

(17) C。当程序执行到 INPUT 命令时，暂停执行，等待用户从键盘输入数据。当用户以回车键结束输入时，系统计算表达式的值，并将计算结果存入指定的内存变量，然后继续执行程序；当程序执行到 ACCEPT 命令时，暂停执行，必须等待用户从键盘输入字符串。当用户以回车键结束输入时，系统将该字符串存入指定的内存变量，然后继续执行程序；WAIT 命令的格式：WAIT [<字符表达式>][TO <内存变量>][WINDOW [AT ,<列>]]…。此命令的功能是显示字符表达式的值作为提示信息，暂停程序的执行，直到用户按任意键或单击鼠标。所以 WAIT 命令的功能为暂停程序的执行，而不是等待输入数据。故选项 C 正确。

(18) B。选项 B 命令按钮控件在应用程序中起控制作用，用于完成某一特定的操作，特定操作代码通常放置在命令按钮的 Click 事件中，是对数据源进行操作的控件，不能用于设置数据源。

(19) A。SQL 中查询命令的格式：SELECT [字段名] FROM [表名] WHERE [条件]。选项 B 和 C 中都使用了 FOR 短语，不符合查询命令的格式。根据题意查询出"住址"字段中含有"望京"字样的教师信息，这是一个字符串匹配的查询，显然应该使用 LIKE 运算符。LIKE 子句的使用格式为：字段 LIKE 字符串表达式，其中字符串表达式中可以使用通配符，%表示匹配包含零个或多个字符的任意字符串，_表示任意一个字符。因为"住址"字段的数据类型是字符型数据，所以 LIKE 后面应该是一个字符串，必须用双引号作为定界符，因此查询条件应书写为 WHERE 住址 LIKE"%望京%"。所以选项 D 也是错误的，故选项 A 正确。

(20) B。查询设计器中的"筛选"选项卡对应 SQL 语句中的 WHERE 短语,用于指定查询条件;"字段"选项卡对应 SQL 语句中 SELECT 短语,用来指定所要查询的字段;查看生成的 SQL 代码可通过单击"查询"下拉菜单的"查看 SQL"命令;增加或删除查询表在查询设计器中操作。故选项 B 正确。

(21) A。函数 EOF()的功能是测试指定表文件中的记录指针是否指向文件尾,若是就返回逻辑真(.T.),表明记录指针是指在最后一条记录的后面位置。函数 RECNO()的功能是返回当前表文件或指定表文件中当前记录的记录号。如果指定工作区上没有打开表文件,函数值为 0。如果记录指针指向文件尾,函数值为表文件中的记录数加 1。此数据库表中有 20 条记录,并且用函数 EOF()测试得到结果为.T.,说明记录指针已经指向了文件尾,故此时函数 RECNO()的值为 21。

(22) C。在 SQL 中为字段添加有效性规则的语句格式为"ALTER TABLE 表名 ALTER 字段名 SET CHECK 字段规则",所以选项 A、B 和 D 都不符合语句格式,取职工号的左边三位字符所使用的函数是 LEFT(字段名,位数)。故选项 C 正确。

(23) D。此题是通过两个字段对数据表建立复合索引,建立复合索引时要求字段类型匹配。此题中性别为字符型,而年龄为数值型,这两个字段类型不匹配,故选项 A 是错误的。选项 C 是不正确的索引格式。选项 B 中用 VAL()函数不能将字符型数据"性别"转换成数值型,该函数只能转换由数字符号组成的字符型数据。选项 D 中的年龄字段通过 STR()函数转换成了字符型,与性别字段的类型相匹配。

(24) A。SQL 语句中,删除视图的格式为:DROP VIEW <视图名>,故选项 A 正确。

(25) B。在 Visual FoxPro 中,变量可分为公共变量、私有变量和局部变量三类。其中,在程序中直接使用的(没有通过 PUBLIC 和 LOCAL 命令事先声明)或由系统自动隐含建立的变量都是私有变量。私有变量的作用域是建立它的模块及其下属的各层模块。而局部变量只能在建立它的模块中使用,不能在上层或下层模块中使用。

(26) C。ButtonCount 属性指定命令组中命令按钮的数目,Value 属性用来指定命令组当前的状态。该属性的类型可以是数值型的,也可以是字符型的。若为数值型值 N,则表示命令组中第 n 个命令按钮被选中;若为字符型值 C,则表示命令组中 Caption 属性值为 C 的命令按钮被选中。ControlSource 属性用来设置命令按钮组的数据源,命令按钮组没有 ButtonNum 属性,故选项 C 正确。

(27) D。.nmx 是菜单文件的扩展名;.fxp 是编译后的程序的扩展名;.prg 是程序文件的扩展名;.frx 是报表文件的扩展名,故选项 D 正确。

(28) D。标准 SQL 的数据定义功能非常广泛,一般包括数据库的定义、表的定义、视图的定义、存储过程的定义、规则的定义和索引的定义等若干部分。DROP TABLE <表名>用于删除表或视图,修改表结构的命令是 ALTER TABLE,CREATE TABLE 命令用于建立表或视图。

(29) B。Visual FoxPro 系统菜单是一个典型的菜单系统,其主菜单是一个条形菜单。条形菜单中包含文件、编辑、显示、工具、程序、窗口和帮助菜单项。选择条形菜单中的每一个菜单项都会激活一个弹出式菜单。通过 SET SYSMENU 命令可以允许或禁止在程序执行时访问系统菜单,也可以重新配置系统菜单。一般常用到将系统菜单恢复成标准配置,可先执行 SET SYSMENU NOSAVE,然后执行 SET SYSMENU TO DEFAULT。不带参数的

SET SYSMENU TO 命令将屏蔽系统菜单，使系统菜单不可用。

(30) A。此题运行表单时，触发事件的先后顺序为：先触发表单的 Load 事件；再触发命令按钮的 Init 事件；再触发命令组的 Init 事件；最后触发表单的 Init 事件。故选项 A 正确。

(31) A。使用短语 INTO DBF | TABLE TABLEN AME 可以将查询结果存放到永久表 (.dbf 文件)。所以 INTO DBF 和 INTO TABLE 是等价的。

(32) A。建立数据库的命令为：CREATE DATABASE［Database Name | ？］，其中参数 Database Name 给出了要建立的数据库名称。

(33) B。可以通过菜单方式和命令方式执行程序文件，其中命令方式的格式为：DO ＜文件名＞该命令既可以在命令窗口发出，也可以出现在某个程序文件中。

(34) C。表单的常用事件和方法中，SHOW 表示显示表单；HIDE 表示隐藏表单；RELEASE 表示将表单从内存中释放。所以为了让表单在屏幕上显示，应该执行命令 MyForm.Show。

(35) A。修改表结构的命令是 ALTER TABLETable Name，所以正确的答案是选项 A。

(36) D。此题要求查询所有的信息，即所有的字段。在 SELECT 查询语句中，要求查询所有的字段，不只是查询"借书证号"字段，用"*"来表示要查询的所有字段，而不能使用 ALL，故选项 A、B 和 C 错误，选项 D 正确。

(37) C。YEAR()函数表示将日期型转化为数值型。此题查询 2011 年被借过的图书信息，在 WHERE 语句中，条件应为 YEAR(借书日期)=2011，故选项 A、B、D 中的条件设置都是错误的，选项 C 正确。

(38) A。从数据表中可以看出，所要查询的字段包括"姓名"和"所在单位"两个字段，这两个字段都属于"借书证"表，查询的条件是所有借阅过"中国出版社"图书的读者姓名和所在单位，又涉及到了"出版社"字段，此字段属于"图书"表，那么能不能就从"借书证"表和"图书"表这两个表中查询呢？答案是不可以的，因为这两个表没有一个公共字段用以建立两表之间的联系，所以要借用第三个表中的字段建立联系，也就是要通过这三个表建立查询，故选项 A 正确。

(39) A。SQL 从表中删除数据的命令格式为 DELETE FROM 表名 [WHERE 条件]，故选项 A 正确。

(40) C。UPDATE 命令的格式为 UPDATE 数据表名 SET 字段名 1=表达式 1[,字段名 2=表达式 2…] WHERE 筛选条件。选项 B 和 D 中用 WITH 语句设置筛选条件，是错误的语句格式。选项 A 中的表达式及筛选条件设置错误，故选项 C 正确。

二、基本操作

考核知识点：数据库的建立、将自由表添加到数据库中、主索引和普通索引的建立，为已建立索引的表建立联系。

操作剖析：

1. 建立数据库的常用方法有三种：

在项目管理器中建立数据库；通过"新建"对话框建立数据库；使用命令交互建立数

据库，命令为：CREATE DATABASE ［DATABaseName｜?］。

2. 将自由表添加到数据库中，可以在项目管理器或数据库设计器中完成。打开数据库设计器，在"数据库"菜单中或在数据库设计器中单击右键，在弹出的菜单中选择"添加表"，然后在"打开"对话框中选择要添加到当前数据库的自由表。还可用 ADD TABLE 命令添加一个自由表到当前数据库中。

3. 在 STUD 表设计器中选择索引选项卡建立索引和索引表达式为学号的主索引。运用同样的方法分别为 COUR 和 SCOR 建立主索引和普通索引。

4. 在数据库设计器中建立三个表的联系。在数据库设计器中，选中 STUD 表中的主索引"学号"，按住鼠标拖动到 SCOR 表的普通索引"学号"上。用同样的方法可以建立 COUR 表和 SCOR 表的"课程编号"之间的联系。数据库中表的联系及三个表的记录信息如图 2-1 所示(参考)。

图 2-1

三、简单应用

1. 考核知识点：SQL 语句的查询。

操作剖析：

SELECT Student.*, Score.课程号,Course.课程名;

FORM   stsc!student INNER JOIN stsc!score INNER JOIN stsc!student;

ON Score.课程号= course.课程号   ON Student.学号 = Score.学号;

WHERE AT("网络工程",Course.课程名)> 0 ORDER BY Student.学号 desc INTO TABLE netp.dbf 数据库结构及 netp 表的记录信息和查询语句如图 2-2 所示(参考)。

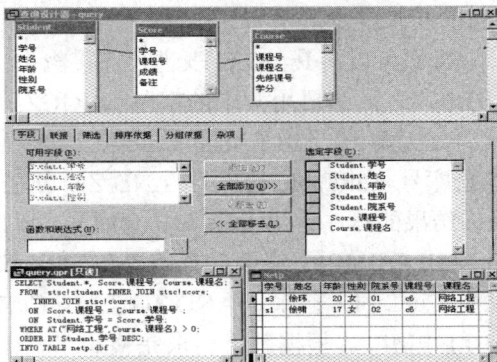

图 2-2

2. 考核知识点：使用报表向导制作报表。

操作剖析：

启动报表向导可在"文件"菜单中选择"新建"或者单击工具栏上的"新建"按钮，打开"新建"对话框，文件类型选择报表，单击向导按钮。或者在"工具"菜单中选择"向导"子菜单，选择"报表"，或直接单击工具栏上的"报表向导"图标按钮。选择"一对多报表"选项，然后按照向导提示操作即可。

报表数据源及报表设计器信息如图 2-3 所示(参考)。

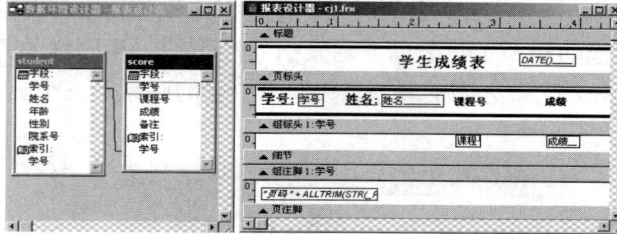

图 2-3

四、综合应用

考核知识点：菜单的建立、结构化查询语言(SQL)中的连接查询、查询的排序、临时表的概念、查询的去向等知识。

操作剖析：

利用菜单设计器定义两个菜单项，在菜单名称为"统计"的菜单项的结果列中选择"过程"，并通过单击"编辑"按钮，打开下一个窗口，添加"统计"菜单项所需要的命令。在菜单名称为"退出"的菜单项的结果列中选择"命令"，并在后面的"选项"列中输入以下退出菜单的命令：SET SYSMENU TO DEFAULT。

"统计"菜单项要执行的程序：

首先是打开数据库文件 OPEN DATABASE WAGE3.dbc，然后应该得到每一个仓库职工的平均工资，并将结果放在一个临时的表 CurTable 中，利用以下语句可以实现：SELECT 仓库号，AVG(工资) AS AvgGZ FROM ZG GROUP BY 仓库号 INTO CURSOR CutTable。这样就生成了一个表名为 CurTable 的临时表。表中有两个字段：仓库号、AvgGZ，内容为每一个仓库的仓库号和所对应的职工的平均工资。

有了临时表 CurTable 后我们可以将其与 ZG 表进行连接查询，我们这里连接查询的目的不是为了得到临时表中的内容，而是要用其中的字段 AVGGZ 作为查询的条件，我们便可以得到"工资小于或低于本仓库职工平均工资的职工信息"的查询：SELECT ZG* FROM ZG，CurTable WHERE ZG.仓库号=CurTable.仓库号 AND ZG 工资<CurTable.AvgGZ，利用 ORDER BY 子句来实现查询结果的排序：ORDER BY 仓库号，职工号；利用 INTO TABLE 子句可以实现去向：INTO TABLE EMP1。完整的查询语句如下：SELECT ZG* FROM ZG，CurTable WHERE ZG.仓库号=CurTable.仓库号 AND ZG.工资< CurTable.AvgGZ ORDER BY 仓库号，职工号 INTO TABLE EMP1。根据题目要求完整的"统计"过程程序如下(参考)：

```
SET TALK OFF
```

```
SET SAFETY OFF
OPEN DATABASE WAGE3
SELECT 仓库号,AVG(工资) AS AvgGZ FROM ZG GROUP BY 仓库号 INTO CURSOR CurTable
SELECT ZG.仓库号,ZG.职工号,ZG.工资 FROM ZG,CurTable WHERE ZG.工资 <= CurTable.AvgGZ;
AND ZG.仓库号=CurTable.仓库号 ORDER BY ZG.仓库号,职工号 INTO TABLE EMP1
CLOSE ALL
SET SAFETY ON
SET TALK ON
```

模拟试题三及解题分析

一、选择题(计 40 分)

下列各题 A、B、C、D 四个选项中，只有一个选择是正确的。将答案写在答题纸相应的位置上，答在试卷上不得分。

(1) 下列关于栈叙述正确的是(　　)。
　　A) 栈顶元素最先能被删除　　　　　　B) 栈顶元素最后才能被删除
　　C) 栈底元素永远不能被删除　　　　　D) 上述三种说法都不对

(2) 下列叙述中正确的是(　　)。
　　A) 有一个以上根结点的数据结构不一定是非线性结构
　　B) 只有一个根结点的数据结构不一定是线性结构
　　C) 循环链表是非线性结构
　　D) 双向链表是非线性结构

(3) 某二叉树共有 7 个结点，其中叶子结点只有 1 个，则该二叉树的深度为(假设根结点在第 1 层) (　　)。
　　A) 3　　　　　　B) 4　　　　　　　C) 6　　　　　　D) 7

(4) 在软件开发中，需求分析阶段产生的主要文档是(　　)。
　　A) 软件集成测试计划　　　　　　　　B) 软件详细设计说明书
　　C) 用户手册　　　　　　　　　　　　D) 软件需求规格说明书

(5) 结构化程序所要求的基本结构不包括(　　)。
　　A) 顺序结构　　　　　　　　　　　　B) GOTO 跳转
　　C) 选择(分支)结构　　　　　　　　　D) 重复(循环)结构

(6) 下面描述中错误的是(　　)。
　　A) 系统总体结构图支持软件系统的详细设计
　　B) 软件设计是将软件需求转换为软件表示的过程
　　C) 数据结构与数据库设计是软件设计的任务之一
　　D) PAD 图是软件详细设计的表示工具

(7) 负责数据库中查询操作的数据库语言是(　　)。
　　A) 数据定义语言　　　　　　　　　　B) 数据管理语言
　　C) 数据操纵语言　　　　　　　　　　D) 数据控制语言

(8) 一个教师可讲授多门课程，一门课程可由多个教师讲授。则实体教师和课程间的联系是(　　)。
　　A) 1∶1 联系　　B) 1∶m 联系　　C) m∶1 联系　　　　D) m∶n 联系

(9) 有三个关系 R、S 和 T 如下:

R		
A	B	C
a	1	2
b	2	1
c	3	1

S		
A	B	C
a	1	2
b	2	1

T		
A	B	C
b	2	1
c	3	1

则由关系 R 和关系 S 得到关系 T 的操作是(   )。

    A) 自然联接   B) 交   C) 除   D) 并

(10) 定义无符号整数类为 UInt，下面可以作为类 UInt 实例化值的是(   )。

    A) −369   B) 369

    C) 0.369   D) 整数集合{1,2,3,4,5}

(11) 在建立数据库表时给该表指定了主索引，该索引实现了数据完整性中的(   )。

    A) 参照完整性   B) 实体完整性   C) 域完整性   D) 用户定义完整性

(12) 执行如下命令的输出结果是(   )。

?15%4,15%−4

    A) 3，−1   B) 3，3   C) 1，1   D) 1，−1

(13) 在数据库表中，要求指定字段或表达式不出现重复值，应该建立的索引是(   )。

    A) 唯一索引   B) 唯一索引和候选索引

    C) 唯一索引和主索引   D) 主索引和候选索引

(14) 给 student 表增加一个"平均成绩"字段(数值型，总宽度 6,2 位小数)的 SQL 命令是(   )。

    A) ALTER TABLE student ADD 平均成绩 N(6，2)

    B) ALTER TABLE student ADD 平均成绩 D(6，2)

    C) ALTER TABLE student ADD 平均成绩 E(6，2)

    D) ALTER TABLE student ADD 平均成绩 Y(6，2)

(15) 在 Visual FoxPro 中，执行 SQL 的 DELETE 命令和传统的 FoxPro DELETE 命令都可以删除数据库表中的记录，下面正确的描述是(   )。

    A) SQL 的 DELETE 命令删除数据库表中的记录之前，不需要先用 USE 命令打开表

    B) SQL 的 DELETE 命令和传统的 FoxPro DELETE 命令删除数据库表中的记录之前，都需要先用命令 USE 打开表

    C) SQL 的 DELETE 命令可以物理地删除数据库表中的记录，而传统的 FoxPro DELETE 命令只能逻辑删除数据库表中的记录

    D) 传统的 FoxPro DELETE 命令还可以删除其他工作区中打开的数据库表中的记录

(16) 在 Visual FoxPro 中，如果希望跳出 SCAN…ENDSCAN 循环语句、执行 ENDSCAN 后面的语句，应使用(   )。

    A) LOOP 语句   B) EXIT 语句   C) BREAK 语句   D) RETURN 语句

(17) 在 Visual FoxPro 中，"表"通常是指(   )。

    A) 表单   B) 报表

C) 关系数据库中的关系　　　　　　　　D) 以上都不对

(18) 删除 student 表的"平均成绩"字段的正确 SQL 命令是(　　)。

　　A) DELETE TABLE student DELETE COLUMN 平均成绩

　　B) ALTER TABLE student DELETE COLUMN 平均成绩

　　C) ALTER TABLE student DROP COLUMN 平均成绩

　　D) DELETE TABLE student DROP COLUMN 、平均成绩

(19) 在 Visual FoxPro 中，关于视图的正确描述是(　　)。

　　A) 视图也称作窗口

　　B) 视图是一个预先定义好的 SQL SELECT 语句文件

　　C) 视图是一种用 SQL SELECT 语句定义的虚拟表

　　D) 视图是一个存储数据的特殊表

(20) 从 student 表删除年龄大于 30 的记录的正确 SQL 命令是(　　)。

　　A) DELETE FOR 年龄>30

　　B) DELETE FROM student WHERE 年龄>30

　　C) DELETE student FOR 年龄>30

　　D) DELETE student WHERE 年龄>30

(21) 在 Visual FoxPro 中，使用 LOCATE FOR<expL>命令按条件查找记录，当查找到满足条件的第一条记录后，如果还需要查找下一条满足条件的记录，应该(　　)。

　　A) 再次使用 LOCATE 命令重新查询　　B) 使用 SKIP 命令

　　C) 使用 CONTINUE 命令　　　　　　　D) 使用 GO 命令

(22) 为了在报表中打印当前时间，应该插入的控件是(　　)。

　　A) 文本框控件　　B) 表达式　　　　C) 标签控件　　D) 域控件

(23) 在 Visual FoxPro 中，假设 student 表中有 40 条记录，执行下面的命令后，屏幕显示的结果是(　　)。

RECCOUNT()

　　A) 0　　　　　　　B) 1　　　　　　　C) 40　　　　　　D) 出错

(24) 向 student 表插入一条新记录的正确 SQL 语句是(　　)。

　　A) APPEND INTO student values ('0401', '王芳', '女',18)

　　B) APPEND student values ('0401', '王芳', '女',18)

　　C) INSET INTO student values ('0401', '王芳', '女', 18)

　　D) INSET INTO student values ('0401', '王芳', '女', 18)

(25) 在一个空的表单中添加一个选项按钮组控件，该控件可能的默认名称是(　　)。

　　A) OptionGroup1　　B) Check1　　　C) Spinner1　　　D) List1

(26) 恢复系统默认菜单的命令是(　　)。

　　A) SET MENU TO DEFAULT　　　　　　B) SET SYSMENU TO DEFAULT

　　C) SET SYSTEM MENU TO DEFAULT　　D) SET SYSTEM TO DEFAULT

(27) 在 Visual FoxPro 中，用于设置表单标题的属性是(　　)。

　　A) Text　　　　　B) Title　　　　　C) Lable　　　D) Caption

(28) 消除 SQL SELECT 查询结果中的重复记录，可采取的方法是(　　)。

A) 通过指定主关键字   B) 通过指定唯一索引

C) 使用 DISTINCT 短语   D) 使用 UNIQUE 短语

(29) 在设计界面时，为提供多选功能，通常使用的控件是(　　)。

A) 选项按钮组   B) 一组复选框   C) 编辑框   D) 命令按钮组

(30) 为了使表单界面中的控件不可用，需将控件的某个属性设置为假，该属性是(　　)。

A) Default   B) Enabled   C) Use   D) Enuse

第(31)～第(35)题使用如下三个数据库表：

学生表：student(学号，姓名，性别，出生日期，院系)

课程表：course(课程号，课程名，学时)

选课成绩表：score(学号，课程号，成绩)

其中出生日期的数据类型为日期型，学时和成绩为数值型，其他均为字符型。

(31) 查询"计算机系"学生的学号、姓名、学生所选课程的课程名和成绩，正确的命令是(　　)。

A) SELECT s.学号,姓名,课程名,成绩

FROM student s,score sc,course c

WHERE s.学号=sc.学号,sc.课程号=c.课程号,院系='计算机系'

B) SELECT 学号,姓名,课程名,成绩

FROM student s,score sc,course c

WHERE s.学号=sc.学号 AND sc.课程号=c.课程号 AND 院系='计算机系'

C) SELECT s.学号,姓名,课程名,成绩

FROM student s JOIN score sc ON s.学号=sc.学号

JOIN course c on sc.课程号=c.课程号

WHERE 院系='计算机系'

D) SELECT s.学号,姓名,课程名,成绩

FROM student s,score sc,course

WHERE s.学号=sc.学号,sc.课程号=c.课程号,院系='计算机系'

(32) 查询所修课程成绩都大于等于 85 分的学生的学号和姓名，正确的命令是(　　)。

A) SELECT 学号,姓名 FROM student s WHERE not exists

(SELECT * FROM score sc WHERE sc.学号=s.学号 AND 成绩<85)

B) SELECT 学号,姓名 FROM student s WHERE not exists

(SELECT * from score sc WHERE sc.学号=s.学号 AND 成绩>=85)

C) SELECT 学号,姓名 FROM student s,score sc

WHERE s.学号=sc.学号 AND 成绩>=85

D) SELECT 学号,姓名 FROM student s,score sc

WHERE s.学号=sc.学号 AND all 成绩>=85

(33)查询选修课程在 5 门以上(含 5 门)的学生的学号、姓名和平均成绩，并按平均成绩降序排序，正确的命令是(　　)。

A) SELECT s.学号,姓名,平均成绩 FROM student s, score sc

WHERE s.学号=sc.学号

GROUP BY s.学号　HAVING COUNT(*) ORDER BY　平均成绩　DESC

B)　SELECT　学号,姓名,AVG(成绩) FROM student s, score sc

WHERE s.学号=sc.学号　AND COUNT(*)>=5

GROUP BY　学号　ORDER BY 3 DESC

C)　SELECT s.学号,姓名,AVG(成绩)　平均成绩　FROM student s, score sc

WHERE s.学号=sc.学号　AND COUNT(*)>=5

GROUP BY　学号　ORDER BY　平均成绩　DESC

D)　SELECT s.学号,姓名,AVG(成绩) AS　平均成绩　FROM student s, score sc

WHERE s.学号=sc.学号

GROUP BY s.学号　HAVING COUNT(*)>=5 ORDER BY 3 DESC

(34)　查询同时选修课程号为 C1 和 C5 课程的学生的学号，正确的命令是(　　)。

A)　SELECT　学号　FROM score sc WHERE　课程号='C1' AND　学号　IN

(SELECT　学号　FROM score sc WHERE　课程号='C5')

B)　SELECT　学号　FROM score sc WHERE　课程号='C1' AND　学号　=

(SELECT　学号　FROM score sc WHERE　课程号='C5')

C)　SELECT　学号　FROM score sc WHERE　课程号='C1' AND　课程号= 'C5'

D)　SELECT　学号　FROM score sc WHERE　课程号='C1' OR 'C1'

(35)　删除学号为"20091001"且课程号为"C1"的选课记录，正确命令是(　　)。

A)　DELETE FROM score WHERE　课程号='C1' AND　学号='20091001'

B)　DELETE FROM score WHERE　课程号='C1' OR　学号='20091001'

C)　DELETE score FROM WHERE　课程号='C1' AND　学号='20091001'

D)　DELETE score　　WHERE　课程号='C1' AND　学号='20091001'

(36)　设有学生选课表 SC(学号，课程号，成绩)，用 SQL 同时检索选修课程号为 "C1" 和 "C5" 的学生学号的正确命令是(　　)。

A)　SELECT　学号 FRO M SC WHERE　课程号='C1' AND　课程号='C5'

B)　SELECT　学号 FRO M SCWHERE　课程号='C1' AND　课程号=

(SELECT　课程号 FROM SC WHERE　课程号='C5')

C)　SELECT　学号 FRO M SCWHERE　课程号='C1' AND　学号=(SELECT　学号

FRO M SCWHERE　课程号='C5')

D)　SELECT　学号 FRO M SCWHERE　课程号='C1' AND　学号 IN(SELECT

学号 FRO M SCWHERE　课程号='C5')

(37)　设有学生表 S(学号，姓名，性别，年龄)、课程表 C(课程号，课程名，学分)和学生选课表 SC(学号，课程号，成绩)，检索学号、姓名和学生所选课程的课程名和成绩，正确的 SQL 语句是(　　)。

A)　SELECT　学号,姓名,课程名,成绩 FROM S,SC,C WHERE S.学号=SC.学号 AND

SC.学号=C.学号

B)　SELECT　学号,姓名,课程名,成绩　FROM(S JOIN SCON S.学号=SC.学号)JOIN

CON SC.课程号=C.课程号

C) SELECTS 学号,姓名,课程名，成绩 FROM S JOIN SC CON S.学号=SC.学号 ON SC.课程号=C.课程号

D) SELECTS 学号,姓名,课程名，成绩 FROM S JOIN SC JOIN CON SC.课程号=C.课程号 ON S.学号=SC.学号

(38) 在 Visual FoxPro 中，下列描述中正确的是(　　　)。

　A) 表也被称作表单

　B) 数据库文件不存储用户数据

　C) 数据库文件的扩展名是.dbf

　D) 一个数据库中的所有表文件存储在一个物理文件中

(39) 在 Visual FoxPro 中，释放表单时会引发的事件是(　　　)。

　A) UnLoad 事件　　　B) Init 事件　　　C) Load 事件　　D) Release 事件

(40) 在 Visual FoxPro 中，在屏幕上预览报表的命令是(　　　)。

　A) PREVIEW REPORT

　B) REPORTFOR M … PREVIEW

　C) DO REPORT … PREVIEW

　D) RU N REPORT … PREVIEW

二、基本操作题(计 18 分)

1. 在考生文件夹下建立数据库 KS7；并将自由表 scor 加入数据库中。

2. 按下面给出的表结构。给数据库添加表 stud

字段	字段名	类型	宽度	小数
1	学号	字符型	2	
2	姓名	字符型	8	
3	年龄	数值型	2	0
4	性别	字符型	2	
5	院系号	字符型	2	

3. 为表 stud 建立主索引，索引名为学号，索引表达式为学号；为表 scor 建立普通索引，索引名为学号，索引表达式为学号。

4. stud 表和 scor 表必要的索引已建立，为两表建立永久性的联系。

三、简单应用(计 24 分)

1. 在考生文件夹中有一个学生数据库 STU，其中有数据库表 STUDENT 存放学生信息，使用菜单设计器制作一个名为 STMENU 的菜单，菜单包括"数据操作"和"文件"两个菜单栏。

每个菜单栏都包括一个子菜单。菜单结构如下：

数据操作	文件
数据输出	保存
	退出

其中：数据输出子菜单对应的过程完成下列操作：打开数据库 STU，使用 SQL 的 SELECT 语句查询数据库表 STUDENT 中所有信息，然后关闭数据库。

退出菜单项对应的命令为 SET SYSMENU TO DEFAULT，使之可以返回到系统菜单。保存菜单项不做要求。

2. 在考生文件夹中有一个数据库 sdb，其中有数据库表 Student2、Sc 和 Course2。三个表如下所示：

Student2(学号，姓名，年龄，性别，院系编号)

Sc(学号，课程号，成绩，备注)

Ccourse2(课程号，课程名，先修课程号，学分)

用 SQL 语句查询"计算机软件基础"课程的考试成绩在 85 分以下(含 85 分)的学生的全部信息并将结果按学号升序存入 noex.dbf 文件中。(库的结构同 Student2，并在其后加入成绩字段)

四、综合应用(计 18 分)

现有医院数据库 DOCT3，包括三个表文件：YISHENG.DBF(医生)、YAO.DBF(药品)、CHUFANG.DBF(处方)。设计一个名为 CHUFANG3 的菜单，菜单中有两个菜单项"查询"和"退出"。

程序运行时，单击"查询"应完成下列操作：查询同一处方中，包含"感冒"两个字的药品的处方号、药名和生产厂，以及医生的姓名和年龄，把查询结果按处方号升序排序存入 JG9 数据表中。JG9 的结构为：(姓名，年龄，处方号，药名，生产厂)。最后统计这些医生的人数(注意不是人次数)，并在 JG9 中追加一条记录，将人数填入该记录的处方号字段中。单击"退出"菜单项，程序终止运行。

解 题 分 析

一、选择题

(1) A。在栈中，允许插入与删除的一端称为栈顶，而不允许插入与删除的另一端称为栈底。栈顶元素总是最后被插入的元素，从而也是最先能被删除的元素；栈底元素总是最先被插入的元素，从而也是最后才能被删除的元素。故本题选 A。

(2) B。如果一个非空的数据结构满足以下两个条件：有且只有一个根结点；每个结点最多有一个前件，也最多有一个后件。则称该数据结构为线性结构。如果一个数据结构不是线性结构，则称之为非线性结构，故 A 项错误。有一个根结点的数据结构不一定是线性结构，如二叉树，B 项说法正确。循环链表和双向链表都属于线性链表，故 C 和 D 项错误。

　　(3) D。根据二叉树的性质：在任意一棵二叉树中，度为 0 的结点(即叶子结点)总是比度为 2 的结点多一个。所以 n2=0，由 n=n0+n1+n2 可得 n1=6，即该二叉树有 6 个度为 1 的结点，可推出该二叉树的深度为 7。

　　(4) D。软件需求规格说明书是需求分析阶段的最后成果，是软件开发中的重要文档之一。

　　(5) B。结构化程序设计的三种基本控制结构为:顺序结构、选择结构和重复结构。

　　(6) A。参考软件工程基本概念。

　　(7) C。数据操纵语言负责数据的操纵，包括查询及增、删、改等操作。

　　(8) D。基本概念。

　　(9) C。基本概念。

　　(10) B。A 项为有符号型，C 项为实型常量，D 项为整数集合，只有 B 项符合，故本题选 B。

　　(11) B。数据完整性基本概念。

　　(12) A。%求余运算符。

　　(13) D。主索引是要求指定字段或表达式中不允许出现重复值的索引，候选索引和主索引具有相同的特性。唯一索引是为了保持同早期版本的兼容性，它的"唯一性"是指索引项的唯一。

　　(14) A。因为平均成绩为数值型字段，所以要用字母 N 来表示。通过排除法可知本题的正确答案为 A 选项。

　　(15) A。基本 DELETE 命令。

　　(16) B。在循环体中遇到 LOOP 语句时，程序就结束本次循环，不再执行其后面的语句。如果是在循环体内遇到 EXIT 语句时，就结束循环，并转去执行 ENDSCAN 后面的语句。

　　(17) C。在 Visual FoxPro 中，一个关系存储为一个文件，文件扩展名为.dbf，称为"表"。

　　(18) C。本题考查的知识点为表结构的修改操作，命令格式为 ALTER TABLE 表名［DROP［COLUMN］字段名］。

　　(19) A。视图不是"图"，而是观察表中信息的一个窗口，相当于我们定制的浏览窗口。同时，视图是在数据库表的基础上创建的一种虚拟表，而不是用 SQL SELECT 语句定义的。

　　(20) B。本题考查的知识点是删除记录的命令格式，这里的 FROM 是指定从哪个表中删除数据。命令格式为 DELETE FROM 表名［WHERE 表达式］。

　　(21) C。本题考查的知识点为 LOCATE 定位语句的用法。当记录指针定位在满足条件的第 1 条记录上后，如果要使指针指向下一条满足 LOCATE 条件的记录，要使用 CONTINUE 命令。

　　(22) D。域控件可插入时间。

　　(23) A。RECCOUNT()函数返回的是表文件中物理上存在的记录个数，如果指定工作区上没有打开表文件，则函数值为 0。

　　(24) C。向表中插入新记录的命令格式为 INSERT INTO 表名 VALUES 记录值。

　　(25) A。选项组(OptionGroup)又称为选项按钮组，是包含选项按钮的一种容器。

　　(26) B。本题考查的知识点为 SET SYSMENU 命令的语句格式。

　　(27) D。Caption 用于设置表单标题的属性。

　　(28) C。使用 SQL SELECT 语句来创建查询时，如果要去掉重复值只需要指定

DISTINCT 短语即可，所以本题的正确答案为 C。

(29) B。复选框提供多选功能。

(30) B。Enable 属性可以根据应用的当前状态随时决定一个对象是有效的还是无效的。

(31) C。基本 SELECT 命令。

(32) A。基本 SELECT 命令和子查询。

(33) D。HAVING 语句必须跟随 GROUP BY 使用，它用来限定分组必须满足的条件，所以本题正确答案为 D。

(34) A。子查询。

(35) A。通过排除法应先排除 D 选项，语法格式不对。因课程号和学号同时在选课成绩表中，同时删除题中满足条件的记录应用 AND 连词，而 C 选项中的 FORM 不正确，所以本题应选 A 选项。

(36) D。采用嵌套循环实现选修课程号为"C1"和"C5"的学生学号的检索，可排除选项 A。在嵌套查询中 IN 表示"属于"，可排除选项 B 和 C。

(37) D。联接查询中 JOIN 用来连接两个表，而 ON 是指定两表联接的关键字。

(38) B。选项 A 中表与表单含义不同，关系被称为表，而不是表单；选项 C 中 Visual FoxPro 数据库文件的扩展名是.dbc；选项 D 中无论是数据库表还是自由表都是独立存储的。

(39) A。Unload 事件在表单释放时引发；Init 事件在表单建立时引发；Load 事件在表单建立之前引发；Release 属于释放表单的方法而不是事件。所以本题答案为 A 选项。

(40) B。在屏幕上预览报表的命令格式：REPORTFOR M＜报表名＞PREVIEW。所以本题答案为 B 选项。

二、基本操作

考核知识点：建立数据库，在数据库中添加和新建表，创建表的索引和建立表间的联系。

操作剖析：

第一步：建立数据库 KS7。操作方法与第三套基本操作题的第 1 小题相同。

第二步：添加自由表 SCOR 到"KS7"数据库中。操作方法与第三套基本操作题的第 2 小题相同。

第三步：右击数据库设计器，选择"新建表"命令，系统弹出"新建"对话框，点击"新建表"，并在弹出"创建"对话框中选定考生文件夹，在输入表名栏中填入"stud"，再点击保存。然后在弹出的表设计器中按题目的要求依次输入各个字段的定义，点击"确定"按钮，保存表结构，如图 3-1 左图所示(参考)。

第四步：在表设计器中将 stud 表的"学号"字段设置为主索引。同样的方法可设置 scor 表的"学号"字段为普通索引。

第五步：在数据库设计器中建立二个表的联系。在数据库设计器中，将选中 stud 表中的主索引"学号"，按住鼠标拖动到 scor 表的普通索引"学号"上，如图 3-1 右图所示(参考)。

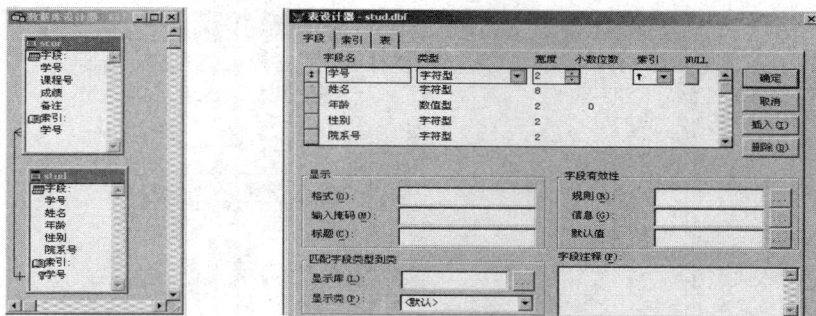

图 3-1

三、简单应用

1. 考核知识点：菜单的制作和数据库基本命令的使用。

操作剖析：

新建菜单可按下列步骤：选择"文件"菜单中的"新建"命令，在"新建"对话框中选择"菜单"，单击"新建文件"按钮。在"新建菜单"对话框中选择"菜单"按钮，调出"菜单设计器"。也可用 CREATE MENU 命令直接调出菜单设计器。在菜单名称中填入"数据操作"，结果为子菜单，单击编辑；在子菜单的菜单名称中输入"数据输出"，结果为过程。在过程编辑窗口中输入下列命令：

```
OPEN DATA STSC
SELECT * FROM STUDENT
CLOSE ALL
```

创建"文件"菜单项的方法同上，其中"退出"菜单对应结果为命令，输入：

```
SET SYSMENU TO DEFAULT.
```

菜单创建过程示意图及菜单显示窗口如图 3-2 所示(参考)。

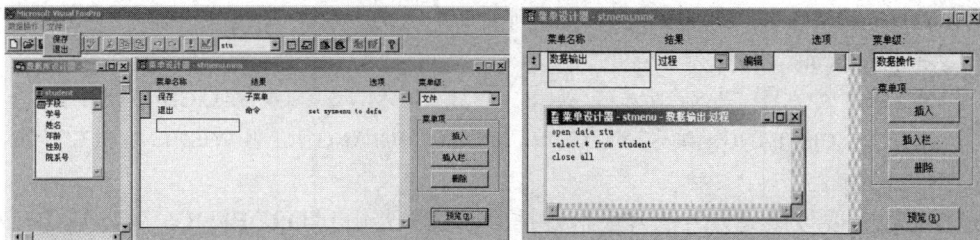

图 3-2

2. 考核知识点：SQL 查询语句的使用。

操作剖析：

```
SELECT Student2.*, Sc.成绩  FROM   sdb!student2 INNER JOIN sdb!sc;
INNER JOIN sdb!course2 ON   Sc.课程号 = Course2.课程号   ON   Student2.学号 = Sc.学号;
WHERE Course2.课程名  IN ("计算机软件基础") AND Sc.成绩 <= 85;
ORDER BY Student2.学号   INTO TABLE noex.dbf
```

三个库表记录信息及查询记录信息如图 3-3 所示(参考)。

图 3-3

四、综合应用

考核知识点：菜单的建立、结构化查询语言(SQL)中的连接查询、查询的去向等知识。

操作剖析：

利用菜单设计器定义两个菜单项，在菜单名称为"查询"的菜单项的结果列中选择"过程"，并通过单击"编辑"按钮打开一个窗口来添加"查询"菜单项要执行的命令。在菜单名称为"退出"的菜单项的结果列中选择"命令"，并在后面的"选项"列中输入退出菜单的命令：SET SYSMENU TO DEFAULT

"查询"菜单项要执行的程序：首先打开数据库文件 OPEN DATABASE DOCT3.dbc。

分析最后的结果是要从三个有相互联系的表中得到信息，这自然要用到联接查询。可以通过表 CHUFANG 和 YAO 之间的连接我们得到某一个处方所用到的药品的名字，进而我们可以得到处方中用到包含有"感冒"两个字的处方的处方号。我们也可以通过表 CHUFANG 和 YISHENG 之间的连接来得到某一个处方是哪一个医生开出的。这样便可以得到满足条件的查询。如下所示：

SELECT 处方号，药名，生产厂，姓名，年龄 FROM YISHEGN,YAO,CHUFANG

WHERE CHUFANG.药编号=YAO.药编号 AND CHUFANG.职工号=YISHENG.职工号 AND 药名 IN ("感冒")。

另外还要求要按照处方号的升序进行排序，这里要用到 ORDER BY 处方号 DESC 子句，另外还要求将结果存入 JG9 中，要用到 INTO TABLE JG9。

通过以下方式来得到生成的 JG9 中所包含的医生的人数。先生成一个临时表 CurTable：SELECT * FROM JG9 GROUP BY 姓名 INTO CURSOR CurTable；然后我们得到临时表有多少条记录并写入变量 J 中，COUNT TO J。

最后我们利用 INSERT 将变量 J 的内容做为一条新记录插入到 JG9 中：INSET INOT JG9 (处方号) VALUES (J)。

SET TALK OFF

SET SAFETY OFF

SELECT 姓名,年龄,处方号,药名,生产厂 FROM YISHENG,YAO,CHUFANG ;

WHERE CHUFANG.药编号=YAO.药编号 AND CHUFANG.职工号=YISHENG.职工号 AND 药名 IN ("感冒");

ORDER BY 处方号 INTO TABLE JG9

SELECT * FROM JG9 GROUP BY 姓名 INTO CURSOR CurTable

COUNT TO J

INSERT INTO JG9 (处方号) VALUES (J)

SET SAFETY ON

SET SAFETY ON

模拟试题四及解题分析

一、选择题(计 40 分)

下列各题 A、B、C、D 四个选项中，只有一个选项是正确的。

(1) 下列叙述中正确的是(　　)。
- A) 算法就是程序
- B) 设计算法时只需要考虑数据结构的设计
- C) 设计算法时只需要考虑结果的可靠性
- D) 以上三种说法都不对

(2) 下列关于线性链表的叙述中，正确的是(　　)。
- A) 各数据结点的存储空间可以不连续，但它们的存储顺序与逻辑顺序必须一致
- B) 各数据结点的存储顺序与逻辑顺序可以不一致，但它们的存储空间必须连续
- C) 进行插入与删除时，不需要移动表中的元素
- D) 以上三种说法都不对

(3) 下列关于二叉树的叙述中，正确的是(　　)。
- A) 叶子结点总是比度为 2 的结点少一个
- B) 叶子结点总是比度为 2 的结点多一个
- C) 叶子结点数是度为 2 的结点数的两倍
- D) 度为 2 的结点数是度为 1 的结点数的两倍

(4) 软件按功能可以分为应用软件、系统软件和支撑软件(或工具软件)。下面属于应用软件的是(　　)。
- A) 学生成绩管理系统
- B) C 语言编译程序
- C) UNIX 操作系统
- D) 数据库管理系统

(5) 某系统总体结构图如下图所示：

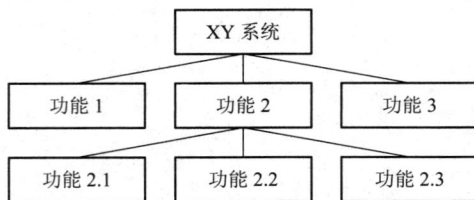

该系统总体结构图的深度是(　　)。
- A) 7
- B) 6
- C) 3
- D) 2

(6) 程序调试的任务是(　　)。

　　A) 设计测试用例　　　　　　　　　　　　B) 验证程序的正确性

　　C) 发现程序中的错误　　　　　　　　　D) 诊断和改正程序中的错误

(7) 下列关于数据库设计的叙述中，正确的是(　　)。

　　A) 在需求分析阶段建立数据字典　　　B) 在概念设计阶段建立数据字典

　　C) 在逻辑设计阶段建立数据字典　　　D) 在物理设计阶段建立数据字典

(8) 数据库系统的三级模式不包括(　　)。

　　A) 概念模式　　　　B) 内模式　　　　C) 外模式　　　　　　D) 数据模式

(9) 有三个关系 R、S 和 T 如下：

	R	
A	B	C
a	1	2
b	2	1
c	3	1

	S	
A	B	C
A	1	2
b	2	1

	T	
A	B	C
c	3	1

则由关系 R 和 S 得到关系 T 的操作是(　　)。

　　A) 自然联接　　　　B) 差　　　　　　C) 交　　　　　　　D) 并

(10) 下列选项中属于面向对象设计方法主要特征的是(　　)。

　　A) 继承　　　　　　B) 自顶向下　　　C) 模块化　　　　　D) 逐步求精

(11) 在创建数据库表结构时，为了同时定义实体完整性可以通过指定哪类索引来实现(　　)。

　　A) 唯一索引　　　　B) 主索引　　　　C) 复合索引　　　　D) 普通索引

(12) 关系运算中选择某些列形成新的关系的运算是(　　)。

　　A) 选择运算　　　　B) 投影运算　　　C) 交运算　　　　　D) 除运算

(13) 在数据库中建立索引的目的是(　　)。

　　A) 节省存储空间　　　　　　　　　　B) 提高查询速度

　　C) 提高查询和更新速度　　　　　　　D) 提高更新速度

(14) 假设变量 a 的内容是"计算机软件工程师"，变量 b 的内容是"数据库管理员"，表达式的结果为"数据库工程师"的是(　　)。

　　A) left(b,6)-right(a,6)　　　　　　　　B) substr(b,1,3)-substr(a,6,3)

　　C) A 和 B 都是　　　　　　　　　　　D) A 和 B 都不是

(15) SQL 查询命令的结构是 SELECT…FROM…WHERE…GROUP BY…HAVING…ORDERBY…，其中指定查询条件的短语是(　　)。

　　A) SELECT　　　　B) FROM　　　　　C) WHERE　　　　D) ORDER BY

(16) SQL 查询命令的结构是 SELECT…FROM…WHERE…GROUP BY…HAVING…ORDER BY…其中 HAVING 必须配合使用的短语是(　　)。

　　A) FROM　　　　　B) GROUP BY　　　C) WHERE　　　　D) ORDER BY

(17) 如果在 SQL 查询的 SELECT 短语中使用 TOP，则应该配合使用(　　)。

　　A) HAVING 短语　　　　　　　　　　B) GROU BY 短语

　　C)　WHERE 短语　　　　　　　　　D)　ORDER BY 短语

(18) 删除表 S 中字段 C 的 SQL 命令是(　　)。

　　A)　ALTER TABLE S DELETE C　　　　B)　ALTER TABLE S DROP C

　　C)　DELETE TABLE S DELETE C　　　　D)　DELETE TABLE S DROP C

(19) 在 Visual FoxPro 中，如下描述正确的是(　　)。

　　A)　对表的所有操作，都不需要使用 USE 命令先打开表

　　B)　所有 SQL 命令对表的所有操作都不需使用 USE 命令先打开表

　　C)　部分 SQL 命令对表的所有操作都不需使用 USE 命令先打开表

　　D)　传统的 FoxPro 命令对表的所有操作都不需使用 USE 命令先打开表

(20) 在 Visual FoxPro 中，如果希望跳出 SCAN…ENDSCAN 循环体外执行 ENDSCAN 后面的语句，应使用(　　)。

　　A)　LOOP 语句　　　B)　EXIT 语句　　　C)　BREAK 语句　　　D)　RETURN 语句

(21) 在 Visual FoxPro 中，为了使表具有更多的特性应该使用(　　)。

　　A)　数据库表　　　　　　　　　　　B)　自由表

　　C)　数据库表或自由表　　　　　　　D)　数据库表和自由表

(22) 在 Visual FoxPro 中，查询设计器和视图设计器很像，如下描述正确的是(　　)。

　　A)　使用查询设计器创建的是一个包含 SQL SELECT 语句的文本文件

　　B)　使用视图设计器创建的是一个包含 SQL SELECT 语句的文本文件

　　C)　查询和视图有相同的用途

　　D)　查询和视图实际都是一个存储数据的表

(23) 使用 SQL 语句将表 S 中字段 price 的值大于 30 的记录删除，正确的命令是(　　)。

　　A)　DELETE FROM S FOR price＞30　　　B)　DELETE FROM S WHERE price＞30

　　C)　DELETE S FOR price＞30　　　　　D)　DELETE S WHERE price＞30

(24) 在 Visual FoxPro 中，使用 SEEK 命令查找匹配的记录，当查找到匹配的第一条记录后，如果还需要查找下一条匹配的记录，通常使用命令(　　)。

　　A)　GOTO　　　　B)　SKIP　　　　C)　CONTINUE　　　D)　GO

(25) 假设表 S 中有 10 条记录，其中字段 b 小于 20 的记录有 3 条，大于等于 20、并且小于等于 30 的记录有 3 条，大于 30 的记录有 4 条。执行下面的程序后，屏幕显示的结果是(　　)。

SET DELETE ON

DELETE FROM S WHERE b BETWEEN 20 AND 30

?RECCOUNT()

　　A)　10　　　　　　　　B)　7　　　　　　C)　0　　　　　　　D)　3

(26) 正确的 SQL 插入命令的语法格式是(　　)。

　　A)　INSERT IN…VALUES…　　　　　B)　INSERT TO…VALUES…

　　C)　INSERT INTO…VALUES…　　　　D)　INSERT…VALUES…

(27) 建立表单的命令是(　　)。

　　A)　CREATE FORM　　　　　　　　B)　CPEATE TABLE

　　C)　NEWFORM　　　　　　　　　　D)　NEWTABLE

(28) 假设某个表单中有一个复选框(CheckBox1)和一个命令按钮 Command1，如果要在 Command1 的 Click 事件代码中取得复选框的值，以判断该复选框是否被用户选择，正确的表达式是(　　)。

A) This.CheckBox1.Value　　　　　　　B) ThisForm.CheckBox1.Value

C) This.CheckBox1.Selected　　　　　　D) ThisForm.CheckBox1.Selected

(29) 为了使命令按钮在界面运行时显示"运行"，需要设置该命令按钮的哪个属性(　　)。

A) Text　　　　　　B) Title　　　　　　C) Display　　　　　　D) Caption

(30) 在 Visual FoxPro 中，如果在表之间的联系中设置了参照完整性规则，并在删除规则中选择了"级联"，当删除父表中的记录，其结果是(　　)。

A) 只删除父表中的记录，不影响子表

B) 任何时候都拒绝删除父表中的记录

C) 在删除父表中记录的同时自动删除子表中的所有参照记录

D) 若子表中有参照记录，则禁止删除父表中记录

(31) SQL 语句中，能够判断"订购日期"字段是否为空值的表达式是(　　)。

A) 订购日期=NULL　　　　　　　　　　B) 订购日期=EMPTY

C) 订购日期 IS NULL　　　　　　　　　D) 订购日期 IS EMPTY

第(32)～第(35)题使用如下 3 个表：

商店(商店号，商店名，区域名，经理姓名)

商品(商品号，商品名，单价)

销售(商店号，商品号，销售日期，销售数量)

(32) 查询在"北京"和"上海"区域的商店信息的正确命令是(　　)。

A) SELECT*FROM 商店 WHERE 区域名='北京' AND 区域名='上海'

B) SELECT*FROM 商店 WHERE 区域名='北京' OR 区域名='上海'

C) SELECT*FROM 商店 WHERE 区域名='北京' AND '上海'

D) SELECT*FROM 商店 WHERE 区域名='北京' OR '上海'

(33) 查询单价最高的商品销售情况，查询结果包括商品号、商品名、销售日期、销售数量和销售金额。正确命令是(　　)。

A) SELECT 商品,商品号,商品名,销售日期,销售数量,销售数量*单价 AS 销售金额
FROM 商品 JOIN 销售 ON 商品.商品号=销售.商品号
WHERE 单价=(SELECT MAX(单价)FROM 商品)

B) SELECT 商品.商品号,商品名,销售日期,销售数量,销售数量*单价 AS 销售金额
FROM 商品 JOIN 销售 ON 商品.商品号=销售.商品号
WHERE 单价=MAX(单价)

C) SELECT 商品.商品号,商品名,销售日期,销售数量,销售数量+单价 AS 销售金额
FROM 商品 JOIN 销售 WHERE 单价=(SELECT MAX(单价)FROM 商品)

D) SELECT 商品.商品号,商品名,销售日期,销售数量,销售数量*单价 AS 销售金额
FROM 商品 JOIN 销售 WHERE 单价=MAX(单价)

(34) 查询商品单价在 10 到 50 之间、并且日销售数量高于 20 的商品名、单价、销售

日期和销售数量，查询结果按单价降序。正确命令是( )。

　　A) SELECT 商品名,单价,销售日期,销售数量 FROM 商品 JOIN 销售
WHERE(单价 BETWEEN 10 AND 50) AND 销售数量＞20
ORDER BY 单价 DESC

　　B) SELECT 商品名,单价,销售日期,销售数量 FROM 商品 JOIN 销售
WHERE(单价 BETWEEN 10 AND 50) AND 销售数量＞20
ORDE RBY 单价

　　C) SELECT 商品名,单价,销售日期,销售数量 FROM 商品,销售
WHERE(单价 BETWEEN 10 AND 50) AND 销售数量＞20
ON 商品.商品号=销售.商品号 ORDER BY 单价

　　D) SELECT 商品名,单价,销售日期,销售数量 FROM 商品,销售
WHERE(单价 BETWEEN 10 AND 50) AND 销售数量＞20
AND 商品.商品号=销售.商品号 ORDER BY 单价 DESC

(35) 查询销售金额合计超过 20 000 的商店，查询结果包括商店名和销售金额合计。正确命令是( )。

　　A) SELECT 商店名,SUM(销售数量+单价) AS 销售金额合计
FROM 商店,商品,销售
WHERE 销售金额合计 20000

　　B) SELECT 商店名,SUM(销售数量*单价) AS 销售金额合计＞20000
FROM 商店,商品,销售
WHERE 商品.商品号=销售.商品号 AND 商店.商店号=销售.商店号

　　C) SELECT 商店名,SUM(销售数量*单价) AS 销售金额合计
FROM 商店,商品,销售
WHERE 商品.商品号=销售.商品号 AND 商店.商店号=销售.商店号
AND SUM(销售数量*单价)＞20000 GROUP BY 商店名

　　D) SELECT 商店名,SUM(销售数量*单价) AS 销售金额合计
FROM 商店,商品,销售
WHERE 商品.商品号=销售.商品号 AND 商店.商店号=销售.商店号
GROUP BY 商店名 HAVING SUM(销售数量*单价)＞20000

(36) 设有关系 SC(SNO , CNO , GRADE)，其中，SNO、CNO 分别表示学号和课程号(两者均为字符型)，GRADE 表示成绩(数值型)，若要把学号为 "S101" 的同学，选修课程号为 "C11"，成绩为 98 分的记录插入到表 SC 中，正确的语句是( )。

　　A) INSERTINTO SC(SNO，CNO，GRADE)VALUES'S101', 'C11', '98')

　　B) INSERTINTO SC(SNO，CNO，GRADE)VALUES(S101，C11，98)

　　C) INSERT('S101', 'C11', '98')INTO SC

　　D) INSERTINTO SCVALUES('S101', 'C11', 98)

(37) 下列关于 SELECT 短语的描述中错误的是( )。

　　A) SELECT 短语中可以使用别名

　　B) SELECT 短语中只能包含表中的列及其构成的表达式

C) SELECT 短语规定了结果集中的列顺序

D) 如果 FRO M 短语引用的两个表有同名的列，则 SELECT 短语引用它们时必须使用表名前缀加以限定

(38) 在 SQL 语句中，与表达式年龄 BETWEEN 12AND 46 功能相同的表达式是(   )。

A) 年龄>=12 OR<=46

B) 年龄>=12 AND<=46

C) 年龄>=12 OR 年龄<=4

D) 年龄>=12 AND 年龄<=46

(39) 在 SELECT 语句中，下列关于 HAVING 短语的描述中正确的是(   )。

A) HAVING 短语必须与 GROUP BY 短语同时使用

B) 使用 HAVING 短语的同时不能使用 WHERE 短语

C) HAVING 短语可以在任意的一个位置出现

D) HAVING 短语与 WHERE 短语功能相同

(40) 在 SQL 的 SELECT 查询的结果中，消除重复记录的方法是(   )。

A) 通过指定主索引实现

B) 通过指定唯一索引实现

C) 使用 DISTINCT 短语实现

D) 使用 WHERE 短语实现

二、基本操作题(计 18 分)

1. 在考生文件夹下打开数据库 CUST_M，为 cust 表建立主索引，索引名为客户编号，索引表达式为客户编号。

2. cust 表和 order1 表中索引已经建立，为两个表建立永久性联系。

3. 为 cust 表增加字段：客户等级 C(2)，字段值允许为空。

4. 为 order1 表"金额"字段增加有效性规则：金额大于零，否则提示：金额必须大于零。

三、简单应用(计 24 分)

1. 在考生文件夹中有一个数据库 SDB，其中有数据库表 STUDENT2、SC 和 COURSE2。三个表如下所示：

STUDENT2(学号，姓名，年龄，性别,院系编号)

SC(学号，课程号，成绩，备注)

COURSE2(课程号，课程名，先修课号，学分)

在考生文件夹下有一个程序 dbtest3.prg，该程序的功能是定义一个视图 VS1，检索选课门数是 3 门以上的每个学生的学号、姓名、平均成绩、最低分、选课门数和院系编号，并按平均成绩降序排序。请修改程序中的错误，使之正确运行。不得增加或删减程序行。

2. 在考生文件夹下有一个数据库 CUST_M，数据库中有 CUST 和 ORDER1 两个表。请使用菜单设计器制作一个名为 MY_MENU 的菜单，菜单只有"浏览"一个菜单项。

浏览菜单项中有"客户"、"订单"和"退出"三个子菜单：

客户子菜单使用 SELECT * FROM CUST 命令对 CUST 表查询；

订单子菜单使用 SELECT * FROM ORDER1 命令对 ORDER1 表查询；

退出子菜单使用 SET SYSMENU TO DEFAULT 命令返回系统菜单。

四、综合应用(计 18 分)

在考生文件夹下有学生管理数据库 stu_3，数据库中有 score_fs 表，其表结构是学号 C(10)、物理 I、高数 I、英语 I 和平均分 N(6.2)。成绩如果用–1 表示，说明学生没有选学该门课程。其中，该表前四项已有数据。请编写并运行符合下列要求的程序：

设计一个名为 form_my 的表单，表单中有两个命令按钮，按钮的名称分别为 cmdYes 和 CmdNo，标题分别为"统计"和"关闭"。程序运行时，单击"统计"按钮应完成下列操作：

(1) 计算每一个学生的平均分存入平均分字段。注意：分数为–1 不记入平均分，例如一个学生的三门成绩存储的是 90，–1，70，平均分应是 80。

(2) 根据上面的计算结果，生成一个新的表 PJF，该表只包括学号和平均分两项，并且平均分按降序排序，如果平均分相等，则按学号升序排序。单击"关闭"按钮，程序终止运行。

解 题 分 析

一、选择题

(1) D。所谓算法是指解题方案的准确而完整的描述，是一组严谨地定义运算顺序的规则，并且每一个规则都是有效的、明确的，此顺序将在有限的次数下终止。算法不等于程序，也不等于计算方法。设计算法时不仅要考虑对数据对象的运算和操作，还要考虑算法的控制结构。

(2) C。线性表的链式存储结构称为线性链表。在链式存储结构中，存储数据结构的存储空间可以不连续，各数据结点的存储顺序与数据元素之间的逻辑关系可以不一致，而数据元素之间的逻辑关系是由指针域来确定的。

(3) B。由二叉树的性质可以知道在二叉树中叶子结点总是比度为 2 的结点多一个。

(4) A。学生成绩管理系统为应用软件。

(5) C。这个系统总体结构图是一棵树结构，在树结构中，根结点在第 1 层，同一层上所有子结点都在下一层，由系统总体结构图可知，这棵树共 3 层。在树结构中，树的最大层次称为树的深度。所以这棵树的深度为 3。

(6) D。所谓程序调试，是将编制的程序投入实际运行前，用手工或编译程序等方法进行测试，修正语法错误和逻辑错误的过程。其任务是诊断和改正程序中的错误。

(7) A。数据库设计目前一般采用生命周期法，即将整个数据库应用系统的开发分解成目标独立的若干阶段，分别是需求分析阶段、概念设计阶段、逻辑设计阶段、物理设计阶段、编码阶段、测试阶段、运行阶段和进一步修改阶段。数据字典是对系统中数据的详尽描述，是各类数据属性的清单。对数据设计来讲，数据字典是进行详细的数据收集和数据分析所获得的主要结果。

(8) D。数据库系统的三级模式包括概念模式、外模式和内模式(物理模式)。

(9) B。由三个关系 R、S 和 T 的结构可以知道，关系 T 是由关系 R、S 经过差运算得到的。

(10) A。面向对象设计方法的主要特征有封装性、继承性和多态性。而结构化程序设计方法的主要原则有自顶向下，逐步求精，模块化，限制使用 goto 语句。

(11) B。实体完整性是保证表中记录唯一的特性，即在一个表中不允许有重复的记录。在 Visual FoxPro 利用主关键字或候选关键字来保证表中的记录唯一，即保证实体唯一性。如果对某一个字段创建了主索引或候选索引，那么这个字段成为数据表的主关键字或候选关键字，从而保证了实体完整性。

(12) B。从关系模式中指定若干个属性组成新的关系称为投影。

(13) B。索引是由指针构成的文件，这些指针逻辑上按照索引关键字的值进行排序。若要按特定的顺序处理记录表，可以选择一个相应的索引，使用索引还可以加速对表的查询操作。

(14) A。LEFT()函数功能是从字符表达式左端截取指定长度子串；RIGHT()函数功能是从字符表达式右端截取指定长度子串；SUBSTR()函数功能是从字符串指定位置截取指定长度子串。以上三个函数在截取中文时要注意，一个中文字符占 2 个长度。

(15) C。在 SQL 查询语句中，WHERE 是说明查询条件，即选择元组的条件。

(16) B。在 SQL 查询中，HAVING 总是跟在 GROUP BY 之后，用来限定分组条件。

(17) D。TOP 表示排序后满足条件的前几条记录，所以需要和 ORDERBY 同时使用。

(18) B。删除字段的 SQL 语法可简单表示为：ALTER TABLE 表名 DROP 字段名。

(19) B。所有 SQL 命令对表的所有操作都不需使用 USE 命令先打开表。USE 是 VFP 中用来打开表的命令。

(20) B。LOOP 和 EXIT 都可以出现在循环体内。LOOP 表示结束本次循环，开始下一次循环；EXIT 表示结束循环语句的执行，跳出循环执行后面的语句。

(21) A。数据库表与自由表相比，有如下特点：数据库表可以使用长表名、长字段名；可以为数据库表中的字段指定标题和添加注释；可以为数据库表中的字段指定默认值和输入掩码；数据库表的字段有默认的控件类；可以为数据库表规定字段级规则和记录级规则；数据库表支持主关键字、参照完整性和表之间的关联。

(22) A。使用查询设计器创建的是一个包含 SQL SELECT 语句的文本文件，其扩展文件名为 .QPR。而视图设计完成后，在磁盘上不保存文件，视图的结果保存在数据库中。

(23) B。SQL 中表示删除记录的语法可以简单表示为：DELETE FROM 表名 WHERE 条件。vfp 中删除记录的语法可以简单表示为 DELETE FOR 条件。

(24) B。SEEK 是利用索引快速定位的命令，在数据表指定索引后，记录按照指定索引关键字的值排序，若索引关键字的值相同，必然连续出现，因此可以通过 SKIP 查找下一条匹配的记录；CONTINUE 是和 LOCNTE 语句搭配使用的。

(25) A。DELETE 表示逻辑删除，逻辑删除不影响 RECCOUNT()函数的统计结果。

(26) C。在 SQL 中用于插入记录的语法可简单表示为 INSERT INTO 表名 VALUES(插入记录各个字段值列表)。

(27) A。建立表单的命令为 CREATE FORM。

(28) B。复选框控件可以通过其 Value 属性设置来确定其状态(选中或未被选中)。

(29) D。在按钮上显示的文字可以通过其 Caption 属性进行设置。

(30) C。如果在删除规则选择"级联"，当删除父表中记录时，则自动删除子表中的所有相关记录。

(31) C。在 SQL 语句中支持空值查询，用 IS NULL 表示。

(32) B。根据题意可知，要查询在"北京"或"上海"区域的商店信息，所以查询条件可以表示为 WHERE 区域名="北京" OR 区域名="上海"。

(33) A。在 SQL 超链接查询中，FROM 短语后用 JOIN 表示需要联接的数据表，用 ON 表示联接条件，WHERE 表示选择元组的条件。计算检索函数 COUNT()应放在 SELECT 短语之后(一般情况下，计算检索函数应放在 SELECT 短语或 HAVING 短语之后)。

(34) D。可以用 JOIN…ON…语法进行超链接查询，也可以用 WHERE 直接表示数据表连接条件。ORDER BY 短语表示排序，DESC 短语表示降序。

(35) D。用 WHERE 表示数据表联接条件；用 GROUP BY 表示分组，HAVING 总是跟在 GROUP BY 之后，用来限定分组，即 HAVING 是用来表示选择分组的条件。

(36) D。SQL 插入记录的语句格式如下：INSERTINTO ＜表名＞［(字段名 1［，字段名 2，…］)］VALUES(表达式 1［，表达式 2，…］)。此外，需要注意的是，本题中 SNO、CNO 属性值要加引号，表示其为字符型，数值型数据则不需加引号。

(37) B。SQL 的查询子句可以包含表的别名，故 A 正确；也可以包含表中的表达式，故 B 错误。SQL 查询语句可以指定字段的输出次序，不需要与原数据表一致，故 C 正确。如果 FROM 短语中引用的两个表有同名的列，则 SELECT 短语引用它们时必须使用表名前缀加以限定，故 D 正确。

(38) D。BETWEEN 语句的格式为 BETWEEN＜数值表达式 1＞AND＜数值表达式 2＞，表示取＜数值表达式 1＞和＜数值表达式 2＞之间且包括两个数值表达式值在内的值。

(39) A。SQL 查询语句中，使用 GROUP BY 可以对查询结果进行分组，用来限定分组必须满足的条件，WHERE 子句用来限定元组。HAVING 短语必须跟随 GROUP BY 使用，并且与 WHERE 不矛盾。

(40) C。在 SQL 的 SELECT 语句中，使用 DISTINCT 可消除输出结果中的重复记录。

二、基本操作

考核知识点：建立表的索引、建立表间联系、设置字段初值和有效性规则。

操作剖析：

1. 在"文件"菜单中选择"打开"或者单击工具栏上的"打开"按钮，在"打开"对话框，文件类型选择数据库，文件名选择 CUST_M，单击确定按钮。在数据库设计器中，右击 cust 表，选取"修改"命令，在表设计器中建立索引名和索引表达式均为客户编号的主索引。

2. 选中 cust 表中的主索引"客户编号"，按住鼠标拖动到 order1 表的普通索引"客户编号"上，建立两个表间的联系，如图 4-1 左图所示(参考)。

3. 右击 cust 表，选取"修改"命令，在表设计器增加字段"客户等级"，选中"NULL"列。

4. 右击 order1 表，选取"修改"命令，在表设计器中选中"金额"字段，将"规则"设置为"金额大于零"，将"信息"设置为"金额必须大于零"，如图 4-1 右图所示(参考)。

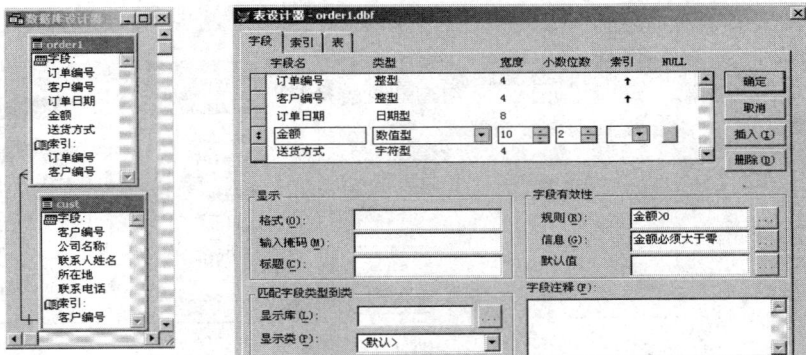

图 4-1

三、简单应用

1. 考核知识点：SQL 查询语句的修改。

操作剖析：

本题是一个程序修改题。第一个错误是在"USE DATABASE SDB"行，打开数据库的命令错误，应该是"OPEN DATABASE"。第二个错误是在"FROM STUDENT2, COURSE2"，按题目所给程序下一行"WHERE STUDENT2.学号 ＝ SC.学号"，可知此处应在 STUDENT2 和 SC 表中选择，应把 COURSE2 改为 SC。第三个错误在"ORDER BY 成绩"行中，因要求按平均成绩降序排序，所以应改为"ORDER BY 平均成绩 DESC"。

数据库结构及程序修改如图 4-2 所示(参考)。

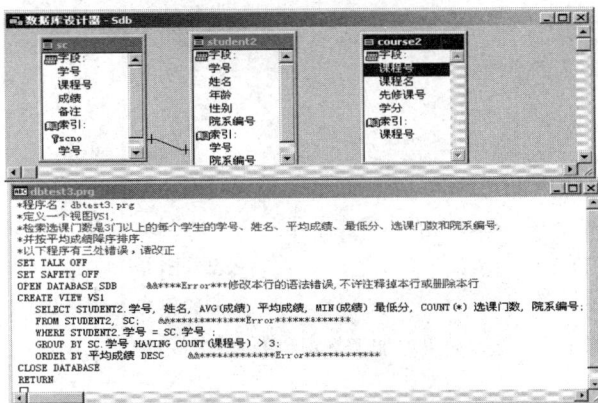

图 4-2

2. 考核知识点：建立菜单。

操作剖析：

新建菜单可按下列步骤：选择"文件"菜单中的"新建"命令，在"新建"对话框中选择"菜单"，单击"新建文件"按钮。在"新建菜单"对话框中选择"菜单"按钮，调出"菜单设计器"。也可用 CREATE MENU 命令直接调出菜单设计器。在菜单名称中填入"浏览"，结果为子菜单，单击编辑；在子菜单的菜单名称中分别输入"客户"、"订单"和"退出"，结果都选为命令。分别在对应的命令栏内输入相应的命令，保存为 MY_MENU。菜单项命令设置及菜单窗口效果如图 4-3 所示(参考)。

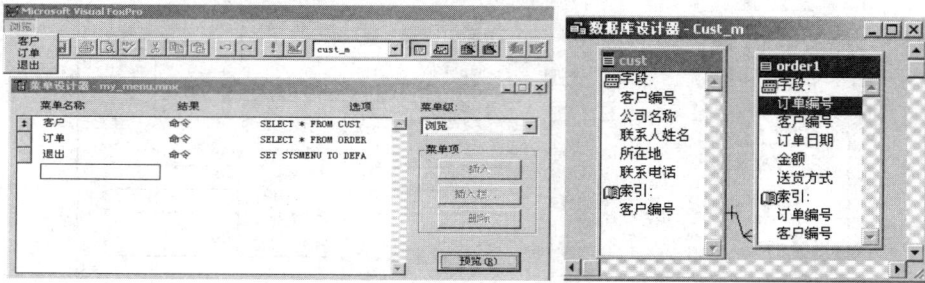

图 4-3

四、综合应用

考核知识点：表单的建立、程序设计中循环结构、条件结构的应用、**SELECT** 语句的应用等知识。

操作剖析：

第一步，利用表单设计器建立所要求的表单，在表单上添加两个命令按钮控件。分别设置两个按钮控件的标题和名字属性。

第二步，双击标题为"计算"的按钮控件，在新打开的窗口中添加此按钮的 **CLICK** 事件代码：

```
SET TALK OFF                    &&在程序中要关闭命令结果的显示
SET SAFETY OFF                  &&关闭当生成的文件出现重名时的提示
OPEN DATABASE STU_3            &&打开数据库文件 STU_3 (也可以直接将数据
库文件加入到表单的数据环境之中)
USE SCORE_FS
GO TOP
DO WHILE NOT EOF()             &&遍历每一条记录
STORE 0 TO RS,PJF   &&RS 表示参加了几个科目的考试，PJF 表示参加考试科目的成绩之和
IF  物理<>-1 THEN               &&判断是否参加了物理科的考试
  RS=RS+1                      &&如果参加了物理科的考试，则考试科目加 1
  PJF=PJF+物理     &&如果参加了物理科的考试，成绩加上物理科的成绩
ENDIF
IF  高数<>-1 THEN
  RS=RS+1
  PJF=PJF+高数
ENDIF
IF  英语<>-1 THEN
  RS=RS+1
  PJF=PJF+英语
ENDIF
```

```
IF RS<>0 THEN              &&在有参加科目考试的情况下计算出平均成绩
    REPLACE 平均分 WITH PJF/RS    && 计算出平均成绩并写入当前记录的"平均分"字段
ENDIF
SKIP
 ENDDO
SELECT 学号,平均分 FROM SCORE_FS ORDER BY 平均分 DESC,学号 INTO TABLE PJF
```

&& 利用 SELECT 语句中的 ORDER BY 子句进行查询的排序, ORDER BY 子句默认的排序是升序，如果要指明为降序需用 DESC,如果有多个排序的依据，则按排序依据的优先顺序依次放在 ORDER BY 子句后面，相互之间用逗号隔开；可以利用 INTO TABLE 子句将查询的结果生成一个永久表，也可以生成一个临时表格式为：INTO CURSOR 临时表名

```
CLOSE ALL                        &&关闭打开的数据库等
SET SAFETY ON                    &&恢复原来的设置
SET TALK ON
```

第三步：编写标题为"退出"的按钮的 Click 的事件代码：thisForm.release 退出此表单。

表单布局、"统计"按钮 Click 事件程序代码及运行效果如图 4-4 所示(参考)。

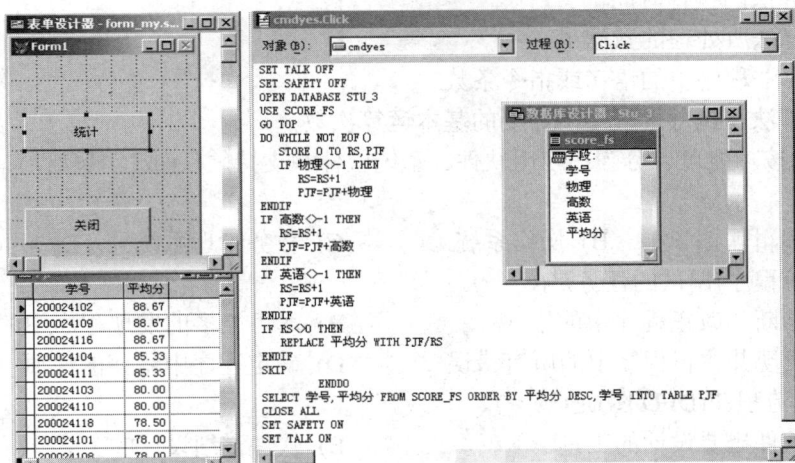

图 4-4

模拟试题五及解题分析

一、选择题(计 40 分)

下列各题 A、B、C、D 四个选项中，只有一个选项是正确的。

(1) 下列叙述中正确的是( )。

    A) 对长度为 n 的有序链表进行查找，最坏情况下需要比较次数为 n

    B) 对长度为 n 的有序链表进行对分查找，最坏情况下需要比较次数为(n/2)

    C) 对长度为 n 的有序链表进行对分查找，最坏情况下需要的比较次数(lbn)

    D) 对长度为 n 的有序链表进行对分查找，最坏情况下需要的比较次数(nlbn)

(2) 算法的时间复杂是指( )。

    A) 算法的执行时间

    B) 算法所处理的数据量

    C) 算法程序中的语句或指令条数

    D) 算法在执行过程中所需要的基本运算次数

(3) 软件按功能可以分为：应用软件、系统软件和支持软件(或工具软件)，下面属于系统软件的是( )。

    A) 编辑软件   B) 操作系统   C) 教务管理系统   D) 浏览器

(4) 软件(程序)调试的任务是( )。

    A) 诊断和改正程序中的错误   B) 尽可能多的发现程序中的错误

    C) 发现并改正程序中的所有错误   D) 确定程序中错误的性质

(5) 数据流程图(DFD 图)是( )。

    A) 软件概要设计的工具   B) 软件详细设计的工具

    C) 机构化方法的需求分析工具   D) 面向对象方法的需求分析工具

(6) 软件生命周期可以分为定义阶段、开发阶段和维护阶段。详细设计属于( )。

    A) 定义阶段   B) 开发阶段   C) 维护阶段   D) 上述三个阶段

(7) 数据库管理系统中负责数据模式定义的语言是( )。

    A) 数据定义语言   B) 数据管理语言   C) 数据操纵语言   D) 数据控制语言

(8) 在学生管理的关系数据库中，存取一个学生信息的数据单位是( )。

    A) 文件   B) 数据库   C) 字段   D) 记录

(9)数据库设计中，用 E-R 图来描述信息结构但不涉及信息在计算机中的表示，它属于数据库设计的( )

    A) 需求分析阶段   B) 逻辑设计阶段

    C) 概念设计阶段   D) 物理设计阶段

(10) 有两个关系 R 和 T 如下：

	R	
A	B	C
a	1	2
b	2	2
c	3	2
d	3	2

	T	
A	B	C
c	3	3
d	2	2

则有关系 R 得到关系 T 的操作是(　　)。

    A) 选择　　　　　　B) 投影　　　　　　C) 交　　　　　　D) 并

(11) 在 Visual FoxPro 中，编译后的程序文件的扩展名为(　　)。

    A) .prg　　　　　　B) .exe　　　　　　C) .dbc　　　　　　D) .fxp

(12) 假设表文件 TEST.dbf 已经在当前工作区打开，要修改其结构，可使用的命令(　　)。

    A) MODI STRU　　　　　　　　　B) MODI COMM TEST
    C) MODI DBF　　　　　　　　　　D) MODI TYPE TEST

(13) 为当前表中所有学生的总分增加 10 分，可以使用的命令是(　　)。

    A) CHANGE 总分 WITH 总分+10　　　B) REPLACE 总分 WITH 总分+10
    C) CHANGE ALL 总分 WITH 总分+10　　　D)
REPLACE ALL 总分 WITH 总分+10

(14) 在 Visual FoxPro 中，下面关于属性、事件、方法叙述错误的是(　　)。

    A) 属性用于描述对象的状态
    B) 方法用于表示对象的行为
    C) 事件代码也可以像方法一样被显式调用
    D) 基于同一个类产生的两个对象的属性不能分别设置自己的属性值

(15) 有如下的赋值语句，结果为"大家好"的表达式是(　　)。

    a="你好"/
    b="大家"

    A) b+AT(a,1)　　B) b+RIGHT(a,1)　　C) b+LEFT(A,3,4)　　D) b+RIGHT(a,2)

(16) 在 Visual FoxPro 中"表"是指(　　)。

    A) 报表　　　　　B) 关系　　　　　C) 表格控件　　　　　D) 表单

(17) 在下面的 Visual FoxPro 表达式中，运算结果为逻辑真的是(　　)。

    A) EMPTY(.NULL.)　　　　　　　　B) LIKE('xy?', 'xyz')
    C) AT('xy', 'abcxyz')　　　　　　　D)
ISNULL(SPACE(0))

(18) 以下关于视图的描述正确的是(　　)。

    A) 视图和表一样包含数据　　　　　B) 视图物理上不包含数据
    C) 视图定义保存在命令文件中　　　D) 视图定义保存在视图文件中

(19) 以下关于关系的说法正确的是(　　)。

　　A) 列的次序非常重要　　　　　　　B) 行的次序非常重要

　　C) 列的次序无关紧要　　　　　　　D) 关键字必须指定为第一列

(20) 报表的数据源可以是(　　)。

　　A) 表或视图　　　B) 表或查询　　　C) 表、查询或视图　　D) 表或其他报表

(21) 在表单中为表格控件指定数据源的属性是(　　)。

　　A) DataSource　　B) RecordSource　　C) DataFrom　　D) RecordFrom

(22) 如果指定参照完整性的删除规则为"级联",则当删除父表中的记录时(　　)。

　　A) 系统自动备份父表中被删除记录到一个新表中

　　B) 若子表中有相关记录,则禁止删除父表中记录

　　C) 会自动删除子表中所有相关记录

　　D) 不作参照完整性检查,删除父表记录与子表无关

(23) 为了在报表中打印当前时间,这时应该插入一个(　　)。

　　A) 表达式控件　　B) 域控件　　　　C) 标签控件　　　　D) 文本控件

(24) 以下关于查询的描述正确的是(　　)。

　　A) 不能根据自由表建立查询　　　　B) 只能根据自由表建立查询

　　C) 只能根据数据库表建立查询　　　D) 可以根据数据表和自由表建立查询

(25) SQL 语言的更新命令的关键词是(　　)。

　　A) INSERT　　　B) UPDATE　　　C) CREATE　　　D) SELECT

(26) 将当前表单从内存中释放的正确语句是(　　)。

　　A) ThisForm.Cloee　　　　　　　　B) ThisForm.Clear

　　C) ThisForm.Release　　　　　　　D) ThisForm.Refresh

(27) 假设职员表已在当前工作区打开,其当前记录的"姓名"字段值为"李彤"(C 型字段)。在命令窗口输入并执行以下命令:

　　　　姓名=姓名-"出勤"

　　　? 姓名

屏幕上会显示(　　)。

　　A) 李彤　　　　　B) 李彤 出勤　　　C) 李彤出勤　　　　D) 李彤-出勤

(28) 假设"图书"表中有 C 型字段"图书编号",要求将图书编号以字母 A 开头的图书记录全部打上删除标记,可以使用 SQL 命令(　　)。

　　A) DELETE FROM 图书 FOR 图书编号="A"

　　B) DELETE FROM 图书 WHERE 图书编号="A%"

　　C) DELETE FROM 图书 FOR 图书编号="A#"

　　D) DELETE FROM 图书 WHERE 图书编号 LIKE "A%"

(29) 下列程序段的输出结果是(　　)。

```
ACCEPT TO A
IF A=[123]
  S=0
ENDIF
```

    S=1
    ? S

A) 0   B) 1   C) 123   D) 由 A 的值决定

第(30)～第(35)题基于图书表、读者表和借阅表三个数据库表，它们的结构如下。

图书(图书编号，书名，第一作者，出版社)：图书编号、书名、第一作者和出版社为 C 型字段，图书编号为主关键字；

读者(借书证号，单位，姓名，职称)：借书证号、单位、姓名、职称为 C 型字段，借书证号为主关键字；

借阅(借书证号，图书编号，借书日期，还书日期)：借书证号和图书编号为 C 型字段，借书日期和还书日期为 D 型字段，还书日期默认值为 NULL，借书证号和图书编号共同构成主关键字。

(30) 查询第一作者为"张三"的所有书名及出版社，正确的 SQL 语句是(   )。

A) SELECT 书名，出版社 FROM 图书 WHERE 第一作者=张三

B) SELECT 书名，出版社 FROM 图书 WHERE 第一作者="张三"

C) SELECT "书名，出版社 FROM 图书 WHERE "第一作者"=张三

D) SELECT 书名，出版社 FROM 图书 WHERE "第一作者"="张三"

(31) 查询尚未归还书的图书编号和借书日期，正确的 SQL 语句是(   )。

A) SELECT 图书编号，借书日期 FROM 借阅 WHERE 还书日期=" "

B) SELECT 图书编号，借书日期 FROM 借阅 WHERE 还书日期=NULL

C) SELECT 图书编号，借书日期 FROM 借阅 WHERE 还书日期 IS NULL

D) SELECT 图书编号，借书日期 FROM 借阅 WHERE 还书日期

(32) 查询"读者"表的所有记录并存储于临时表文件 one 中的 SQL 语句是(   )。

A) SELECT * FROM 读者 INTO CURSOR one

B) SELECT * FROM 读者 TO CURSOR one

C) SELECT * FROM 读者 INTO CURSOR DBF one

D) SELECT * FROM 读者 TO CURSOR one

(33) 查询单位名称中含"北京"字样的所有读者的借书证号和姓名，正确的 SQL 语句是(   )。

A) SELECT 借书证号，姓名 FROM 读者 WHERE 单位="北京%"

B) SELECT 借书证号，姓名 FROM 读者 WHERE 单位="北京*"

C) SELECT 借书证号，姓名 FROM 读者 WHERE 单位 LIKE "北京*"

D) SELECT 借书证号，姓名 FROM 读者 WHERE 单位 LIKE "%北京%"

(34) 查询 2009 年被借阅过书的图书编号和借书日期，正确的 SQL 语句是(   )。

A) SELECT 图书编号，借书日期 FROM 借阅 WHERE 借书日期=2009

B) SELECT 图书编号，借书日期 FROM 借阅 WHERE year(借书日期)=2009

C) SELECT 图书编号，借书日期 FROM 借阅 WHERE 借书日期=year(2009)

D) SELECT 图书编号，借书日期 FROM 借阅 WHERE year(借书期)=year(2009)

(35) 查询所有"工程师"读者借阅过的图书编号，正确的 SQL 语句是(   )。

A) SELECT 图书编号 FROM 读者，借阅 WHERE 职称="工程师"

　　B) SELECT 图书编号 FROM 读者，图书 WHERE 职称="工程师"

　　C) SELECT 图书编号 FROM 借阅 WHERE 图书编号=(SELECT 图书编号 FROM 借阅 WHERE 职称="工程师")

　　D) SELECT 图书编号 FROM 借阅 WHERE 借书证号 IN(SELECT 图书编号 FROM 借阅 WHERE 职称="工程师")

　　(36) 在表单数据环境中，将环境中所包含的表字段拖到表单中，根据字段类型的不同将产生相应的表单控件，下列各项中，对应正确的一项是(　　)。

　　　　A) 字符型字段→标签　　　　　　　　　B) 逻辑型字段→文本框

　　　　C) 备注型字段→编辑框　　　　　　　　D) 数据表→列表框

　　(37) 下列程序运行后屏幕显示的结果是(　　)。

```
S=O
FOR X=2 TO 10 STEP 2
S=S+X
ENDFOR
? S RETURN
```

　　　　A) 10　　　　　　　　B) 20　　　　　　　　C) 30　　　　　　　　D) 40

　　(38) 在表单设计中，This 关键字的含义是指(　　)。

　　　　A) 当前对象的直接容器对象　　　　　　B) 当前对象所在的表单

　　　　C) 当前对象　　　　　　　　　　　　　D) 当前对象所在的表单集

　　(39) SQL 用于显示部分查询结果的 TOP 短语，必须与下列(　　)短语同时使用才有效。

　　　　A) HAVING　　　　B) DISTINCT　　　　C) ORDER BY　　　　D) GROUP BY

　　(40) SQL 语句"DELETE FRO M 学生 WHERE 年龄＞25"的功能是(　　)。

　　　　A) 删除学生表

　　　　B) 删除学生表中的年龄字段

　　　　C) 将学生表中年龄大于 25 的记录逻辑删除

　　　　D) 将学生表中年龄大于 25 的记录物理删除

二、基本操作(计 18 分)

　　1. 请在考生文件夹下建立一个数据库 Ks1。

　　2. 将考生文件夹下的自由表 xsda.dbf 和 qkdy4.dbf 加入到新建的数据库 Ks1 中。

　　3. 为表 xsda 建立主索引，索引名为 primarykey，索引表达式为考生编号。

　　4. 为表 qkdy4 建立候选索引，索引名为 candi_key，索引表达式为邮发代号，为表 qkdy4 建立普通索引，索引名为 regularkey，索引表达式为订阅期数。

三、简单应用(计 24 分)

　　1. 在考生文件夹下建立数据库 Sc2，将考生文件夹下的自由表 score2 添加到 Sc2 中。根据 score2 表建立一个视图 score_view，视图中包含的字段与 score2 表相同，但视图中只能查询到积分小于等于 1500 的信息。然后利用新建立的视图查询视图中的全部信息，并将结果按积分升序存入表 V2。

2. 建立一个菜单 filemenu，包括两个菜单项"文件"和"帮助"，"文件"将激活子菜单，该子菜单包括"打开"、"存为"和"关闭"三个菜单项；"关闭"子菜单项用 SET SYSMENU TO DEFAULT 命令返回到系统菜单，其他菜单项的功能不作要求。

四、综合应用(计 18 分)

在考生文件夹下有学生成绩数据库 XUSHENG3，包括如下所示三个表文件以及相关的索引文件。

1. XS.dbf(学生文件)：学号 C8，姓名 C8，性别 C2，班级 C5；另有索引文件 XS.idx，索引键：学号。

2. CJ.dbf(成绩文件)：学号 C8，课程名 C20，成绩 N5.1；另有索引文件 CJ.idx，索引键：学号。

3. CJB.DBF(成绩表文件)：学号 C8，姓名 C8，班级 C5，课程名 C12，成绩 N5.1。

设计一个名为 XS3 的菜单，菜单中有两个菜单项"计算"和"退出"。

程序运行时，单击"计算"菜单项应完成下列操作：

将所有选修了"计算机基础"的学生的"计算机基础"成绩，按成绩由高到低的顺序填到成绩表文件 CJB.dbf 中(事前须将文件中原有数据清空)。单击"退出"菜单项，程序终止运行。

解 题 分 析

一、选择题

(1) A。本题主要考查的知识点为查找技术。顺序查找的使用情况：① 线性表为无序表；② 有序链表采用链式存储结构。二分法查找只适用于顺序存储的有序表，并不适用于线性链表。

(2) D。算法的时间复杂度，是指执行算法所需的计算工作量。算法的工作量可以用算法在执行过程中所需基本运算的执行次数来度量。

(3) B。软件根据应用目标的不同，是多种多样的。软件按功能可以分为：应用软件、系统软件、支撑软件(或工具软件)。应用软件是为解决特定领域的应用而开发的软件。系统软件是计算机管理自身资源，提高计算机使用效率并为计算机用户提供各种服务的软件。支撑软件是介于系统软件和应用软件之间，协助用户开发软件的工具性软件，包括辅助和支持开发和维护应用软件的工具软件，还包括辅助管理人员控制开发进程和项目管理的工具软件。

(4) A。在对程序进行了成功的测试之后将进入程序调试(通常称 Debug，即排错)。程序调试的任务是诊断和改正程序中的错误。它与软件测试不同，软件测试是尽可能多地发现软件中的错误，先要发现软件的错误，然后借助于一定的调试工具去执行并找出错误的具体位置。软件测试贯穿整个软件生命期，调试主要在开发阶段。

(5) C。本题考查数据流程 DFD 的概念。对于面向数据流的结构化分析方法，按照 DeMarco 的定义，"结构化分析就是使用数据流图(DFD)、数据字典(DD)、结构化英语、判定表和判定树等工具，来建立一种新的、称为结构化规格说明的目标文档"。结构化分析方法的实质是着眼于数据流，自顶向下，逐层分解，建立系统的处理流程，以数据流图和数据字典为主要工具，建立系统的逻辑模型。数据流图(DFD，Data Flow Diagram)是描述数据处理过程的工具，是需求理解的逻辑模型的图形表示，它直接支持系统的功能建模。数据流图从数据传递和加工的角度，来刻画数据流从输入到输出的移动变换过程。由此可得数据流程图是结构化方法的需求分析工具。

(6) B。本题考查软件生命周期的相关概念。通常，将软件产品从提出、实现、使用维护到停止使用退役的过程称为软件生命周期。也就是说，软件产品从考虑其概念开始，到该软件产品不能使用为止的整个时期都属于软件生命周期。一般包括可行性研究与需求分析、设计、实现、测试、交付使用以及维护等活动。还可以将软件生命周期分为软件定义、软件开发及软件运行维护三个阶段。

(7) A。数据库管理系统一般提供相应的数据语言，它们分别是：数据定义语言，负责数据的模式定义与数据的物理存取构建；数据操纵语言，负责数据的操纵，包括查询及增、删、改等操作；数据控制语言，负责数据完整性、安全性的定义与检查以及并发控制、故障恢复等功能。

(8) D。本题考查关系数据库中，数据单位的相关概念。文件是指存储在外部介质上的数据的集合。数据库是存储在计算机存储设备上，结构化的相关数据集合。它不仅包括描述事物的数据本身，而且还包括相关事物之间的联系。在数据库中，表的"行"称为"记录"，"列"称为"字段"。由此可得，题中存取一个学生信息的数据单位为记录。

(9) C。E-R 模型(实体联系模型)是将现实世界的要求转化成实体、联系、属性等几个基本概念，以及它们间的两种基本联接关系，并且可用一种图非常直观地表示出来。它属于数据库设计的概念设计阶段。

(10) A。由关系 R 和 T 所包含的元素可知，关系 R 经过选择操作就可以得到关系 T。

(11) D。程序文件的扩展名是 .prg，可执行文件的扩展名是 .exe，数据库文件的扩展名是.dbc，编译后的程序文件的扩展名是 .fxp。

(12) A。在 VFP 中，修改当前表的结构的命令是：MODIFY STRUCTURE。

(13) D。在 VFP 中，修改表记录的命令有三个，分别是 CHANGE、EDIT 和 REPLACE。其中，CHANGE 和 EDIT 命令均用于交互对当前表的记录进行编辑、修改，并且默认修改的是当前记录。所以选项 A 和选项 C 的 CHANGE 命令为交互状态下的修改记录的命令，此处命令格式也是错误的。可以使用 REPLACE 命令直接用指定表达式或值修改记录，REPLACE 命令的常用格式是：REPLACE FieldName1 WITH eExpression1[，FieldName2 WITH eExpression2]…[FOR lExpression1]　该命令的功能是直接利用表达式 eExpression 的值替换字段 FieldName 的值，从而达到修改记录值的目的，该命令一次可以修改多个字段 (eExpression1，eExpression2…)的值，如果不使用 FOR 短语，则默认修改的是当前记录；如果使用了 FOR 短语，则修改逻辑表达式 lExpression1 为真的所有记录。ALL 短语用来指明要修改的是表中全部记录。

(14) D。在面向对象概念中，基于一个类可以生成多个不同的对象，每个对象可以设置不同的属性和方法。

(15) D。本题中 a 和 b 是字符型变量，"+"为字符串连接运算符，用来将前后两个字符串首尾相接。LEFT(<字符表达式>，<长度>)从指定表达式值的左端取一个指定长度的子串作为函数值。RIGHT(<字符表达式>，<长度>)从指定表达式值的右端取一个指定长度的子串作为函数值。函数 AT()的格式是：AT(<字符表达式 1>，<字符表达式 2>[，<数值表达式>])，功能是：如果<字符表达式 1>是<字符表达式 2>的子串，则返回<字符表达式 1>值的首字符在<字符表达式 2>中的位置；若不是子串，则返回 0。函数值为数值型。一个汉字的长度为 2，由此可知，选项 D 答案正确。

(16) B。在关系型数据库中，二维表即是关系，关系即是二维表。

(17) B。① EMPTY(<表达式>)，返回值：逻辑型。功能：根据指定表达式的运算结果是否为"空"值，返回逻辑真(.T.)或返回逻辑假(.F.)。② LIKE(<字符表达式 1>,<字符表达式 2>)，返回值：逻辑型。功能：比较两个字符串对应位置上的字符，若所有对应字符都相匹配，函数返回逻辑真(.T.)，否则返回逻辑假(.F.)。<字符表达式 1>中可以包含通配符*和？，其中，*可以与任何数目的字符相匹配，?可以与任何单个字符相匹配。③ AT(<字符表达式 1>,<字符表达式 2> [,<数值表达式 1>])，返回值：数值型。功能：如果<字符表达式 1>是<字符表达式 2>的子串，则返回<字符表达式 1>值的首字符在<字符表达式 2>值中的位置；若不是子串，则返回 0。④ ISNULL(<表达式>)，返回值：逻辑型。功能：判断一个表达式的运算结果是否是 NULL 值，若是 NULL 值则返回逻辑真(.T.),否则返回逻辑假(.F.)。

(18) B。视图是根据基本表派生出来的，在关系数据库中，视图始终不是真正含有数据，是原来表的一个窗口，可以通过视图更新基本表中的数据。视图只能在数据库中建立，数据库打开时，视图从基本表中检索数据；数据库关闭后视图中的数据将消失。在关系数据库中，视图是操作表的窗口，可以把它看成从表中派生出来的虚表，它依赖于表，但不独立存在，只能建立在数据库中，也只有在包含视图的数据库打开时，才能使用视图。

(19) C。关系即是表，表中行、列的排列次序是无关紧要的，关键字也不必指定为第一列。

(20) C。报表的数据源可以是数据库表、自由表、临时表、查询和视图。

(21) B。表格控件的数据源属性是 RecordSource。

(22) C。参照完整性与表之间的关联有关，它的大概含义是：当插入、删除或修改一个表中的数据时，通过参照引用相互关联的另一个表中的数据，来检查对表的数据操作是否正确。参照完整性规则包括更新规则、删除规则和插入规则。删除规则规定了删除父表中的记录时，如何处理相关的子表中的记录：如果选择"级联"，则自动删除子表中的所有相关记录；如果选择"限制"，若子表中有相关记录，则禁止删除父表中的记录；如果选择"忽略"，则不作参照完整性检查，即删除父表的记录时与子表无关。

(23) B。在报表设计器中，域控件用于打印表或视图中的字段、变量或表达式的计算结果。标签控件用于书写说明性文字或标题文本。

(24) D。可以根据数据库表、自由表或视图建立查询。

(25) B。在 SQL 语言中，UPDATE 是更新命令，INSERT 是插入命令，CREATE 是创建表的命令，SELECT 是查询命令。

(26) C。释放和关闭当前表单的命令是：ThisForm.Release。

(27) A。Visual FoxPro 6.0 中的变量分为字段变量和内存变量，当出现内存变量和字段变量同名时，如果要访问内存变量，则必须在变量名前加上前缀 M.(或 M->)。本题中，赋值表达式：姓名=姓名−"出勤"，等号右边的"姓名"为字段变量，其值为当前记录的"姓名"字段值"李彤"，等号左边的"姓名"是内存变量，赋值后的值为"李彤出勤"，而最后输出的"姓名"变量为字段变量，即当前记录的"姓名"字段值"李彤"。

(28) D。在 SQL 的 WHRER 子句的条件表达式中，字符串匹配的运算符是 LIKE，通配符"%"表示 0 个或多个字符，另外还有一个通配符"_"表示一个字符。

(29) B。ACCEPT 命令格式：ACCEPT [<字符表达式>] TO <内存变量>。当程序执行到该命令时，暂停往下执行，等待用户从键盘输入字符串。当用户以回车键结束输入时，系统将该字符串存入指定的内存变量，然后继续往下执行程序。程序结构是指程序中命令或语句执行的流程结构。顺序结构、选择结构和循环结构是程序的三种基本结构。IF…ENDIF 语句是选择结构中的条件语句。按照顺序执行的原则无论是否执行 IF 语句，语句 S=1 赋值语句都会执行。所以本程序段的返回值是 1。

(30) B。在 SQL 语句中，WHERE 子句用来指定查询条件，查询条件用逻辑表达式表示，只有选项 B 中的查询条件表达式书写正确。

(31) C。在 SQL 语句中，空值查询用 IS NULL。

(32) A。在 SQL 语句中，将查询结果保存在临时表中应使用短语 INTO CURSOR。

(33) D。在 SQL 的 WHRER 子句的条件表达式中，字符串匹配的运算符是 LIKE，通配符"%"表示 0 个或多个字符，另外还有一个通配符"_"表示一个字符。

(34) B。根据题意，"借书日期"字段为日期型变量，用 YEAR()函数可求出"借书日期"的年份。

(35) D。根据题意，查询中用到了"借阅"和"读者"两个表，选项 A 使用的是联接查询，由于缺少连接条件，所以错误；选项 B 和选项 C 选择的表错误；选项 D 使用的嵌套查询，先在内查询中从读者表中查找出职称是"工程师"的读者的"借书证号"，然后以此为条件再在外查询中从借阅表中查找出对应的"图书编号"。

(36) C。在 VFP 中，利用数据环境，将字段拖到表单中，默认情况下，字符型字段产生文本框控件，逻辑型字段产生复选框；备注型字段产生编辑框控件，表或视图则产生表格控件。

(37) C。FOR…ENDFOR 语句的格式：FOR ＜循环变量＞=＜初值＞TO ＜终值＞[STEP＜步长＞]＜循环体＞ENDFOR｜NEXT 执行该语句时，首先将初值赋给循环变量，然后判断循环条件是否成立(若步长为正值，循环条件为＜循环变量＞<=＜终值＞；若步长为负值，循环条件为＜循环变量＞>=＜终值＞)。若循环条件成立，则执行循环体，然后循环变量增加一个步长值，并再次判断循环条件是否成立，以确定是否再次执行循环体。若循环条件不成立，则结束该循环语句，执行 ENDFOR 后面的语句。根据题干，首先将初值 2 赋给循环变量 X，因为 X<=10，循环条件成立，执行循环体 S=S+X 后，S=2，然后循环变量 X 增加一个步长值 2，此时 X=4，再次判断循环条件是否成立，依此类推，最后 S 的值为 30，即选项 C。

(38) C。在 Visual FoxPro 中，Patent 表示当前对象的直接容器对象，Thisform 表示当前对象所在的表单；This 表示当前对象；Thisformset 表示当前对象所在的表单集。

(39) C。掌握基本的 SQL 查询语句中，各个短语的含义。TOP 短语用来显示查询结果的部分记录，不能单独使用，必须与排序短语 ORDER BY 一起使用才有效。

(40) C。DELETE 短语是 SQL 的数据操作功能，用来逻辑删除表中符合条件的记录，通过 WHERE 短语指定删除条件。DELETE 删除功能与表操作删除记录功能一样，都只能逻辑删除表中记录，要物理删除，同样需要使用 PACK 命令。

二、基本操作

考核知识点：数据库的建立、将自由表添加到数据库中、主索引、候选索引和普通索引的建立。

操作剖析：

1. 运用以下常用的三种方法建立数据库 Ks1：

在项目管理器中建立数据库；通过"新建"对话框建立数据库；使用命令交互建立数据库，命令为：

CREATE DATABASE ［DATABaseName｜?］

2. 将自由表 xsda 和 qkdy4 添加到数据库中，可以在项目管理器或数据库设计器中完成。打开数据库设计器，在"数据库"菜单中选择"添加表"或在数据库设计器上单击右键，在弹出的菜单中选择"添加表"，然后在"打开"对话框中选择要添加到当前数据库的自由表。还可用 ADD TABLE 命令添加一个自由表到当前数据库中。

3. 打开 xsda 表设计器，选择索引选项卡建立名为 primarykey 索引和索引表达式为考生编号的主索引。

4. 在 qkdy4 表设计器中选择索引选项卡建立 candi_key 索引和索引表达式为邮发代号的候选索引以及索引为 regularkey 和索引表达式为订阅期数的普通索引。

数据库结构及二个表的记录信息如图 5-1 所示(参考)。

图 5-1

三、简单应用

1. 考核知识点：视图的建立。

操作剖析：

在"项目管理器"中建立一个数据库 Sc2，选择"本地视图"，然后选择"新建"按钮，打开"视图设计器"。选择所有字段，在"筛选"栏内输入条件"积分<=1500"，关闭并保存。在数据库设计器中打开视图，用 SORT ON 积分 TO V2 命令存入新表。Sc2 数据库结

构及视图 score_view 和 V2 表中的记录信息如图 5-2 所示(参考)。

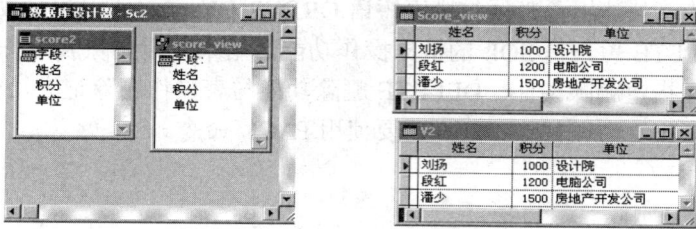

图 5-2

2. 考核知识点：菜单的建立。

操作剖析：

新建菜单可按下列步骤：选择"文件"菜单中的"新建"命令，在"新建"对话框中选择"菜单"，单击"新建文件"按钮。在"新建菜单"对话框中选择"菜单"按钮，调出"菜单设计器"。也可用 CREATE　MENU 命令直接调出菜单设计器。在菜单名称中填入"文件"、"帮助"，"文件"结果为子菜单，单击编辑；在子菜单的菜单名称中输入"打开"、"存为"、"关闭"。选择"关闭"命令，输入：SET SYSMENU TO DEFAULT。

菜单定义及生成的菜单窗口如图 5-3 所示(参考)。

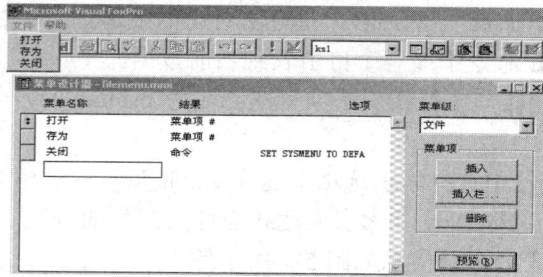

图 5-3

四、综合应用

考核知识点：结构化查询语言(SQL)中的连接查询、查询的排序、查询的去向等知识。

操作剖析：

1. 在本题中要想得到所有选修了"计算机基础"课程的学生成绩及学生的姓名等信息，就需要用到连接查询。因为学生的姓名、班级在表 XS.dbf 中，而学生的成绩在表 CJ.dbf 中。而这两个表要连接起来可以通过"学号"字段。

有以下两种连接查询的形式：

SELECT XS.学号，姓名，班级，课程名，成绩 FROM XS，CJ WHERE XS.学号=CJ.学号　AND CJ.课程名="计算机基础"

或者

SELECT XS.学号，姓名，班级，课程名，成绩 FROM XS LEFT JOIN CJ　ON XS.学号=CJ.学号　WHERE　CJ.课程名="计算机基础"。

2. 通过以上的连接查询便得到了所有选修"计算机基础"的学生的"计算机基础"的成绩及学生的姓名等信息。而题中要求按成绩的降序排序，所以应该在以上 SQL 语句的基础上加入：

ORDER BY 成绩 DESC

3. 将查询所得到的结果放于一个数组变量 AFieldsValue 中，要用到 INTO ARRAY AfieldsValue，至此一个完整的 SQL 连接查询语句便形成：

SELECT XS.学号，姓名，班级，课程名，成绩 FROM XS，CJ WHERE XS.学号=CJ.学号 AND 课程名="计算机基础" ORDER BY 成绩 DESC INTO ARRAY AFieldsValue

4. 删除 CJB.dbf 中的所有资料

5. 将 tableName 中的资料添加到已被清空的 CJB.dbf 中：

INSERT INTO CJB FROM ARRAY AFieldsValue

6. 删除 CJB 中有删除标记的记录：

PACK

查询程序如下所示：

```
SET TALK OFF
OPEN DATABASE XUESHENG3
SELECT CJ.学号, XS.班级, XS.姓名, CJ.课程名, CJ.成绩;
FROM   xuesheng3!XS INNER JOIN xuesheng3!cj ON   XS.学号 = CJ.学号;
WHERE CJ.课程名 = '计算机基础' ORDER BY CJ.成绩  DESC INTO ARRAY AFieldsValue
DELETE FROM CJB
INSERT INTO CJB FROM ARRAY AFieldsValue
CLOSE ALL
USE CJB
PACK
USE
SET TALK ON
```

模拟试题六及解题分析

一、选择题(计 40 分)

下列各题 A、B、C、D 四个选项中，只有一个选项是正确的。

(1) 下列叙述正确的是( )。

    A) 线性表的链式存储结构与顺序存储结构所需要的存储空间是相同的

    B) 线性表的链式存储结构所需要的存储空间一般要多于顺序存储结构

    C) 线性表的链式存储结构所需要的存储空间一般要少于顺序存储结构

    D) 上述三种说法都不对

(2) 下列叙述中正确的是( )。

    A) 在栈中，栈中元素随栈底指针与栈顶指针的变化而动态变化

    B) 在栈中，栈顶指针不变，栈中元素随栈底指针的变化而动态变化

    C) 在栈中，栈底指针不变，栈中元素随栈顶指针的变化而动态变化

    D) 上述三种说法都不对

(3) 软件测试的目的是( )。

    A) 评估软件可靠性   B) 发现并改正程序中的错误

    C) 改正程序中的错误   D) 发现程序中的错误

(4) 下面描述中，不属于软件危机表现的是( )。

    A) 软件过程不规范   B) 软件开发生产率低

    C) 软件质量难以控制   D) 软件成本不断提高

(5) 软件生命周期是指( )。

    A) 软件产品从提出、实现、使用维护到停止使用退役的过程

    B) 软件从需求分析、设计、实现到测试完成的过程

    C) 软件的开发过程

    D) 软件的运行维护过程

(6) 面向对象方法中，继承是指( )。

    A) 一组对象所具有的相似性质   B) 一个对象具有另一个对象的性质

    C) 各对象之间的共同性质量   D) 类之间共享属性和操作的机制

(7) 层次型、网状型和关系型数据库划分原则是( )。

    A) 记录长度   B) 文件的大小

    C) 联系的复杂程度   D) 数据之间的联系方式

(8) 一个工作人员可以使用多台计算机，而一台计算机可被多个人使用，则实体工作人员与实体计算机之间的联系是( )。

A) 一对一　　　　　B) 一对多　　　　　C) 多对多　　　　　D) 多对一

(9) 数据库设计中反映用户对数据要求的模式是(　　)。

A) 内模式样　　　B) 概念模式样　　　C) 外模式　　　　D) 设计模式

(10) 有三个关系 R、S 和 T 如下：

R		
A	B	C
a	1	2
b	2	1
c	3	1

S	
A	D
c	4

T			
A	B	C	D
c	3	1	4

则由关系 R 和 S 得到关系 T 的操作是(　　)。

A) 自然连接　　　B) 交　　　　　　C) 投影　　　　　D) 并

(11) 在 Visual FoxPro 中，要想将日期型或日期时间型数据中的年份用 4 位数字显示，应当使用设置命令(　　)。

A) SET CENTURY ON　　　　　　B) SET CENTURY TO 4

C) SET YEAR TO 4　　　　　　　D) SET YAER TO yyy

(12) 设 A=[6*8-2]，B=6*8-2，C="6*8-2"，属于合法表达式的是(　　)。

A) A+B　　　　B) B+C　　　　　C) A−C　　　　　D) C−B

(13) 假设在数据库表的表设计器中，字符型字段"性别"已被选中，正确的有效性规则设置是(　　)。

A) ="男"or "女"　　B) 性别="男"or"女"　　C) $"男女"　　　　D) 性别$"男女"

(14) 在当前打开的表中，显示"书名"以"计算机"打头的所有图书，正确命令是(　　)。

A) LIST　FOR 书名="计算"　　　　B) LIST　FOR 书名="计算机"

C) LIST　FOR 书名="计算%"　　　D) LIST　WHERE 书名="计算机"

(15) 连续执行以下命令，最后一条命令的输出结果是(　　)。

```
SET EXACT OFF
a="北京"
b=(a="北京交通")
? b
```

A) 北京　　　　　B) 北京交通　　　　C) .F.　　　　　D) 出错

(16) 设 x="123"，y=123，k="y"，表达式 x+&k 的值是(　　)。

A) 123123　　　B) 246　　　　　C) 123y　　　D) 数据类型不匹配

(17) 运算结果不是 2010 的表达式是(　　)。

A) INT(2010.9)　　B) ROUND(2010.1)　C) CEILING(2010.1)　D) FLOOR(2010.9)

(18) 在建立表间一对多的永久联系时，主表的索引类型必须是(　　)。

A) 主索引或候选索引

B) 主索引、候选索引或唯一索引

C) 主索引、候选索引、唯一索引或普通索引

D) 可以不建立索引

(19) 在表设计器中设置的索引包含在(　　)。

    A) 独立索引文件中　　　　　　　　　　B) 唯一索引文件中

    C) 结构复合索引文件中　　　　　　　　D) 非结构复合索引文件中

(20) 假设表"学生.dbf"已经在某个工作区打开,取别名为 student。选择"学生"表所在工作区为当前工作区的命令是(　　)。

    A) SELECT 0　　　　　　　　　　　　B) USE 学生

    C) SELECT 学生　　　　　　　　　　　D) SELECT student

(21) 删除视图 myview 的命令是(　　)。

    A) DELETE myview　　　　　　　　　B) DELETE　VIEW　myview

    C) DROP VIEW myview　　　　　　　　D) REMOVE　VIEW myview

(22) 下面关于列表框和组合框的陈述中,正确的是(　　)。

    A) 列表框可以设置成多重选择,而组合框不能

    B) 组合框可以设置成多重选择,而列表框不能

    C) 列表框和组合框都可以设置成多重选择

    D) 列表框和组合框都不可以设置成多重选择

(23) 在表单设计器环境中,为表单添加一选项按钮组:⊙男　○女。默认情况下第一个选项按钮"男"为选中状态,此时选项按钮组的 Value 属性值为(　　)。

    A) 0　　　　　　　B) 1　　　　　　　C)"男"　　　　　　D) .T.

(24) 在 Visual Foxpro 中,属于命令按钮属性的是(　　)。

    A) Parent　　　　　B) This　　　　　C) ThisForm　　　　D) Click

(25) 在 Visual Foxpro 中,可视类库文件的扩展名是(　　)。

    A) .dbf　　　　　　B) .scx　　　　　C) .vcx　　　　　　D) .dbc

(26) 为了在报表中打印当前时间,应该在适当区域插入一个(　　)。

    A) 标签控件　　　B) 文本框　　　　C) 表达式　　　　　D) 域控件

(27) 在菜单设计中,可以定义菜单名称时为菜单项指定一个访问键,指定访问为"x"的菜单项名称定义是(　　)。

    A) 综合查询(\>x)　　　　　　　　　　B) 综合查询(/>x)

    C) 综合查询(\<x)　　　　　　　　　　D) 综合查询(/<x)

(28) 假设创建了一个程序文件 myProc.prg(不存在同名的.exe,.app 和.fxp 文件),然后在命令窗口输入命令 DO myProc,执行该程序并获得正常的结果,现在用命令 ERASE myProc.prg 删除该程序文件,然后再次执行命令 DO myProc,产生的结果是(　　)。

    A) 出错(找不到文件)

    B) 与第一次执行的结果相同

    C) 系统打开"运行"对话框,要求指定文件

    D) 以上都不对

(29) 以下关于视图描述错误的是(　　)。

    A) 只有在数据库中可以建立视图　　　B) 视图定义保存在视图文件中

    C) 从用户查询的角度看视图和表一样　D) 视图物理上不包括数据

(30) 关闭释放表单的方法是( )。

    A) SHUT   B) CLOSEFORM   C) RELEASE   D) CLOSE

第(31)～第(35)题使用如下数据表。

学生.dbf：学号(C,8)，姓名(C,6)，性别(C,2)

选课.dbf：学号(C,8)，课程号(C,3)，成绩(N,3)

(31) 从"选课"表中检索成绩大于等于 60 并且小于 90 的记录，正确的 SQL 命令是( )。

    A) SELECT * FORM 选课 WHERE 成绩 BETWEEN 60 AND 89

    B) SELECT * FORM 选课 WHERE 成绩 BETWEEN 60 TO 89

    C) SELECT * FORM 选课 WHERE 成绩 BETWEEN 60 AND 90

    D) SELECT * FORM 选课 WHERE 成绩 BETWEEN 60 TO 90

(32) 检索还未确定成绩的学生选课信息，正确的 SQL 命令是( )。

    A) SELECT 学生.学号，姓名，选课.课程号 FORM 学生 JOIN 选课
    WHERE 学生.学号=选课.学号 AND 选课.成绩 IS NULL

    B) SELECT 学生.学号，姓名，选课.课程号 FORM 学生 JOIN 选课
    WHERE 学生.学号=选课.学号 AND 选课.成绩=NULL

    C) SELECT 学生.学号，姓名，选课.课程号 FORM 学生 JOIN 选课
    ON 学生.学号=选课.学号 WHERE 选课.成绩 IS NULL

    D) SELECT 学生.学号，姓名，选课.课程号 FORM 学生 JOIN 选课
    ON 学生.学号=选课.学号 WHERE 选课.成绩=NULL

(33) 假设所有的选课成绩都已确定，显示"101"号课程成绩中最高的 10%记录信息，正确的 SQL 命令是( )。

    A) SELECT * TOP 10 FROM 选课 ORDER BY 成绩 WHERE 课程号="101"

    B) SELECT * PERCENT 10 FROM 选课 ORDER BY 成绩 DESC WHERE 课程号
    ="101"

    C) SELECT * TOP 10 PERCENT FROM 选课 ORDER BY 成绩 WHERE 课程号
    ="101"

    D) SELECT * TOP 10 PERCENT FROM 选课 ORDER BY 成绩 DESC WHERE 课
    程号="101"

(34) 假设所有学生都已选课，所有的选课成绩都已确定。检索所有选课成绩在 90 份以上(含 90)的学生信息，正确的 SQL 命令是( )。

    A) SELECT * FROM 学生 WHERE 学号 IN(SELECT 学号 FROM 选课
    WHERE 成绩>=90)

    B) SELECT * FROM 学生 WHERE 学号 NOT IN(SELECT 学号 FROM 选课
    WHERE 成绩<90)

    C) SELECT * FROM 学生 WHERE 学号!=ANY (SELECT 学号 FROM 选课
    WHERE 成绩<90)

    D) SELECT * FROM 学生 WHERE 学号=ANY(SELECT 学号 FROM 选课
    WHERE 成绩>=90)

(35) 为"选课"表增加一个"等级"字段，其类型为 C 型、宽度为 2，正确的 SQL 命

令是(　　　)。

　　　　A) ALTER TABLE 选课 ADD FIELD 等级 C(2)

　　　　B) ALTER TABLE 选课 ALTER FIELD 等级 C(2)

　　　　C) ALTER TABLE 选课 ADD 等级 C(2)

　　　　D) ALTER TABLE 选课 ALTER 等级 C(2)

　　(36) 在 SQLSELECT 语句中，为了将查询结果存储到临时表，应该使用短语(　　　)。

　　　　A) TO CURSOR　　B) INTO CURSOR　　C) INTO DBF　　　　D) TO DBF

　　(37) 在表单设计中，经常会用到一些特定的关键字、属性和事件，下列各项中属于属性的是(　　　)。

　　　　A) This　　　　　　B) Thisform　　　　C) Caption　　　　D) Click

　　(38) 下面程序计算一个整数的各位数字之和，在横线处应填写的语句是(　　　)。

　　　　SETTALK OFF

　　　　INPUT " x= " TO x

　　　　s =0DO WHILE x！=0 s =s +MOD(x,10) ＿＿＿＿＿　　END DO

　　　　? S SETTALK ON

　　　　A) x=int(x/10)　　B) x=int(x%10)　　C) x=x－int(x/10)　　D) x=x－int(x%10)

　　(39) 在 SQL 的 ALTER TABLE 语句中，为了增加一个新的字段应该使用短语(　　　)。

　　　　A) CREATE　　　　B) APPEND　　　　C) COLUMN　　　　D) ADD

　　(40) 在 Visual FoxPro 中调用表单文件 mfl 的正确命令是(　　　)。

　　　　A) DO mfl　　　　B) DO FROM mfl　　C) DO FORM mfl　　D) RUN mfl

二、基本操作题(计 18 分)

　　1. 在考生文件夹下建立数据库 CUST_M。

　　2. 把考生文件夹下的自由表 cust 和 order1 加入到刚建立的数据库中。

　　3. 为 cust 表建立主索引，索引名为 primarykey，索引表达式为客户编号。

　　4. 为 order1 表建立候选索引，索引名为 candi_key，索引表达式为订单编号。为 order1 表建立普通索引，索引名为 regularkey，索引表达式为客户编号。

三、简单应用(计 24 分)

　　1. 根据 order1 表建立一个视图 order_view，视图中包含的字段及顺序与 order1 表相同，但视图中只能查询到金额小于 1000 的信息。然后利用新建立的视图查询视图中的全部信息，并将结果按订单编号升序存入表 v1。

　　2. 建立一个菜单 my_menu，包括两个菜单项"文件"和"帮助"，"文件"将激活子菜单，该子菜单包括"打开"、"存为"和"关闭"三个菜单项；"关闭"子菜单项用 SET SYSMENU TO DEFAULT 命令返回到系统菜单，其他菜单项的功能不做要求。

四、综合应用(计 18 分)

　　在考生文件夹下有学生管理数据库 BOOKS，数据库中有 score 表(含有学号、物理、高数、英语和学分 5 个字段，具体类型请查询表结构)，其中前 4 项已有数据。

编写符合下列要求的程序并运行程序：

设计一个名为 myform 的表单，表单中有两个命令按钮，按钮的名称分别为 cmdYes 和 cmdNo，标题分别为"计算"和"关闭"。程序运行时，单击"计算"按钮应完成下列操作：

(1) 计算每一个学生的总学分并存入对应的学分字段。学分的计算方法是：物理≥60 分为 2 学分，否则为 0 分；高数≥60 分为 3 学分，否则为 0 分；英语≥60 分为 4 学分，否则为 0 分。

(2) 根据上面的计算结果，生成一个新的表 xf, (要求表结构的字段类型与 score 表对应字段的类型一致)，并且按学分升序排序，如果学分相等，则按学号降序排序。

单击"关闭"按钮，程序终止运行。

解 题 分 析

一、选择题

(1) B。线性表的存储分为顺序存储和链式存储。在顺序存储中，所有元素所占的存储空间是连续的，各数据元素在存储空间中是按逻辑顺序依次存放的，所以每个元素只存储其值就可以了。而在链式存储的方式中，将存储空间的每一个存储结点分为两部分，一部分用于存储数据元素的值，称为数据域；另一部分用于存储下一个元素的存储序号，称为指针域。所以线性表的链式存储方式比顺序存储方式的存储空间要大一些。

(2) C。在栈中，允许插入与删除的一端称为栈顶，而不允许插入与删除的另一端称为栈底。栈跟队列不同，元素只能在栈顶压入或弹出，栈底指针不变，栈中元素随栈顶指针的变化而动态变化，遵循后进先出的规则。

(3) D。软件测试的目的是为了发现程序中的错误，而软件调试是为了更正程序中的错误。

(4) A。软件危机主要表现在以下 6 个方面：① 软件需求的增长得不到满足；② 软件开发成本和进度无法控制；③ 软件质量难以保证；④ 软件不可维护或维护程序非常低；⑤ 软件的成本不断提高；⑥ 软件开发生产率的提高赶不上硬件的发展和应用需求的增长。

(5) A。软件生命周期是指软件产品从提出、实现、使用、维护到停止使用、退役的过程。

(6) D。面向对象方法中，继承是使用已有的类定义作为基础建立新类的定义技术。广义地说，继承是指能够直接获得已有的性质和特征，而不必重复定义它们。

(7) D。根据数据之间的联系方式，可以把数据库分为层次型、网状型和关系型数据库，它们是根据数据之间的联系方式来划分的。

(8) C。如果一个工作人员只能使用一台计算机且一台计算机只能被一个工作人员使用，则关系为一对一；如果一个工作人员可以使用多台计算机，但是一台计算机只能被一个工作人员使用，则关系为一对多；如果一个工作人员可以使用多台计算机，一台计算机也可以被多个工作人员使用，则关系为多对多。

(9) C。概念模式，是由数据库设计者综合所有用户的数据，按照统一的观点构造的全局逻辑结构，是对数据库中全部数据的逻辑结构和特征的总体描述，是所有用户的公共数据视图(全局视图)。它是由数据库管理系统提供的数据模式描述语言(Data Description

Language，DDL)来描述、定义的，体现、反映了数据库系统的整体观。

(10) A。选择是单目运算，其运算对象是一个表。该运算按给定的条件，从表中选出满足条件的行形成一个新表作为运算结果。投影也是单目运算，该运算从表中选出指定的属性值组成一个新表。自然联接是一种特殊的等价联接，它将表中有相同名称的列自动进行记录匹配。自然联接不必指定任何同等联接条件。

(11) A。用于决定如何显示或解释一个日期数据年份。格式为：SET CENTURY ON|OFF|TO [<世纪值>[ROLLOVER<年份参照值>]] 说明：ON 显示世纪，即用 4 位数字表示年份。OFF 不显示数字，即用 2 位数字表示年份。它是系统默认的设置。TO 决定如何解释一个用 2 位数字表示年份的日期所处的世纪。具体地说，如果该日期的 2 位数字年份大于等于<年份参照值>，则它所处的世纪即为<世纪值>；否则为<世纪值>+1。

(12) C。在 VFP 中，字符型常量应使用定界符，定界符包括单引号、双引号和方括号。字符串运算符有两个："+" 和 "−"。"+" 将前后两个字符串首尾连接形成一个新的字符串；"−" 连接前后两个字符串，并将前字符串的尾部空格移到合并后的新字符串尾部。　题中[6*8−2]和"6*8−2"都属于字符型常量，故变量 A 和变量 C 都是字符型变量，二者可以做连接运算，而变量 B 是数值型变量，故不能和 A 或 B 进行运算。

(13) D。<前字符型表达式>$<后字符型表达式>为子串包含测试函数，如果前者是后者的一个子字符串，结果为逻辑真(.T.),否则为逻辑假(.F.)。选项 A、B 和 C 的表达式写法错误。

(14) A。LIST 命令是显示记录的命令。格式为：LIST [fieldlist] [FOR lExpression]　其中，fieldlist 是用逗号隔开的字段名列表，默认显示全部字段；lExpression 是条件表达式，如果使用 FOR 短语指定条件，则只显示满足条件的记录。

(15) C。在用单等号(=)运算符比较两个字符串时，运算结果与 SET EXACT ON|OFF 设置有关。①系统默认 OFF 状态。当处于 OFF·状态时，只要右边的字符串与左边字符串的前面部分内容匹配，即可得到逻辑真(.T.)的结果。②当处于 ON 状态时，比较两个字符串全部，先在较短字符串的尾部加若干个空格，使两个字符串的长度相等，然后再进行比较。本题中由于 a="北京",故表达式 a="北京交通"返回逻辑假。

(16) D。&<字符型变量>为宏替换函数，用来替换字符型变量的内容，即函数值是变量中的字符串。由此可知，题中&k=&"123"=123，也就是说&k 的值为数值型，而 x="123"，为字符型数据，故 x 和&k 数据类型不匹配，不能做运算。

(17) C。INT(<数值表达式>)：返回指定数值表达式的整数部分。CEILING(<数值表达式>)：返回大于等于指定数值表达式的最小整数。FLOOR(<数值表达式>)：返回小于等于指定数值表达式的最大整数。ROUND(<数值表达式 1>,<数值表达式 2>)：返回指定表达式在指定位置四舍五入后的结果。本题中，INT(2010.9)=2010，ROUND(2010.1,0)=2010，CEILING(2010.1)=2011，FLOOR(2010.9)=2010。

(18) A。在 VFP 中，主索引和候选索引有相同的作用，都能保证表中的记录唯一。在建立表间一对多的永久联系时，主表的索引类型必须是主索引或候选索引，子表的索引类型是普通索引，通过父表的主索引或候选索引和子表的普通索引建立两个表之间的联系。

(19) C。独立索引文件的扩展名为 .idx，只能容纳一项索引，只能用命令方式操作；复合索引文件的扩展名为 .cdx，可以容纳多项索引，索引之间用唯一的索引标识区别，每个索引标识名的作用等同于一个索引文件名。复合索引文件又分为结构复合索引文件和非结构复合索引文件，结构复合索引文件的主名与表文件的主名相同，表文件打开时，它随表的打开而打开，关闭表时随表的关闭而关闭。在表设计器中设置的索引包含在结构符合索引文件中；非结构复合索引文件的主名与表文件的主名不同，定义时要求用户为其取名，因此当表文件打开或关闭时，该文件不能自动打开或关闭，必须用户自己操作。

(20) D。指定工作区命令：SELECT 工作区号/表别名　由于题中打开"学生"表时，为其取别名为 student，故要选择"学生"表所在工作区为当前工作区应使用命令：SELECT student。

(21) C。删除视图的命令是：DROP VIEW <视图名>。

(22) A。列表框提供一组条目(数据项)，用户可以从中选择一个或多个条目。能显示其中的若干条目，用户可通过滚动条浏览其他条目。组合框与列表框类似，有关列表框的属性、方法，组合框同样具有(MultiSelect 除外)，其区别为：① 对于组合框来说，通常只有一个条目是可见的。用户可以单击组合框上的下箭头按钮打开条目列表，以便从中选择。所以，相比列表框，组合框能够节省表单中的显示空间。② 组合框不提供多重选择的功能，没有 MultiSelect 属性。③ 组合框有两形式，下拉组合框和下拉列表框。通过设置 Style 属性可选择想要的形式。

(23) B。选项按钮组的 Value 属性指定选项组中哪个选项按钮被选中。其值可以是数值型(默认情况下)，也可以是字符型的。若为数值型 N，则表示选项组中第 n 个选项按钮被选中；若为字符型值 C，则表示选项组中 Caption 属性值为 c 的选项按钮被选中。本题中，由于已指明是在默认情况下，第一个按钮"男"被选中，故 VALUE 值应该为 1。

(24) A。Parent 是对象的一个属性，属性值为对象引用，指向对象的直接容器对象。而 This 和 ThisForm 是两个关键字，分别表示当前对象和当前表单。Click 是单击事件。

(25) C。.dbf 是表的扩展名，.scx 是表单的扩展名，.dbc 是数据库的扩展名，.vcx 是可视类文件的扩展名。

(26) D。在"报表设计器"中，为报表新设置的带区是空白的，只有在报表中添加相应的控件，才能把所要打印的内容安排进去。说明性文字或标题文本需要使用标签控件来完成。域控件用于打印表或视图中的字段、变量和表达式的计算结果。

(27) C。在菜单设计器中指定菜单名称时，可以设置菜单项的访问键，方法是在要作为访问键的字符前加上"\<"两个字符。

(28) B。当用 DO 命令执行程序文件时，如果没有指定扩展名，系统将按下列顺序寻找该程序文件的源代码或某种目标代码文件执行：.exe(Visual Foxpro 可执行版本)→.app(Visual Foxpro 应用程序文件)→.fxp(Visual FoxPro 编译版本)→.prg(Visual FoxPro 源程序文件)。如果寻找到的是.prg 源程序文件，系统会自动对其进行编译，产生相应的.fxp 文件。随后，系统载入新产生的.fxp 文件，并运行它。如果寻找到的是.fxp 文件，且 SET DEVELOPMENT 设置为 ON(默认值)，那么系统会检查是否存在着一个更新版本的.prg 源程序文件。如果存在，系统就会删除原有的.fxp 文件，然后重新编译该.prg 文件。本题中，当执行"DO myProc"命令后，由于不存在同名的.exe、.app 和.fxp 文件，系统对源程序文件 myProc.prg 进行编译，产生编译文件 myProc.fxp，并运行它。当用 ERASE 命令删除 myProc.prg 后，myproc.fxp 文件还存在，当再次执行"DO myProc"命令时，系统执行的是 myproc.fxp 这个编译文件，故结果不变。

(29) B。视图是根据基本表派生出来的，所以把它叫做虚拟表。在视图中不实际存储数据，它存储的只是视图的定义来说明视图中的数据是从哪里提取的。视图只能在数据库中建立，随数据库打开而打开，随数据库关闭而关闭，并不存在视图文件。从用户角度看，视图可以像表一样进行各种查询。

(30) C。关闭释放表单的方法是 RELEASE。

(31) A。根据题意，该查询的查询条件是"成绩大于等于 60 并且小于 90"，因为"成绩"字段是整数型，查询条件也就相当于"成绩大于等于 60 并且小于等于 89"，所以可以使用表达式"成绩 BETWEEN 60 AND 89"。SQL 查询语句中特殊运算 BETWEEN…AND…的含义为"…和…之间"，相当与逻辑与运算中的(A>=AND >=B，其中 A>B)。

(32) B。根据题意，该查询用到了"学生"表和"选课"表，题中给出的四个选项中都使用了内连接查询。VFP 的 SQL SELECT 中内连接查询的语法是：SELECT…FROM 表1 [INNER] JOIN 表 2 ON 联接条件 WHERE…… 由于连接条件应使用 ON 短语给出，故选项 A 和选项 B 错误。 SQL SELECT 中，空值查询应使用"IS NULL"，而不是"=NULL"，故选项 D 错误。

(33) D)[解析]SQL 查询语句中，通过 TOP 短语可以指定只显示前几项记录，基本格式为：TOP nExpr [PERCENT] 其中，nExpr 是数字表达式，当不使用[PERCENT]时，nExpr 可以是 1～32 767 之间的整数；当使用[PERCENT]时，nExpr 是 0.01～99.99 间的实数，说明显示结果中前百分之几的记录。该短语要与 ORDER BY 一起使用才有效。由于本题要查找的是"成绩中最高的 10%记录的信息"，故应按照"成绩"字段降序排序，并使用"TOP 10 PERCENT"。

(34) B。本题可使用嵌套查询，选项 B 中，先在内查询中将只要有一门课程成绩小于 90 分的学生的学号查找出来，形成一个集合，然后在外查询中，从"学生"表中找到该集合以外的学号，即是所有选课成绩都大于等于 90 分的学生。由于内查询中查出的结果是集合，该集合作为外查询中限定学号的条件，故应该用 NOT IN 运算符。

(35) C。在 SQL 语句中为表增加字段的格式为：ALTER TABLE <表名> ADD <字段名>(<长度>[,<小数位数>])。

(36) B。在 SQLSELECT 语句中使用短语 INTOCURSOR 可以将查询结果存放在临时表文件中。

(37) C。题中 A 项表示当前对象，B 项表示当前对象所在的表单，C 项表示控件的标题属性，D 项表示鼠标左键单击对象时触发的事件。

(38) A。题中程序的功能是将一个整数中的各位数字从个位数开始累加。每次循环中将个位数累加后，将该位从整数中删除，这样原来十位上的数字就成为个位数。

(39) D。CREATE 表示创建一个新的对象；APPEND 用来向表中追加记录，不是 SQL命令；在 SQL 的 ALTER TABLE 语句中，可以使用 ADD［COLU MN］来增加一个新的字段，方括号里的内容可以省略。

(40) C。在 Visual FoxPro 中可以通过 DO 命令执行文件，运行表单的命令格式是：DO FORM ＜表单文件名＞。

二、基本操作

考核知识点：创建数据库、添加自由表、建立索引等知识点。

操作剖析：

1. 建立数据库 CUST_M。操作方法与第三套基本操作题的第 1 小题相同。

2. 打开数据库菜单选择"添加表(A)"，在弹出的"打开"对话框中，选定考生文件夹下的 cust 表，再点击"确定"即可，这样表 cust 就添加到了"CUST_M"数据库中。运用同样的方法添加 order1 自由表。如图 6-1 左图所示(参考)。

3. 在数据库设计器中右击 cust 表，选择"修改"命令，在表设计器中设置 CUST 表的主索引，索引名为 primarykey，索引表达式为客户编号。

4. 运用同样的方法可设置 ORDER1 表的候选索引和普通索引，如图 6-1 右图所示(参考)。

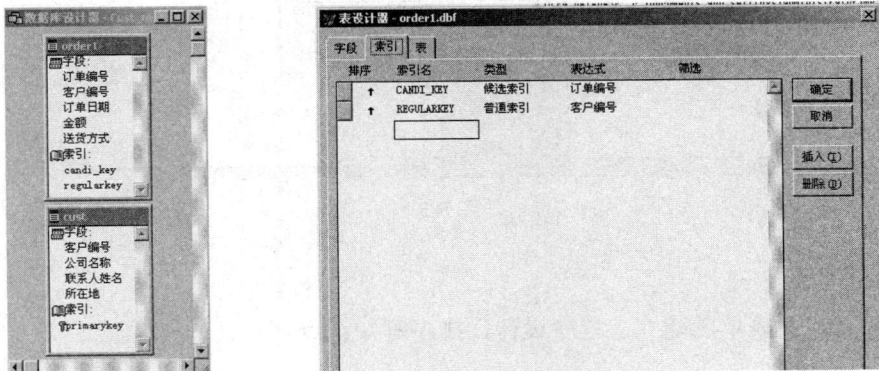

图 6-1

三、简单应用

1. 考核知识点：视图的建立及视图的查询。

操作剖析：

在"项目管理器"中选择一个数据库，将 order1 表添加到数据库。选择"本地视图"，然后选择"新建"按钮，打开"视图设计器"。选择所有字段，在"筛选"栏内输入条件"金额<1000"，保存并关闭该视图。在数据库设计器中打开视图，用 SORT ON 订单编号 TO V1 命令存入新表。视图创建过程及视图查询信息如图 6-2 所示(参考)。

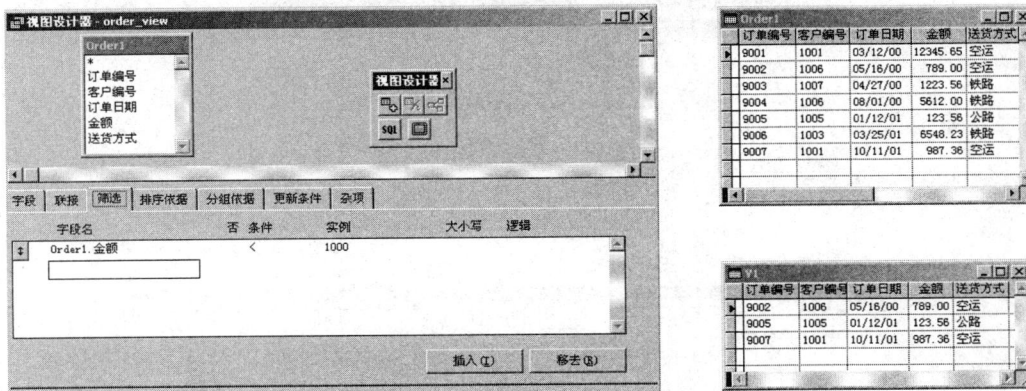

图 6-2

2. 考核知识点：菜单的建立。

操作剖析：

新建菜单可按下列步骤：选择"文件"菜单中的"新建"命令，在"新建"对话框中选择"菜单"，单击"新建文件"按钮。在"新建菜单"对话框中选择"菜单"按钮，调出"菜单设计器"。也可用 CREATE MENU 命令直接调出菜单设计器。在菜单名称中填入"文件"、"帮助"，"文件"结果为子菜单，单击编辑；在子菜单的菜单名称中输入"打开"、"存为"、"关闭"，选择"关闭"结果为命令，输入：SET SYSMENU TO DEFAULT。

菜单创建过程界面如图 6-3 所示(参考)。

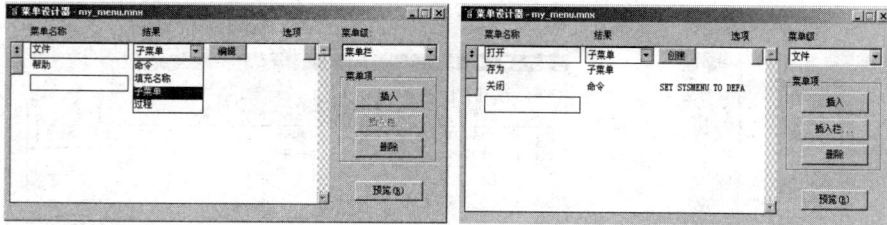

图 6-3

四、综合应用

考核知识点：表单的建立、程序设计、排序等知识点。

操作剖析：

利用表单设计器建立所要求的表单，在表单上添加两个命令按钮控件。分别设置两个按钮控件的标题和属性。双击标题为"计算"的按钮控件，在新打开的窗口中添加此按钮的 Click 事件代码，算法分析如下：

首先将所有的学分字段置 0：REPLACE ALL 学分 WITH 0；然后用 DO WHILE 语句遍历 score 表中的每一条记录，用 IF 语句判断根据各课程成绩应得学分，累加在学分值上。最后按照学分升序和学号降序排序，存入新表 xf：SORT ON 学分，学号/D TO xf。

用同样方法对标题为"退出"的按钮控件添加 Click 事件代码：thisForm.release，退出此表单。

表单布局、Click 事件程序代码及运行效果如图 6-4 所示(参考)。

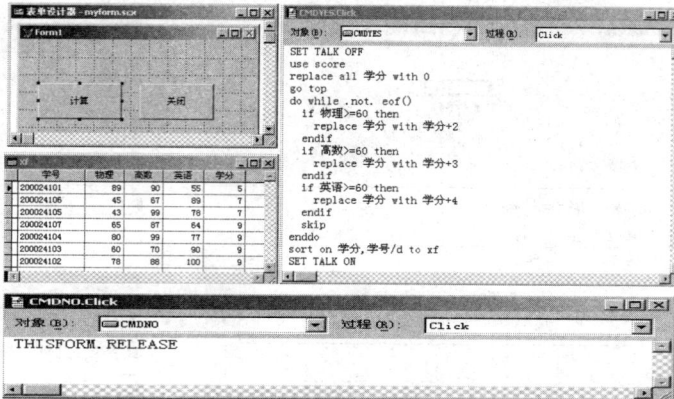

图 6-4

模拟试题七及解题分析

一、选择题(计 40 分)

下列各题 A、B、C、D 四个选项中，只有一个选项是正确的。

(1) 下列数据结构中，属于非线性结构的是(   )。

    A) 循环队列   B) 带链队列   C) 二叉树   D) 带连线

(2) 下列数据结构中，能按照"先进后出"原则存取数据的是(   )。

    A) 循环队列   B) 栈   C) 队列   D) 二叉树

(3) 对于循环队列，下列述叙正确的是(   )。

    A) 对头指针式固定不变的

    B) 对头指针一定大于队尾指针

    C) 对头指针不一定小于队尾指针

    D) 对头指针可以大于队尾指针，也可以小于队尾指针

(4) 算法的空间复杂度是指(   )。

    A) 算法在执行过程中所需要的计算机存储空间

    B) 算法所处理的数据量

    C) 算法程序中的语句或是指令条数

    D) 算法在执行过程中所需要的临时工作单位

(5) 软件设计中划分模块的一个准则是(   )。

    A) 低内聚低耦合   B) 高内聚低耦合   C) 低内聚高耦合   D) 高内聚高耦合

(6) 下列选项中不属于结构化程序原则的是(   )。

    A) 可封装   B) 自顶向下   C) 模块化   D) 逐步求精

(7) 软件详细设计产生的图如下，该图是(   )。

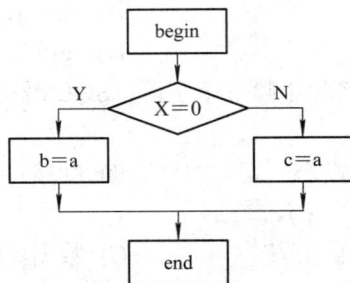

    A) N-S 图   B) PAD 图   C) 程序流程图   D) ER 图

(8) 数据库管理系统是(   )。

A) 操作系统的一部分

B) 在操作系统支持下的一个系统软件

C) 一种编译工具

D) 一种操作系统

(9) 在 E-R 图中，用来表示实体联系的图形是(　　)。

　　A) 椭圆形　　　　　　B) 矩形　　　　　　　C) 菱形　　　　　　　D) 三角形

(10) 有三个关系 R、S 和 T 图如下

R

A	B	C
a	1	2
b	2	1
c	3	1

S

A	B	C
d	3	2

T

A	B	C
a	1	2
b	2	1
c	3	1
d	3	2

其中关系 T 由关系 R 和 S 通过某种操作得到，该操作为(　　)。

　　A) 选择　　　　　　B) 投影　　　　　　C) 交　　　　　　D) 并

(11) 设置文本框显示内容的属性是(　　)。

　　A) Value　　　　　B) Caption　　　　　C) Name　　　　　D) Isputmask

(12) 语句 LIST MEMORY LIKE a* 能够显示变量不包括(　　)。

　　A) a　　　　　　B) a1　　　　　　C) ab2　　　　　　D) ba3

(13) 计算机结果不是字符串 Teacher 的语句是(　　)。

　　A) at("Myteacher",3,7)　　　　　　B) substr("Myteacher",3,7)

　　C) right("Myteacher",7)　　　　　　D) left("teacher")

(14) 学生表中有学号、姓名和年龄三个字段，SQL 语句 SELECT 学号 FROM 学生，完成的操作称为(　　)。

　　A) 选择　　　　　　B) 投影　　　　　　C) 联接　　　　　　D) 并

(15) 报表的数据源不包括(　　)。

　　A) 试图　　　　　　B) 自由表　　　　　　C) 数据库表　　　　　D) 文本文件

(16) 使用索引的主要目的是(　　)。

　　A) 提高查询速度　　B) 节省存储空间　　C) 防止数据丢失　　D) 方便管理

(17) 表单文件的扩展名是(　　)。

A) .frm   B) .prg   C) .sex   D) .vcx

(18) 下列程序执行时在屏幕上显示结果的是( )。

```
DIME a(6)
a (1)=1
a (2)=1
FOR i=3 TO 5
a (i)=a(i−1)-a(i−2)
NEXT
?a (6)
```

A) 5   B) 6   C) 7   D) 8

(19) 下列程序段执行时在屏幕上显示的结果是( )。

```
X1=20
X2=30
SET UDFPARMS TO VALUE
DO test
a=b
b=x
ENDPRO
```

A) 30   30   B) 30   20   C) 20   20   D) 20   30

(20) 以下关于查询的正确描述是( )。

A) 查询文件的扩展名位为.png   B) 查询保存在数据库文件中

C) 查询保存在表文件中   D) 查询保存在查询文件中

(21) 以下关于视图的正确描述是( )。

A) 视图独立于表文件   B) 视图不可更新

C) 视图只能从一个表派生出来   D) 视图可以删除

(22) 为了隐藏在文本框中输入信息,用占位符代替现实用户输入字符,需要设置的属性是( )。

A) value   B) controlsource   C) inputmask   D) passwordchar

(23) 假设某表单的 visible 属性的处置为 .F.,能将其设置为 .T.的方法是( )。

A) HIDE   B) SHOW   C) RELEASE   D) SETFOCUS

(24) 在数据库中建立表的命令是( )。

A) CREATE   B) CREATE DATABASE

C) CREATE QUERY   D) CREATE FORM

(25) 让隐藏的 MeForm 表单显示在屏幕上的命令是( )。

A) mefomn.display   B) meform.show   C) meform.list   D) meform.see

(26) 在表设计器的字段选项卡中,字段有效性的设置项中不包括( )。

A) 规则   B) 信息   C) 默认值   D) 标题

(27) 若 SQL 语句中的 ORDER BY 短语中指定了多个字段则( )。

A) 依次按自右至左的字段顺序排序

  B) 只按第一个字段排序

  C) 依次按自左至右的字段顺序

  D) 无法排序

(28) 在 VISUAL FOXPRO 中下面关于属性、方法和事件的叙述错误的是( )。

  A) 属性用于描述对象的状态，方法用于表示对象的行为

  B) 基于同一个类产生的两个对象可以分别设置自己的属性值

  C) 事件代码页可以像方法一样被显示调用

  D) 在创建一个表单时，可以添加新的属性、方法和事件

(29) 下列函数返回类型为数值型的是( )。

  A) STR   B) VAL   C) DTOC   D) TTOC

(30) 与 SELECT*FROM 教师表 INTO DBFA 等价的语句是( )。

  A) SELECT*FROM 教师表 TO DBFA

  B) SELECT*FROM 教师表 TO TABLEA

  C) SELECT*FROM 教师表 INTO TABLEA

  D) SELECT*FROM 教师表 INTOA

(31) 查询教师表的全部记录并存储于临时文件 one.dbf 中的 SQL 命令是( )。

  A) SELECT*FROM 教师表 INTO CURSOR one

  B) SELECT*FROM 教师表 TO CURSOR one

  C) SELECT*FROM 教师表 INTO CURSOR DBF one

  D) SELECT*FROM 教师表 TO CURSOR DBF one

(32) 教师表中有职工号、姓名、工龄等字段，其中职工号为主关键字，建立教师表的 SQL 语句命令是( )。

  A) CREATE TABLE 教师表(职工号 C(10)等 PRIMARY,姓名 C(20)，工龄 I)

  B) CREATE TABLE 教师表(职工号 C(10)等 FOREIGN,姓名 C(20)，工龄 I)

  C) CREATE TABLE 教师表(职工号 C(10)等 FOREIGN KEY,姓名 C(20)，工龄 I)

  D) CREATE TABLE 教师表(职工号 C(10)等 PRIMARY KEY,姓名 C(20)，工龄 I)

(33) 创建一个名为 STUDENT 的新类，保存新类的类库名称是 mylib，新类的父类是 Person，正确的命令式( )。

  A) CREATE CLASS mylib OF STUDENT As Person

  B) CREATE CLASS STUDENT OF Person As mylib

  C) CREATE CLASS STUDENT OF mylib As Person

  D) CREATE CLASS Person OF mylib As Person

(34) "教师表"中有"职工号"、"姓名"、"工龄"和"系号"等字段，"学院表"中有"系名"和"系号"等字段，计算机系教师总数的命令是( )。

  A) SELECT COUNT(*)FROM 教师表 INNER JOIN 学院表

  ON 教师表系号=学院表系号 WHERE 系名="计算机"

  B) SELECT COUNT(*)FROM 教师表 INNER JOIN 学院表

  ON 教师表系号=学院表系号 ORDER BY 教师表系号；

  HAVING 学院表，系名="计算机"

C) SELECT COUNT(*)FROM 教师表 INNER JOIN 学院表

ON 教师表系号=学院表系号 GROUP BY 教师表系号;

HAVING 学院表系名="计算机"

D) SELECT COUNT(*)FROM 教师表 INNER JOIN 学院表

ON 教师表系号=学院表系号 WHERE 系名="计算机"

HAVING 学院表, 系名="计算机"

(35) 教师表中有"职工号"、"姓名"、"工龄"和"系号"等字段学院表中有"系名"和"系号"等字段,求教师总数最多的系的教师人数,正确的命令序列是

A) SELECT 教师表.系号,COUNT(*)AS 人数 FROM 教师表,学院表;

GROUP BY 教师表.系号 INTO DBF TEMP

SELECT MAX(人数)FROM TEMP

B) SELECT 教师表.系号,COUNT(*)AS 人数 FROM 教师表,学院表;

WHERE 教师表.系号 = 学院表.系号 GROUP BY 教师表.系号 INTO DBFTEMP

SELECT MAX(人数)FROM TEMP

C) SELECT 教师表.系号,COUNT(*)AS 人数 FROM 教师表,学院表;

WHERE 教师表.系号 = 学院表.系号 GROUP BY 教师表.系号 TO FILE TEMP

SELECT MAX(人数)FROM TEMP

D) SELECT 教师表.系号,COUNT(*)AS 人数 FROM 教师表,学院表;

WHERE 教师表.系号 = 学院表.系号 GROUP BY 教师表.系号 INTO DBFTEMP

SELECT MAX(人数)FROM TEMP

(36) 在视图设计器中有,而在查询设计器中没有的选项卡是(　　)。

A) 排序依据　　　B) 更新条件　　　C) 分组依据　　　D) 杂项

(37) 在使用查询设计器创建查询时,为了指定在查询结果中是否包含重复记录(对应于DISTINCT),应该使用的选项卡是(　　)。

A) 排序依据　　　B) 联接　　　C) 筛选　　　D) 杂项

(38) 在 Visual FoxPro 中,过程的返回语句是(　　)。

A) GOBACK　　　B) CO MEBACK　　　C) RETURN　　　D) BACK

(39) 在数据库表上的字段有效性规则是(　　)。

A) 逻辑表达式　　　　　　　　　B) 字符表达式

C) 数字表达式　　　　　　　　　D) 以上三种都有可能

(40) 假设在表单设计器环境下,表单中有一个文本框,且已经被选定为当前对象,现在从属性窗口中选择 Value 属性,然后在设置框中输入"={ ˆ2001-09-10}－{ ˆ2001-08-20}",请问以上操作后,文本框 Value 属性值的数据类型是(　　)。

A) 日期型　　　B) 数值型　　　C) 字符型　　　D) 以上操作出错

二、基本操作题(计 18 分)

1. 在考生文件夹下建立项目 SALES_M。

2. 把考生文件夹中的数据库 CUST_M 加入 SALES_M 项目中。

3. 为 CUST_M 数据库中 CUST 表增加字段：联系电话 C(12)，字段值允许"空"。

4. 为 CUST_M 数据库中 ORDER1 表"送货方式"字段设计默认值为"铁路"。

三、简单应用(计 24 分)

在考生文件夹下完成如下简单应用：

1. 根据 sdb 数据库中的表用 SQL SELECT 命令查询学生的学号、姓名、课程名和成绩，结果按"课程名"升序排序，"课程名"相同时按"成绩"降序排序，并将查询结果存储到 sclist 表中。

2. 使用表单向导选择 student 表生成名为 form1 的表单。要求选择 student 表中所有字段，表单样式为"阴影式"；按钮类型为"图片按钮"；排序字段为"学号"(升序)；表单标题为"学生基本数据输入维护"。

四、综合应用(计 18 分)

在考生文件夹下有股票管理数据库 STOCK_4，数据库中有 STOCK_MM 表和 STOCK_CC 表，STOCK_MM 的表结构是：股票代码 C(6)、买卖标记 L(.T.表示买进，.F.表示卖出)、单价 N(7.2) 、本次数量 N(6)。STOCK_CC 的表结构是：股票代码 C(6)、持仓数量 N(8)。STOCK_MM 表中一只股票对应多个记录，STOCK_CC 表中一只股票对应一个记录(STOCK_CC 表开始时记录个数为 0)。请编写并运行符合下列要求的程序：

设计一个名为 menu_lin 的菜单，菜单中有两个菜单项"计算"和"退出"。

程序运行时，单击"计算"菜单项应完成下列操作：

(1) 根据 STOCK_MM 统计每只股票的持仓数量，并将结果存放到 STOCK_CC 表。计算方法：买卖标记为 .T.(表示买进)，将本次数量加到相应股票的持仓数量；买卖标记为.F.(表示卖出)，将本次数量从相应股票的持仓数量中减去。(注意：STOCK_CC 表中的记录按股票代码从小到大顺序存放)

(2) 将 STOCK_CC 表中持仓数量最少的股票信息存储到 STOCK_X 表中(与 STOCK_CC 表结构相同)。

单击"退出"菜单项，程序终止运行。

解 题 分 析

一、选择题(计 40 分)

(1) C。线性结构是最简单最常用的一种数据结构，线性结构的特点是结构中的元素之间满足线性关系，按这个关系可以把所有元素排成一个线性序列，线性表、串、栈和队列都属于线性结构。而非线性结构是指在该类结构中至少存在一个数据元素，它具有两个或者两个以上的前驱或后继，如树和二叉树等。

(2) B。"先进后出"是栈这种数据结构的特点，所以本题的答案是选项 B。

(3) D。循环队列中，入队时尾指针向前追赶头指针；出队时头指针向前追赶尾指针。

(4) A。 空间复杂度是指算法在计算机内执行时所需存储空间的度量。

(5) B。模块的划分应遵循一定的要求，以保证模块划分合理，并进一步保证以此为依据开发出的软件系统可靠性强，易于理解和维护。模块之间的耦合应尽可能的低，模块的内聚度应尽可能的高。

(6) A。结构化程序设计方法的主要原则可以概括为自顶向下、逐步求精、模块化。

(7) C。程序流程图是一种传统的、应用广泛的软件过程设计表示工具，通常也称为程序框图。

(8) B。数据库管理系统是运行在操作系统之上的支撑程序，是数据库系统的核心。

(9) C。在 E-R 图中，用菱形来表示实体之间的联系。

(10) D。给定两个相同类型的关系 A 和 B，两者的并是相同类型的一个关系，关系的主体由出现在 A 中或 B 中或同时出现在两者之中的所有元组组成。

(11) A。文本框的属性 Value 用来表示文本框中显示的内容。Name 属性用来标识对象。Inputmask 属性用来指定文本框内如何输入和显示数据，该属性值是一个字符串，通常由模式符组成，每个模式符规定了相应位置上数据的输入和显示。文本框没有 Caption 属性。

(12) D。命令 LIST MEMORY 用来显示内存变量的当前信息，LIKE 短语只显示与通配符相匹配的内存变量。通配符包括*和?，*表示任意多个字符，?表示任意一个字符。题中给出的命令表示只显示变量名以字母 a 开头的所有内存变量。

(13) A。取子串的函数有以下 3 个。格式 1：LEFT(＜字符表达式＞,＜长度＞)。格式 2：RIGHT(＜字符表达式＞,＜长度＞)。格式 3：SUBSTR(＜字符表达式＞,＜起始位置＞[,＜长度 ＞])。LEFT()从指定表达式值的左端取一个指定长度的子串作为函数值。RIGHT()从指定表达式值的右端取一个指定长度的子串作为函数值。SUBSTR()从指定表达式值的指定起始位置取指定长度的子串作为函数值。在 SUBSTR()函数中，若缺省第三个自变量＜长度＞，则函数从指定位置一直取到最后一个字符。函数 AT()的格式是：AT＜字符表达式 1＞,＜字符表达式 2＞[,＜数值表达式＞]；功能是：如果＜字符表达式 1＞是＜字符表达式 2＞的子串，则返回＜字符表达式 1＞值的首字符在＜字符表达式 2＞中的位置；若不是子串，则返回 0。函数值为数值型。

(14) B。题中 SQL 语句的功能是从"学生"表中查找"学号"字段值，即从列的角度抽取表中数据，属于投影操作。选择是从关系中找出满足给定条件的元组，即在表中从行的角度抽取记录。投影是从表中选择若干字段形成新的关系。联接是将两个关系模式拼接成一个更宽的关系模式，生成的新关系中包含满足联接条件的元组。并是传统的集合运算，是由属于两个关系的元组组成的集合。

(15) D。报表的数据源可以是数据库表、自由表、临时表、查询和视图。

(16) A。使用索引的主要目的是提高数据的查询速度。

(17) C。表单文件的扩展名是 scx，程序文件的扩展名是 prg，可视类库文件的扩展名是 vcx。

(18) D。程序的执行过程为：先定义一个包含六个元素的数组 a，然后给 a(1)和 a(2)分别赋值为 1，接着进入 FOR 循环结构，分别给 a(3)、a(4)、a(5)和 a(6)进行赋值，每一个元素的值均等于前两个元素之和。由此可以得出 a(6)的值为 8。

(19) B。调用模块程序一般有两种格式。格式 1：DO<文件名>|<过程名> WITH <实参 1>[,<实参 2>,…]。格式 2：<文件名>|<过程名>(<实参 1>[,<实参 2>,…])。本题是利用格式 1 的方式调用模块程序。采用格式 1 调用模块程序时，如果实参是常量或一般形式的表达式，系统会计算出实参的值，并把它们赋值给相应的形参变量。这种情形称为按值传递。如果实参是变量，那么传递的不是变量的值，而是变量的地址。这是形参和实参实际上是同一个变量，在模块程序中对形参变量值的改变，同样是对实参变量值的改变。这种情形称为按引用传递。采用格式 2 调用模块程序时，默认情况下都以按值方式传递参数，如果要改变传递方法，必须通过 SET UDFPARMS TO VALUE | REFERENCE 命令进行设置，TO VALUE 表示按值传递，TOREFERENCE 表示按引用传递。需要注意的是，用格式 1 调用模块程序时的参数传递方式不受 SET UDFPARMS 设置的影响。所以本题属于按引用传递方式，由于模块 test 的功能是交换形参 a 和 b 的值，当以 x1 和 x2 为实参调用 test 模块后，相当于将实参 x1 和 x2 的值交换。

(20) D。查询保存在查询文件中，扩展名是 .qpr。

(21) D。视图是根据一个或多个基本表派生出来的，在关系数据库中，视图始终不是真正含有数据，是原来表的一个窗口，可以通过视图更新基本表中的数据。视图只能在数据库中建立，数据库打开时，视图从基本表中检索数据；数据库关闭后视图中的数据将消失。视图是可以被删除的。

(22) D。PasswordChar 是文本框控件的属性，用来指定文本框控件内是显示用户输入的字符还是显示占位符；指定用作占位符的字符。该属性的默认值是空串，此时没有占位符，文本框内显示用户输入的内容。当为该属性指定一个字符(即占位符，通常为"*")后，文本框内将只显示占位符，而不会显示用户输入的实际内容。这在设计登录口令框时经常用到。

(23) B。SHOW 方法用来显示表单。该方法将表单的 Visible 属性设置为.T.，并使表单成为活动对象。

(24) A。在数据库中建立表的命令是 CREATE，建立数据库的命令是 CREATE DATABASE，建立查询的命令是 CREATE QUERY，建立表单的命令是 CREATE FORM。

(25) B。SHOW 方法用来显示表单。可以调用 MeForm 表单的 SHOW 方法使其显示在屏幕上。

(26) D。在表设计器中的"字段"选项卡中，字段有效性的设置项中包括"规则"、"信息"和"默认值"。其中，"规则"是逻辑表达式；"信息"是违背字段有效性规则时的提示信息，为字符串表达式；"默认值"的类型则视字段的类型而定。"标题"属于"字段"选项卡中"显示"组框的设置项，用于指定字段显示时的标题。

(27) C。当 SQL 语句中的 ORDER BY 排序短语后面指定了多个字段，则依次按从左到右的字段顺序排序。

(28) D。事件是由系统预先定义而由用户或系统发出的动作。事件作用于对象，对象识别事件并作出相应反应。事件集是固定的，用户不能定义新的事件。

(29) B。STR()函数的功能是将数值表达式的值转换为字符串。VAL()函数的功能是将字符型数据转换为数值型数据。DTOC()函数的功能是将日期型数据或日期时间型数据的日期部分转换成字符串。TTOC()函数的功能是将日期时间型数据转换成字符串。

(30) C。在 SQL 语句中，将查询结果保存在永久表中应使用短语 INTO DBF 或 INTO TABLE。

(31) A。在 SQL 语句中，将查询结果保存在临时表中应使用短语 INTO CURSOR。

(32) D。在 Visual FoxPro 中可以通过 SQL 的 CREATE TABLE 命令建立表。其中，通过 PRIMARY KEY 短语将指定字段设置为主关键字。

(33) C。可以用 CREATE CLASS 命令创建类，格式为：CREATE CLASS＜类名＞ OF ＜类库名＞ AS ＜父类名＞。

(34) A。根据题意，应该将"教师表"和"学院表"作连接查询，查询条件为"系名=计算机"，查询结果应该为满足查询条件的记录个数，即 COUNT(*)。该查询中不需要分组和排序。

(35) D。根据题意，可以通过两个 SELECT 查询语句实现查询。思路：先将"教师表"和"学院表"做联接查询，并按照"系号"字段分组，查找出每个系的教师人数，查询结果字段包括"系号"和"人数"，其中，"人数"是用 COUNT()计数函数计算出来的，再用 INTO DBF 短语将查询结果保存在 TEMP 表中。然后用另一个 SELECT 语句从 TEMP 表中利用 MAX()函数查找出最多的人数。

(36) B。视图可以进行查询和更新，所以在视图设计器中增加了一个"更新条件"选项卡。

(37) D。在查询设计器的"杂项"选项卡中可以指定查询结果中是否包含重复记录(对应于 DISTINCT)及显示前面的部分记录(对应于 TOP 短句)等。

(38) C。Visual FoxPro 中执行 RETURN 语句后，结束当前程序的执行，返回到调用它的上级程序，若无上级程序则返回到命令窗口。

(39) A。字段的有效性规则主要用于数据输入正确性检验，其结果为符合或不符合两种情况，所以字段的有效性规则是逻辑表达式。

(40) B。题中的＜日期＞－＜日期＞型表达式表示两个指定日期相差的天数，其结果为一个数值型数据。

二、基本操作

考核知识点：建立项目、向项目添加数据库、增加表字段、设置表字段的默认值。

操作剖析：

1. 建立项目文件 SALES_M，操作方法与第二套基本操作题的第 1 小题相同。

2. 选中数据选项卡，选取"数据库"项，单击"添加"按钮，在"打开"对话框中，在文件类型下拉列表中选取"数据库"，然后选定 CUST_M，单击"确定"。最后项目管理器窗口内容如图 7-1 左图所示(参考)。

3. 在项目管理器选定 cust 表，单击"修改"按钮，在表设计器增加字段"联系电话"，选中"NULL"列，如图 7-1 图中所示(参考)。

4. 在项目管理器选定 order1 表，单击"修改"按钮，弹出表设计器，选取"送货方式"字段，在"默认值"栏中输入"铁路"，如图 7-1 右图所示(参考)。

图 7-1

三、简单应用

1. 考核知识点：三个表的 SQL 联接查询及查询去向。

操作剖析：

本题要用一个联接查询来实现。要得到的信息存放在三个不同的表中，如图 7-2 所示 (参考)，所以要通过联接来得到所需要的信息。联接的条件：student.学号=SC.学号　AND SC.课程号=COURSE.课程号放在 WHERE 子句的后面；结果集的排序需要 ORDER　BY 子句，排序默认是升序，如果要以降序排序需要 DESC；结果要放入一个永久表中，要用到 INTO TABLE 子句，完整的查询语句：

　　　　SELECT student.学号，姓名，课程名，成绩　　FROM student,SC,COURSE;

　　　　WHERE student.学号=SC.学号　AND SC.课程号=COURSE.课程号;

　　　　ORDER BY 课程名,成绩　DESC　　INTO TABLE SCLIST

2. 考核知识点：运用项目管理器创建表单。

操作剖析：

第一步，打开在基本操作题中所建立的项目"CUST_M.PJX"。

第二步，在项目 CUST_M 的项目管理器中，选择"文档"标签，再选择"表单"，最后点击"新建(N)"按钮。

第三步，在弹出的"新建表单"对话框中点击"表单向导(W)"，并在弹出的"向导选取"对话框中，在"选择要使用的向导"对话框中选择"表单向导"，点击"确定"按钮。

第四步，在"表单向导"步骤一的字段选取中，选定 student 表，并将其全部字段放入"选定字段"中，点击下一步；在步骤二的选择表单样式中的样式类型中选择"阴影式"，在"按钮类型"中选择"图片按钮"，点击下一步；在步骤三排序次序中选择按学号的升序排序，点击下一步；在步骤四完成中在表单标题文本框中输入：学生基本输入数据维护，点击"完成"按钮。在弹出的"另存为"对话框，从对话框中选定考生文件夹，并输入 form1.scx，点击"保存"按钮即可。表单运行效果如图 7-3 所示(参考)。

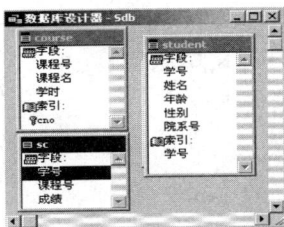

图 7-2

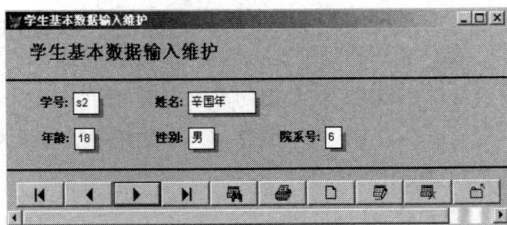

图 7-3

四、综合应用

考核知识点：菜单的建立、结构化查询语言(SQL)中的联接查询、查询的排序、临时表的概念、查询结果的去向等知识。

操作剖析：

第一步，利用菜单设计器定义两个菜单项，在菜单名称为"计算"的菜单项的结果列中选择"过程"，并通过单击"编辑"按钮打开一个窗口来添加"计算"菜单项要执行的命令。在菜单名称为"退出"的菜单项的结果列中选择"命令"，并在后面的"选项"列中输入退出菜单的命令：

SET SYSMENU TO DEFAULT

第二步，在单击"计算"菜单项后面的"编辑"按钮所打开的窗口中添加如下的过程代码(参考)：

```
SET TALK OFF                    &&在程序中常常要关闭命令结果的显示
OPEN DATABASE STOCK_4           &&打开数据库文件 STOCK_4
SELECT 股票代码,SUM(本次数量) AS 持仓数量 FROM STOCK_MM;
WHERE 买卖标记 GROUP BY 股票代码    INTO CURSOR CurTable1
SELECT 股票代码,SUM(本次数量) AS 持仓数量 FROM STOCK_MM;
WHERE NOT 买卖标记 GROUP BY 股票代码    INTO CURSOR CurTable2
SELECT CurTable1.股票代码,(CurTable1.持仓数量−CurTable2.持仓数量) AS 持仓数量;
FROM CurTable1,CurTable2    WHERE CurTable1.股票代码=CurTable2.股票代码;
ORDER BY CurTable1.股票代码    INTO ARRAY AfieldsValue
```

注：由于每种股票的买进的数量的和与卖出的数量的和在两个不同的临时表 CurTable1 和 CurTable2 中。因此要想得到两者之间的差，需要进行连接查询，可以通过"股票代码"来做为联接的条件，置于 WHERE 的后面；可以用 ORDER BY 子句来确定查询的排序依据，这里以股票代码的升序进行排序：ORDER BY 股票代码；可以利用 INTO ARRAY 数组名子句，将 SELECT 语句的查询结果放在一个数组中，以备后面的程序利用。

```
DELETE FROM STOCK_CC
```

&& 删除 STOCK_CC 表中以前的记录，DELETE SQL 语句可以将满足指定条件的记录加上删除标记

```
&& DELETE FROM [DatabaseName!]TableName；
&& [WHERE FilterCondition1 [AND | OR FilterCondition2 ]]
```

INSERT INTO STOCK_CC　　FROM ARRAY AfieldsValue

&& 将所得到每支股票的代码和持仓数量的数组插入到表 STOCK_CC 中

&& INSERT SQL 语句可以向指定的表追加一条新的记录

&& INSERT 可以直接将一个数组中的值作为记录值追加到表中，利用 FROM ARRAY 数组变量名来实现

CLOSE ALL

USE STOCK_CC

PACK　　　　　　　　&& 物理删除加上删除标记的记录

USE

SELECT * TOP 1 FROM STOCK_CC ORDER BY 持仓数量 INTO TABLE STOCK_X

&& SELECT 语句中可以通过 TOP 来限制返回结果集中行数 TOP n[PERCENT] ，n 指定返回的行数。

&& 如果未指定 PERCENT，n 就是返回的行数。如果指定了 PERCENT，n 就是返回的结果集行的百分比；INTO TABLE 表名 可以将结果集生成一个表。

SET TALK ON

第三步，保存所编辑的菜单为 menu_lin.mnx，并生成菜单 menu_lin.mpr。

运用菜单设计器创建菜单，"计算"菜单项的程序代码以及三个表的显示效果如图 7-4 所示(参考)。

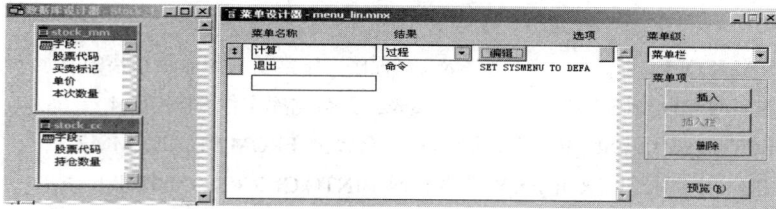

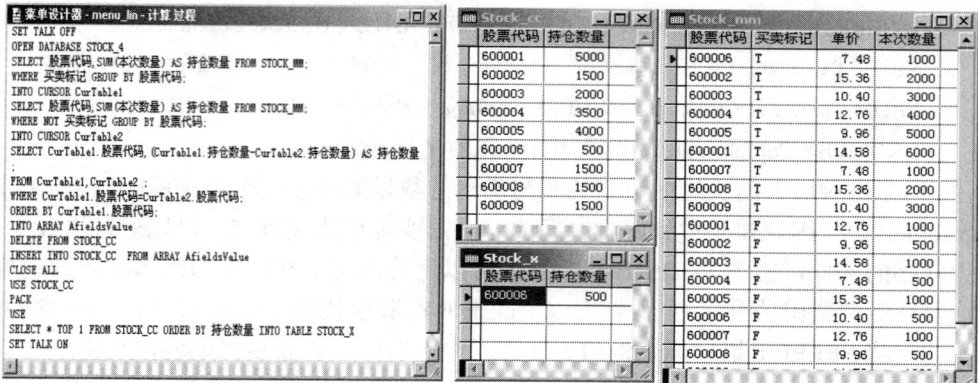

图 7-4

模拟试题八及解题分析

一、选择题(计 40 分)

下列各题 A、B、C、D 四个选项中，只有一个选项是正确的。

(1) 软件是指(　　)。

    A) 程序　　　　　　　　　　　　　　B) 程序和文档

    C) 算法加数据结构　　　　　　　　　D) 程序、数据与相关文档的完整集合

(2) 软件调试的目的是(　　)。

    A) 发现错误　　　　　　　　　　　　B) 改正错误

    C) 改善软件的性能　　　　　　　　　D) 验证软件的正确性

(3) 在面向对象方法中，实现信息隐蔽是依靠(　　)。

    A) 对象的继承　　　B) 对象的多态　　　C) 对象的封装　　　D) 对象的分类

(4) 下列叙述中，不符合良好程序设计风格要求的是(　　)。

    A) 程序的效率第一，清晰第二　　　　B) 程序的可读性好

    C) 程序中要有必要的注释　　　　　　D) 输入数据前要有提示信息

(5) 下列叙述中正确的是(　　)。

    A) 程序执行的效率与数据的存储结构密切相关

    B) 程序执行的效率只取决于程序的控制结构

    C) 程序执行的效率只取决于所处理的数据量

    D) 以上三种说法都不对

(6) 下列叙述中正确的是(　　)。

    A) 数据的逻辑结构与存储结构必定是一一对应的

    B) 由于计算机存储空间是向量式的存储结构，因此，数据的存储结构一定是线性结构

    C) 程序设计语言中的数组一般是顺序存储结构，因此，利用数组只能处理线性结构

    D) 以上三种说法都不对

(7) 冒泡排序在最坏情况下的比较次数是(　　)。

    A) $n(n+1)/2$　　　B) $nlbn$　　　C) $n(n-1)/2$　　　D) $n/2$

(8) 一棵二叉树中共有 70 个叶子结点与 80 个度为 1 的结点，则该二叉树中的总结点数为(　　)。

    A) 219　　　　B) 221　　　　C) 229　　　　D) 231

(9) 下列叙述中正确的是(　　)。

    A) 数据库系统是一个独立的系统，不需要操作系统的支持

    B) 数据库技术的根本目标是要解决数据的共享问题

  C) 数据库管理系统就是数据库系统

  D) 以上三种说法都不对

(10) 下列叙述中正确的是(　　)。

  A) 为了建立一个关系,首先要构造数据的逻辑关系

  B) 表示关系的二维表中各元组的每一个分量还可以分成若干数据项

  C) 一个关系的属性名表称为关系模式

  D) 一个关系可以包括多个二维表

(11) 在 Visual FoxPro 中,通常以窗口形式出现,用以创建和修改表、表单、数据库等应用程序组件的可视化工具称为(　　)。

  A) 向导　　　　　　　B) 设计器　　　　　　C) 生成器　　　　　　D) 项目管理器

(12) 命令?VARTYPE(TIME())的结果是(　　)。

  A) C　　　　　　　　B) D　　　　　　　　C) T　　　　　　　　D) 出错

(13) 命令?LEN(SPACE(3)−SPACE(2))的结果是(　　)。

  A) 1　　　　　　　　B) 2　　　　　　　　C) 3　　　　　　　　D) 5

(14) 在 Visual FoxPro 中,菜单程序文件的默认扩展名是(　　)。

  A) .mnx　　　　　　　B) .mnt　　　　　　　C) .mpr　　　　　　　D) .prg

(15) 要想将日期型或日期时间型数据中的年份用 4 位数字显示,应当使用设置命令(　　)。

  A) SET CENTURY ON　　　　　　　　　　B) SET CENTURY OFF

  C) SET CENTURY TO 4　　　　　　　　　 D) SET CENTURY OF 4

(16) 已知表中有字符型字段职称和性别,要建立一个索引,要求首先按职称排序、职称相同时再按性别排序,正确的命令是(　　)。

  A) INDEX ON 职称+性别 TO ttt

  B) INDEX ON 性别+职称 TO ttt

  C) INDEX ON 职称,性别 TO ttt

  D) INDEX ON 性别,职称 TO ttt

(17) 在 Visual FoxPro 中,UnLoad 事件的触发时机是(　　)。

  A) 释放表单　　　　B) 打开表单　　　　C) 创建表单　　　　D) 运行表单

(18) 命令 SELECT 0 的功能是(　　)。

  A) 选择编号最小的未使用工作区　　　　B) 选择 0 号工作区

  C) 关闭当前工作区中的表　　　　　　　D) 选择当前工作区

(19) 下面有关数据库表和自由表的叙述中,错误的是(　　)。

  A) 数据库表和自由表都可以用表设计器来建立

  B) 数据库表和自由表都支持表间联系和参照完整性

  C) 自由表可以添加到数据库中成为数据库表

  D) 数据库表可以从数据库中移出成为自由表

(20) 有关 ZAP 命令的描述,正确的是(　　)。

  A) ZAP 命令只能删除当前表的当前记录

  B) ZAP 命令只能删除当前表的带有删除标记的记录

C) ZAP 命令能删除当前表的全部记录

D) ZAP 命令能删除表的结构和全部记录

(21) 在视图设计器中有，而在查询设计器中没有的选项卡是(　　)。

A) 排序依据　　　B) 更新条件　　　C) 分组依据　　　D) 杂项

(22) 在使用查询设计器创建查询时，为了指定在查询结果中是否包含重复记录(对应于 DISTINCT)，应该使用的选项卡是(　　)。

A) 排序依据　　　B) 联接　　　C) 筛选　　　D) 杂项

(23) 在 Visual FoxPro 中，过程的返回语句是(　　)。

A) GOBACK　　　B) COMEBACK　　　C) RETURN　　　D) BACK

(24) 在数据库表上的字段有效性规则是(　　)。

A) 逻辑表达式　　　　　　　　　B) 字符表达式

C) 数字表达式　　　　　　　　　D) 以上三种都有可能

(25) 假设在表单设计器环境下，表单中有一个文本框且已经被选定为当前对象。现在从属性窗口中选择 Value 属性，然后在设置框中输入：={^2001-09-10}+{^2001-08-20}。请问以上操作后，文本框 Value 属性值的数据类型为(　　)。

A) 日期型　　　B) 数值型　　　C) 字符型　　　D) 以上操作出错

(26) 在 SQL SELECT 语句中为了将查询结果存储到临时表应该使用短语(　　)。

A) TO CURSOR　　B) INTO CURSOR　　C) INTO DBF　　D) TO DBF

(27) 在表单设计中，经常会用到一些特定的关键字、属性和事件。下列各项中属于属性的是(　　)。

A) This　　　B) ThisForm　　　C) Caption　　　D) Click

(28) 下面程序计算一个整数的各位数字之和。在下划线处应填写的语句是(　　)。

```
SET TALK OFF
INPUT"X=Y"TO x
s=0
DO WHILEx!=0
s=s+MOD(x,10)
_____
ENDDO
?S
SET TALK ON
```

A) x=int(x/10)　　B) x=int(x%10)　　C) x=x-int(x/10)　　D) x=x-int(x%10)

(29) 在 SQL 的 ALTER TABLE 语句中，为了增加一个新的字段应该使用短语(　　)。

A) CREATE　　　B) APPEND　　　C) COLUMN　　　D) ADD

第(30)～第(35)题使用如下数据表。

学生.dbf：学号(C，8)，姓名(C，6)，性别(C，2)，出生日期(D)

选课.dbf：学号(C，8)，课程号(C，3)，成绩(N，5，1)

(30) 查询所有 1982 年 3 月 20 日以后(含)出生、性别为男的学生，正确的 SQL 语句是(　　)。

    A) SELECT*FROM 学生 WHERE 出生日期>={^1982-03-20}AND 性别="男"

    B) SELECT*FROM 学生 WHERE 出生日期<={^1982-03-20}AND 性别="男"

    C) SELECT*FROM 学生 WHERE 出生日期>={^1982-03-20}OR 性别="男"

    D) SELECT*FROM 学生 WHERE 出生日期<{^1982-03-20}OR 性别="男"

  (31) 计算刘明同学选修的所有课程的平均成绩，正确的 SQL 语句是(　　)。

    A) SELECTAVG(成绩)FROM 选课 WHERE 姓名="刘明"

    B) SELECTAVG(成绩)FROM 学生，选课 WHERE 姓名="刘明"

    C) SELECTAVG(成绩)FROM 学生，选课 WHERE 学生.姓名="刘明"

    D) SELECTAVG(成绩)FROM 学生，选课 WHERE 学生.学号=选课.学号 AND 姓名="刘明"

  (32) 假定学号的第 3、4 位为专业代码。要计算各专业学生选修课程号为"101"课程的平均成绩，正确的 SQL 语句是(　　)。

    A) SELECT 专业 AS SUBS(学号, 3, 2)，平均分 AS AVG(成绩)FROM 选课 WHERE 课程号="101"GROUP BY 专业

    B) SELECT SUBS(学号, 3, 2)AS 专业，AVG(成绩)AS 平均分 FROM 选课 WHERE 课程号="101"GROUP BY 1

    C) SELECT SUBS(学号, 3, 2)AS 专业，AVG(成绩)AS 平均分 FROM 选课 WHERE 课程号="101"ORDER BY 专业

    D) SELECT 专业 AS SUBS(学号, 3, 2)，平均分 AS AVG(成绩)FROM 选课 WHERE 课程号="101"ORDER BY 1

  (33) 查询选修课程号为"101"课程得分最高的同学，正确的 SQL 语句是(　　)。

    A) SELECT 学生.学号，姓名 FROM 学生，选课 WHERE 学生.学号=选课.学号 AND 课程号="101" AND 成绩>=ALL(SELECT 成绩 FROM 选课)

    B) SELECT 学生.学号，姓名 FROM 学生，选课 WHERE 学生.学号；选课.学号 AND 成绩>=ALL(SELECT 成绩 FROM 选课 WHERE 课程号="101")

    C) SELECT 学生.学号，姓名 FROM 学生，选课 WHERE 学生.学号=选课.学号 AND 成绩>=ANY(SELECT 成绩 FROM 选课 WHERE 课程号="101")

    D) SELECT 学生.学号,姓名 FROM 学生,选课 WHERE 学生.学号=选课.学号 AND 课程号="101" AND 成绩>=ALL(SELECT 成绩 FROM 选课 WHERE 课程号="101")

  (34) 插入一条记录到"选课"表中，学号、课程号和成绩分别是"02080111"、"103"和 80，正确的 SQL 语句是(　　)。

    A) INSERT INTO 选课 VALUES("02080111"，"103"，80)

    B) INSERT VALUES("02080111"，"103"，80)TO 选课(学号，课程号，成绩)

    C) INSERT VALUES("02080111"，"103"，80)INTO 选课(学号，课程号，成绩)

    D) INSERT INTO 选课(学号，课程号，成绩)FROMVALUES("02080111"，"103"，80)

  (35) 将学号为"02080110"、课程号为"102"的选课记录的成绩改为 92，正确的 SQL 语句是(　　)。

    A) UPDATE 选课 SET 成绩 WITH 92 WHERE 学号="02080110" AND 课程号="102"

B) UPDATE 选课 SET 成绩=92WHERE 学号="02080110"AND 课程号="102"

C) UPDATE FROM 选课 SET 成绩 WITH 92 WHERE 学号="02080110"AND 课程号 ="102"

D) UPDATE FROM 选课 SET 成绩=92 WHERE 学号="02080110" AND 课程号 ="102"

(36) 下列程序段执行以后，内存变量 y 的值是(　　)。

```
CLEAR
x=12345
y =0DO WHILE x>0
y =y +x％10
x=i nt(x／10)
ENDDO
? y
```

　　A) 54321　　　　　　B) 12345　　　　　　C) 51　　　　　　　D) 15

(37) 参照完整性规则的更新规则中"级联"的含义是(　　)。

A) 更新父表中的联接字段值时，用新的联接字段值自动修改字表中的所有相关记录

B) 若子表中有与父表相关的记录，则禁止修改父表中的联接字段值

C) 父表中的联接字段值可以随意更新，不会影响子表中的记录

D) 父表中的联接字段值在任何情况下都不允许更新

(38) 在查询设计器环境中，"查询"菜单下的"查询去向"命令指定了查询结果的输出去向，输出去向不包括(　　)。

　　A) 临时表　　　　B) 表　　　　　　C) 文本文件　　　　D) 屏幕

(39) 在当前表单的 LABEL1 控件中显示系统时间的语句是(　　)。

A) THISFOR M. LABEL1. CAPTION =TIME()

B) THISFOR M. LABEL1. VALUE=TIME()

C) THISFOR M. LABEL1. TEXT=TIME()

D) THISFOR M. LABEL1. CONTROL=TIME()

(40) 在成绩表中，查找物理分数最高的学生记录，下列 SQL 语句的空白处应填入的是(　　)。

　　SELECT ＊ FROM 成绩表 WHERE 物理＞= (SELECT 物理 FROM 成绩表)

　　A) SOME　　　　　B) EXITS　　　　　C) ANY　　　　　　D) ALL

二、基本操作题(计 18 分)

1. 打开数据库 PROD_M 及数据库设计器，其中的两个表的索引已经建立，为这两个表建立永久性联系。

2. 设置 category 表中"种类名称"字段的默认值为"饮料"。

3. 为 products 表增加字段：优惠价格 N(8, 2)。

4. 如果所有商品的优惠价格是在进货价格基础上减少 12%，计算所有商品的优惠

价格。

三、简单应用(计 24 分)

1. 在考生文件夹中有一个数据库 GCS，其中 GONGCH 表结构如下：

GONGCH(编号 C(4)，姓名 C(10)，性别 C(2)，工资 N(7，2)，年龄 N(2)，职称 C(10))

现在要对 GONGCH 表进行修改，指定编号为主索引，索引名和索引表达式均为编号；指定职称为普通索引，索引名和索引表达式均为职称；年龄字段的有效性规则在 25 至 65 之间(含 25 和 65)，默认值是 45。

2. 在考生文件夹中有数据库 GCS，其中有数据库表 GONGCH。

在考生文件夹下设计一个表单，该表单为 GCS 库中 GONGCH 表窗口式输入界面，表单上还有一个名为 cmdCLOSE 的按钮,标题名为"关闭",点击该按钮,使用 ThisForm.release 退出表单。最后将表单存放在考生文件夹中，表单文件名是 c_form。

提示：在设计表单时，打开 GCS 数据库设计器，将 GONGCH 表拖入到表单中就实现了 GONGCH 表的窗口式输入界面，不需要其他设置或修改。

四、综合应用(计 18 分)

在考生文件夹下有仓库数据库 GZ3 包括两个表文件：

ZG(仓库号 C(4)，职工号 C(4)，工资 N(4))

DGD(职工号 C(4)，供应商号 C(4)，订购单号 C(4)，订购日期 D，总金额 N(10))

首先建立工资文件数据表：GJ3(职工号 C(4)，工资 N(4))

设计一个名为 YEWU3 的菜单，菜单中有两个菜单项"查询"和"退出"。

程序运行时，单击"查询"应完成下列操作：检索出与供应商 S7、S4 和 S6 都有业务联系的职工的职工号和工资，并存放到所建立的 GJ3 文件中。

单击"退出"菜单项，程序终止运行。(注：相关数据表文件存在考生文件夹下)

解 题 分 析

一、选择题

(1) D。本题考查软件的定义。软件是计算机系统中与硬件相互依存的一部分，它包括程序、相关数据及其说明文档。因此，本题正确答案是选项 D。

(2) B。本题考查软件工程调试。调试与测试是两个不同的过程，有着根本的区别：调试是一个随机的、不可重复的过程，它用于隔离和确认问题发生的原因，然后修改软件来纠正问题；测试是一个有计划的、可以重复的过程，它的目的是为了发现软件中的问题。因此，软件调试的目的是为了改正软件中的错误。本题的正确答案是选项 B。

(3) C。通常认为，面向对象方法具有封装性、继承性、多态性几大特点。这几大特点为软件开发提供了一种新的方法学。封装性：所谓封装就是将相关的信息、操作与处理融合在一个内含的部件中(对象中)。简单地说,封装就是隐藏信息。这是面向对象方法的中心,也是面向对象程序设计的基础。继承性:子类具有派生它的类的全部属性(数据)和方法,而根据某一类建立的对象也都具有该类的全部,这就是继承性。继承性自动在类与子类间共享功能与数据,当某个类做了某项修改,其子类会自动改变,子类会继承其父类所有特性与行为模式。继承有利于提高软件开发效率,容易达到一致性。多态性:多态性就是多种形式。不同的对象在接收到相同的消息时,采用不同的动作。例如,一个应用程序包括许多对象,这些对象也许具有同一类型的工作,但是却以不同的做法来实现。不必为每个对象的过程取一过程名,造成复杂化,可以使过程名复用。同一类型的工作有相同的过程名,这种技术称为多态性。经过上述分析可知,在面向对象方法中,实现信息隐蔽是依靠对象的封装。正确答案是选项 C。

(4) A。本题考查软件工程的程序设计风格。软件在编码阶段,力求程序语句简单、直接,不能只为了追求效率而使语句复杂化,除非对效率有特殊的要求。程序编写要做到清晰第一、效率第二。人们在软件生存期要经常阅读程序,特别是在软件测试和维护阶段,编写程序的人和参与测试、维护的入都要阅读程序,因此要求程序的可读性要好。正确的注释能够帮助读者理解程序,可为后续阶段进行测试和维护提供明确的指导。所以注释不是可有可无的,而是必须的,它对于理解程序具有重要的作用。I/O 信息是与用户的使用直接相关的,因此它的格式应当尽可能方便用户的使用。在以交互式进行输入/输出时,要在屏幕上使用提示符明确提示输入的请求,指明可使用选项的种类和取值范围。经过上述分析可知,选项 A 是不符合良好程序设计风格要求的。

(5) A。本题考查程序效率。程序效率是指程序运行速度和程序占用的存储空间。影响程序效率的因素是多方面的,包括程序的设计、使用的算法、数据的存储结构等。在确定数据逻辑结构的基础上,选择一种合适的存储结构,可以使得数据操作所花费的时间少,占用的存储空间少,即提高程序的效率。因此,本题选项 A 的说法是正确的。

(6) D。本题考查数据结构的基本知识。数据之间的相互关系称为逻辑结构。通常分为四类基本逻辑结构,即集合、线性结构、树型结构、图状结构或网状结构。存储结构是逻辑结构在存储器中的映象,包含数据元素的映象和关系的映象。存储结构在计算机中有两种,即顺序存储结构和链式存储结构。顺序存储结构是把数据元素存储在一块连续地址空间的内存中;链式存储结构是使用指针把相互直接关联的节点连接起来。因此,这两种存储结构都是线性的。可见,逻辑结构和存储结构不是一一对应的。因此,选项 A 和选项 B 的说法都是错误的。无论数据的逻辑结构是线性的还是非线性的,只能选择顺序存储结构或链式存储结构来实现存储。程序设计语言中,数组是内存中一段连续的地址空间,可看作是顺序存储结构。可以用数组来实现树型逻辑结构的存储,比如二叉树。因此,选项 C 的说法是错误的。

(7) C。冒泡排序的基本思想是:将相邻的两个元素进行比较,如果反序,则交换;对于一个待排序的序列,经一趟排序后,最大值的元素移动到最后的位置,其他值较大的元素也向最终位置移动,此过程称为一趟冒泡。对于有 n 个数据的序列,共需 n−1 趟排序,第 i 趟对从 1 到 n−i 个数据进行比较、交换。冒泡排序的最坏情况是待排序序列逆序,第 1 趟比较 n−1 次,第 2 趟比较 n−2 次,依此类推,最后一趟比较 1 次,一共进行 n−1 趟排序。因此,冒泡排序在最坏情况下的比较次数是(n−1)+(n−2)+⋯+1,结果为 n(n−1)/2。本题的正确答案是选项 C。

(8) A。本题考查数据结构中二叉树的性质。二叉树满足如下一条性质，即对任意一棵二叉树，若终端结点(即叶子结点)数为 n0，而其度数为 2 的结点数为 n2，则 n0=n2+1。根据这条性质可知，若二叉树中有 70 个叶子结点，则其度为 2 的结点数为 70−1，即 69 个。二叉树的总结点数是度为 2、度为 1 和叶了结点的总和，因此，题目中的二叉树总结点数为 69+80+70，即 219。因此，本题的正确答案是选项 A。

(9) B。本题考查数据库系统的基本概念和知识。数据库系统除了数据库管理软件之外，还必须有其他相关软件的支持。这些软件包括操作系统、编译系统、应用软件开发工具等。对于大型的多用户数据库系统和网络数据库系统，还需要多用户系统软件和网络系统软件的支持。因此，选项 A 的说法是错误的。数据库可以看成是长期存储在计算机内的、大量的、有结构的和可共享的数据集合。因此，数据库具有为各种用户所共享的特点。不同的用户可以使用同一个数据库，可以取出它们所需要的子集，而且容许子集任意重叠。数据库的根本目标是要解决数据的共享问题。因此，选项 B 的说法是正确的。通常将引入数据库技术的计算机系统称为数据库系统。一个数据库系统通常由五个部分组成，包括相关计算机的硬件、数据库集合、数据库管理系统、相关软件和人员。因此，选项 C 的说法是错误的。因此，本题的正确答案是选项 B。

(10) C。本题考查数据库的关系模型。关系模型的数据结构是一个“二维表”，每个二维表可称为一个关系，每个关系有一个关系名。表中的一行称为一个元组；表中的列称为属性，每一列有一个属性名。表中的每一个元组是属性值的集合，属性是关系二维表中最小的单位，不能再被划分。关系模式是指一个关系的属性名表，即二维表的表框架。因此，选项 C 的说法是正确的。

(11) B。Visual FoxPro 的设计器是创建和修改应用系统各种组件的可视化工具，包括表设计器、查询设计器、视图设计器、表单设计器、报表设计器、数据库设计器及数据环境设计器等。利用不同的设计器可以创建表、表单、数据库、查询和报表。所以选项 B 为正确答案。

(12) A。函数 VARTYPE()的用法如下：VARTYPE(<表达式>[，<逻辑表达式>])：测试<表达式>的类型，返回一个大写字母，函数返回值为字符犁。函数 TIME()返回系统当前时间，返回值为字符型，所以?VARTYPE(TIME())的返回值为“C”，选项 A 为正确答案。

(13) D。本题考察字符表达式的运算。字符表达式由字符串运算符将字符型数据连接起来组成，其运算结果仍为字符型数据。字符运算符有两种。(1) +：前后两个字符串首尾连接形成一个新的字符串。(2) −：连接前后两个字符串，并将前字符串的尾部空格移到合并后的新字符串尾部。在本题中，SPACE(3)产生一个具有三个空格的字符串，而 SPACE(2)产生具有两个空格的字符串，两个字符串相减，根据运算规则，产生一个具有五个空格的字符串。LEN()函数测试字符串的长度，所以返回值为 5，选项 D 为正确答案。

(14) C。本题考查 Visual FoxPro 菜单程序文件的扩展名。在 Visual FoxPro 中，使用“菜单设计器”所定义的菜单保存在 .mnx 文件中，系统会根据菜单定义文件，生成可执行的菜单程序文件，其扩展名为 .mpr，因此答案 C 正确；选项 B 为程序文件；选项 D 为程序文件。

(15) A。本题考察在 Visual FoxPro 的环境设置命令，SET CENTURY ON 表示日期按照世纪格式显示，也就是日期型或日期时间型数据中的年份使用四位数字显示，故选项 A 正确，选项 B 是关闭世纪格式显示的命令，选项 C 与选项 D 均为错误命令。

(16) A。本题考察在 Visual FoxPro 中创建表索引的概念。索引是根据指定的索引关键字 表达式建立的，使用命令方式创建索引的格式如下： INDEX ON<索引关键字表达式>TO<单索引文件>｜TAG<标识名>[OF<独立复合索引文件名>], [FOR<逻辑表达式>][COMPACT] [ASCENDING ｜ DESCENDING][UNIQUE][ADDITIVE]，其中关键字表达式，可以是单一字段名，也可以是多个字段组成的字符型表达式，表达式中各字段的类型只能是数值型、字符型和日期型和逻辑型在此题中的各个选项中。选项 A 正确，表示首先按照职称进行排序，如果职称相同时，再按照性别排序。选项 B 则正好相反，首先按照性别排序。选项 C 与选项 D 均为错误命令，考生一定不要将其与 SQL 语句中的排序方法相混淆。

(17) A。在 Visual FoxPro 中，UnLoad 事件是从内存中释放表单或表单集时发生的事件，所以选项 A 正确。

(18) A。在 Visual FoxPro 中，命令 SELECT 0 的功能是选择一个编号最小且没有使用的空闲工作区。所以选项 A 正确。

(19) B。本题考察考生对数据库表与自由表基本知识的掌握。在 Visual FoxPro 中的表可以是与数据库相关联的数据库表，也可以是与数据库不关联的自由表。两者的绝大多数操作相同(都可以使用表设计器来建立)且可以相互转换(数据库表可以移出数据库成为自由表，自由表也可以加入到数据库中成为数据库表)。而数据库表还具有下面自由表所不具备的特性，如：① 长表名和表中的长字段名；② 表中字段的标题和注释；③ 默认值、输入掩码和表中字段格式化；④ 表字段的默认控件类；⑤ 字段级规则和记录级规则；⑥ 支持参照完整性的主关键字索引和表间关系；⑦ INSERT、UPDATE 或 DELETE 事件的触发器。所以，自由表支持表间联系和参照完整性，所以选项 B 为正确答案。

(20) C。ZAP 命令的作用是将当前打开的表文件中的所有记录完全删除。执行该命令之后，将只保留表文件的结构，而不再有任何数据存在。这种删除无法恢复。所以，选项 C 为正确答案。

(21) B。本题考查对查询；设计器及视图设计器的掌握，在查询设计器中共有 6 个选项卡，为"字段"、"联接"、"筛选"、"排序依据"、"分组依据"和"杂项"。而在视图设计器中有"字段"、"联接"、"筛选"、"排序依据"、"分组依据"、"更新条件"及"杂项" 7 个选项卡。由此可以看出，视图设计器所特有的选项卡为"更新条件"选项卡，所以选项 B 正确。

(22) D。本题考查对查询设计器的掌握。在查询设计器中 6 个选项卡分别对应的 SQL 语句短语如下："字段"选项卡与 SQL 语句的 SELECT 短语对应。"联接"选项卡与 SQL 语句的 JOIN 短语对应。"筛选"选项卡与 SQL 语句的 WHERE 短语对应。"排序依据"选项卡与 SQL 语句的 ORDER BY 短语对应。"分组依据"选项卡与 SQL 语句的 GROUP BY 短语对应。"杂项"选项卡中包含有"无重复记录"选项，此选项与 DISTINCT 对应。选项 D 为正确答案。

(23) C。在 Visual FoxPro 中，过程的定义格式如下。定义过程：PROCEDURE ｜

FUNCTION<过程名> <命名序列> IRETURN[<表达式>] [ENDPROC | ENDFUNC]。当过程执行到 RETURN，将返回到调用程序，返回表达式的值。如果没有 RETURN 命令，则在过程结束处自动执行一条隐含的 RETURN 命令。如果 RETURN 命令不带 <表达式>，则返回逻辑值.T.。所以，正确答案为选项 C。

(24) A。字段有效性规则，是用来指定该字段的值必须满足的条件，限制该字段的数据的有效范围，为逻辑表达式。选项 A 正确。

(25) B。本题考察对于日期时间型表达式的掌握，由日期型或日期时间型常量和日期运算符组成。运算符有两个：+和−。对于本题来说，两个日期型常量相减，所得出的结果为两个日期之间所相差的天数，为一个数值性结果，所以选项 B 为正确答案。

(26) B。在 SQL 语句中，使用短语 INTO CURSOR CursorName 把查询结果存放到临时的数据库文件当中(CursorName 是临时的文件名)，此短语产生的临时文件是一个只读的dbf 文件，当关闭文件时，该文件将会被自动删除。所以选项 B 为正确答案。查询结果的存储还有一些其他选项，如：使用 INTO ARRAY ArrayName 短语把查询结果存放到数组当中，ArrayName 是任意的数组变量名，使用短语 INTO DBF | TABLE TableName，把查询结果存放到永久表当中(选项 C 及选项 D)。使用短语 TO FILE FileName[ADDITIVE]把查询结果存放到文本文件当中(选项 A)。

(27) C。在本题列出的选项中，This：表示对当前对象的引用；ThisForm：表示对当前表单的引用；Caption：为对象的标题文本属性；Click：为单击对象时所引发的事件。所以选项 C 为正确答案。

(28) A。此程序运行步骤如下：首先等待用户屏幕输入一个数字，由变量 x 保存该数字；将 0 赋值给变量 s，此变量用于计算各位数字和；使用一个 Do While 循环语句，判断x 是否等于 0，如果等于 0，退出循环；如果不等于零，则使用 MOD()(取余)函数求出 x 除以 10 的余数(数字的个位数)，并累加到变量 s 中。接下来，程序应当将变量 x 除以 10 并取整，使之缩小 10 倍，以便将 x 的 10 位数字变为个位数字，所以在此应当选择选项 A。其余选项均为错误选项。

(29) D。SQL 的 ALTER TABLE 增加表字段的语句格式为：ALTER TABLE 表名 ADD字段名数据类型标识[(字段长度[，小数位数])]。根据题意，应当使用 ADD 短语，选项 D为正确答案。

(30) A。本题考察考生对逻辑表达式的掌握，题目要求查询所有 1982 年 3 月 20 日以后(含)出生，并且性别为"男"的记录，题目所给出的选项意义如下：选项 A 查询所有 1982年 3 月 20 日以后(含)出生并且性别为"男"的记录，为正确答案。选项 B 查询所有 1982年 3 月 20 日以前(含)出生并且性别为"男"的记录，错误。选项 C 查询所有 1982 年 3 月20 日以后(含)出生或者性别为"男"的记录，错误。选项 D 查询所有 1982 年 3 月 20 日以前(含)出生或者性别为"男"的记录，错误。选项 A 为正确答案。

(31) D。此题中各个选项解释如下：选项 A 错误，此查询只选择了"选课"表，但在"选课"表中并没有"姓名"字段。选项 B 与选项 C 错误，此查询进行了两个表的联合查询，但没有根据关键字将两个表联接起来。选项 D 正确。

(32) B。本题所给出的四个选项中，选项 A 与选项 C 的错误很明显，因为分组短语GROUP BY 后面所跟的"专业"字段，在查询的结果中并不存在，所以这两个选项不予考虑。而选项 D 则有一定的迷惑性，但仔细观察题目可以看出，其 SELECT 短语后面所跟随的"专业"字段列表在"选课"表中不存在，所以为错误选项。故选项 B 为正确答案。

(33) D。本题所给出的四个选项中：选项 A 中的子查询并没有限定选择"课程号"为"101"，则此命令选择出来的结果是"101"课程得分大于等于所有科目成绩的记录，如果其余课目的成绩有记录大于"101"科目的最高成绩，则此查询无结果，此选项错误。选项 B 中的查询并没有限定选择"课程号"为"101"，则此命令选择出来的结果是所有课程得分大于等于所有"101"科目成绩的记录，如果其余课目的成绩有记录大于"101"科目的最高成绩，则此查询将查询出错误结果，此选项错误。选项 C 中的查询并没有限定选择"课程号"为"101"，则此命令选择出来的结果是所有课程得分大于等于任意"101"科目成绩的记录，此查询将查询出错误结果，此选项错误。选项 D 符合题意，将查询出正确结果，故为正确答案。

(34) A。使用 SQL 插入表记录的命令 INSERT INTO 向表中插入记录的格式如下：INSERT INTO 表名[(字段名 1[,字段名 2，…])DVALUES(表达式 1[，表达式 2，…])由此命令格式可以看出，选项 A 为正确答案。

(35) B。SQL 中的 UPDATE 语句可以更新表从数据，格式如下：UPDATE＜表名＞SET＜列名 1＞=＜表达式 1＞[,列名 2＞=＜表达式 2＞,][WHERE＜条件表达式 1＞IAND｜OR＜条件表达式 2＞，]。由此命令格式可以看出，选项 B 为正确答案。选项 A 错误地使用了 with 短语，而选项 C 及选项 D 均使用了错误的 FROM 短语。

(36) D。程序的功能是从后往前依次读取各位上的数值，并对它们求和，所以结果为 15。

(37) A。参照完整性的更新规则包括：级联、限制和忽略。级联是在更新父表的连接字段值时，用新的连接字段值自动修改子表中的所有相关记录。限制是子表中有相关的记录，则禁止修改父表中的连接字段值。忽略则不作参照完整性检查，即可以随意更新父表的连接字段值。

(38) C。查询的去向包括浏览、临时表、图形、报表、屏幕、表和标签等。

(39) A。标签控件主要在表单上显示一段固定的文字，常用作提示和说明，它没有数据源，因此只要把要显示的字符串直接赋给标签的标题(CAPTION)属性就可以了。

(40) D。ANY、ALL 和 SOME 是量词，ANY 和 SOME 是同义词，在进行比较运算时只要子查询中有一行能使结果为真，则结果为真；而 ALL 则要求查询中的所有行都使结果为真时，结果才为真。EXITS 是谓词，EXITS 和 NOTEXITS 是用来检查在子查询中是否有结果返回。

二、基本操作

考核知识点：建立两个表间的联系、增加表字段、设置字段的默认值等知识。

操作剖析：

1. 在"文件"菜单中选择"打开"或者单击工具栏上的"打开"按钮，在"打开"对话框中，文件类型选择数据库，文件名选择 PROD_M，单击确定按钮。在数据库设计器中，选中 category 表中的主索引"分类编号"，按住鼠标拖动到 products 表的普通索引"分类编号"上,如图 8-1 左上图所示(参考)。

2. 右击 category 表,选取"修改"命令,在表设计器中对字段"种类名称"的默认值设置为"饮料"。

3. 打开 products 的表设计器,选中"字段"选项卡,增加字段"优惠价格",如图 8-1 右图所示(参考)。

4. 可运用 SQL 更新语句:UPDATE PRODUCTS SET 优惠价格=进货价格−进货价格*0.12 更新字段内容。查询运行结果如图 8-1 左下图所示。

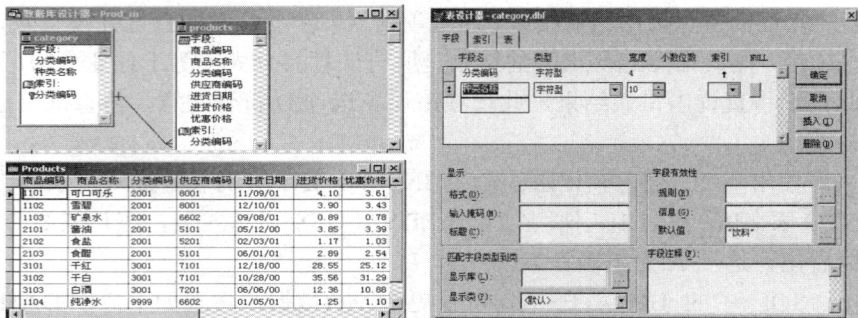

图 8-1

三、简单应用

1. 考核知识点:建立索引和字段有效性规则。

操作剖析:

建立索引在表设计器中的索引选项卡,建立有效性规则在表设计器中的字段选项卡。在"规则"栏中输入"年龄>=25 AND 年龄<=65","默认值"栏输入"45",如图 8-2 所示(参考)。

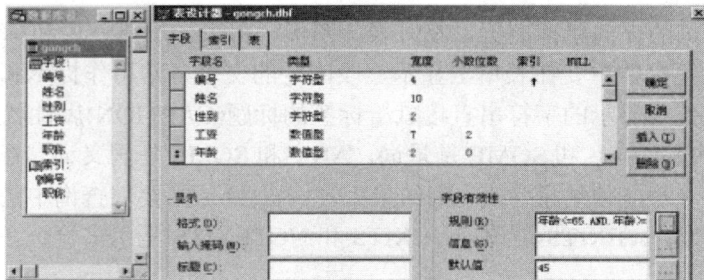

图 8-2

2. 考核知识点:表单的设计。

操作剖析:

可以用三种方法调用表单设计器:在项目管理器环境下调用;单击"文件"菜单中的"新建",打开"新建"对话框,选择"表单";在命令窗口输入 CREATE FORM 命令。

打开表单设计器,在表单控件工具栏上单击"命令按钮",在表单上放置一个按钮。修改其属性 Name 为 cmdclose,Caption 属性为"关闭"。双击按钮,在打开的程序窗口输入代码"ThisForm.release",最后将表单保存。表单数据源设置、表单控件属性设置以及表单编辑运行窗口如图 8-3 所示(参考)。

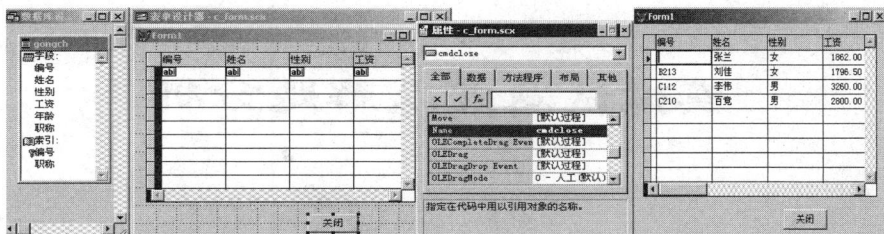

图 8-3

四、综合应用

考核知识点：表结构的建立、菜单的建立、结构化查询语言(SQL)中的联接查询、查询的排序、临时表的概念、查询结果的去向、**HAVING** 子句、聚合函数 **COUNT()** 的使用等知识。

操作剖析：

第一步，利用菜单设计器定义两个菜单项，在菜单名称为"查询"的菜单项的结果列中选择"过程"，并通过单击"编辑"按钮打开一个窗口来添加"查询"菜单项要执行的命令。在菜单名称为"退出"的菜单项的结果列中选择"命令"，并在后面的"选项"列中输入退出菜单的命令：**SET SYSMENU TO DEFAULT**。

第二步，在单击"计算"菜单项后面的"编辑"按钮所打开的窗口中添加如下的过程代码：

```
SET TALK OFF                        &&在程序运行时关闭命令结果的显示
OPEN DATABASE GZ3                   &&打开数据库文件 GZ3
USE DGD                            &&打开表 DGD
CREATE TABLE GJ3(职工号  C(4),工资  N(4))
SELECT  职工号  FROM DGD WHERE  供应商号  IN ("S4","S6","S7");
   GROUP BY  职工号  HAVING COUNT(DISTINCT  供应商号)=3   INTO CURSOR CurTable
```

&&SELECT SQL 语句中的 GROUP BY 子句可以用来指定结果集的分组,&&要得到"供应商号"是 "S4"、"S6"或"S7"的订购单，同时以订购单所在的职工号进行分组,&&并且保证每个分组里面供应商号有三个(也就是三个供应商都应有订购单)；这样就得到了满足条件的职工号，将返回的结果集放于一个临时表 CurTable 中。

```
   SELECT ZG.职工号，工资  FROM ZG,CurTable WHERE ZG.职工号=CurTable.职工号;
   ORDER BY  工资  DESC   INTO ARRAY AFieldsValue
```

&&将生成的临时表与 DGD 表进行连接查询，便可以得到满足条件的职工号和工资返回的结果集放入数组 AFieldsValue 中。

```
INSERT INTO GJS FROM ARRAY AFieldsValue      &&在新建的表中追加记录
CLOSE ALL                          &&关闭打开的文件
SET TALK ON                         &&恢复命令结果的显示设置
```

第三步，以文件名 **YEWU3.mnx** 保存菜单源文件，并生成菜单，运行菜单。

模拟试题九及解题分析

一、选择题(计 40 分)

下列各题 A、B、C、D 四个选项中，只有一个选项是正确的。

(1) 程序流程图中带有箭头的线段表示的是(　　)。

    A) 图元关系　　　　B) 数据流　　　　C) 控制流　　　　D) 调用关系

(2) 下面不属于软件设计原则的是(　　)。

    A) 抽象　　　　　　B) 模块化　　　　C) 自底向上　　　D) 信息隐蔽

(3) 下列选项中，不属于模块间耦合的是(　　)。

    A) 数据耦合　　　　B) 标记耦合　　　C) 异构耦合　　　D) 公共耦合

(4) 下列叙述中，不属于软件需求规格说明书的作用的是(　　)。

    A) 便于用户、开发人员进行理解和交流

    B) 反映出用户问题的结构，可以作为软件开发工作的基础和依据

    C) 作为确认测试和验收的依据

    D) 便于开发人员进行需求分析

(5) 算法的时间复杂度是指(　　)。

    A) 执行算法程序所需要的时间

    B) 算法程序的长度

    C) 算法执行过程中所需要的基本运算次数

    D) 算法程序中的指令条数

(6) 已知数据表 A 中每个元素距其最终位置不远,为节省时间,应采用的算法是(　　)。

    A) 堆排序　　　　　B) 直接插入排序　　C) 快速排序　　　D) B 和 C

(7) 栈底至栈顶依次存放元素 A、B、C、D,在第五个元素 E 入栈前,栈中元素可以出栈,则出栈序列可能是(　　)。

    A) ABCED　　　　　B) DCBEA　　　　C) DBCEA　　　　D) CDABE

(8) 数据库设计包括两个方面的设计内容,它们是(　　)。

    A) 概念设计和逻辑设计　　　　　　　　B) 模式设计和内模式设计

    C) 内模式设计和物理设计　　　　　　　D) 结构特性设计和行为特性设计

(9) 关系表中的每一横行称为一个(　　)。

    A) 元组　　　　　　B) 字段　　　　　C) 属性　　　　　D) 码

(10) 设有表示学生选课的三张表,学生 S(学号，姓名，性别，年龄，身份证号),课程 C(课号，课名),选课 SC(学号，课号，成绩),则表 SC 的关键字(键或码)为(　　)。

    A) 课号，成绩　　　　　　　　　　　　B) 学号，成绩

C) 学号，课号　　　　　　　　　　　　D) 学号，姓名，成绩

(11) 在连编对话框中，下列不能生成的文件类型是(　　)。

　　A) .dll　　　　　B) .app　　　　　C) .prg　　　　　D) .exe

(12) 下列表达式中，结果为数值型的是(　　)。

　　A) CTOD([04/06/03])−10　　　　　B) 100+100=300

　　C) " 505 " − " 50 "　　　　　　　D) LEN(SPACE(3))+1

(13) 在一个 Visual FoxPro 数据表文件中有 2 个通用字段和 3 个备注字段，该数据表的备注文件数目是(　　)。

　　A) 1　　　　　　B) 2　　　　　　C) 3　　　　　　D) 5

(14) 在命令窗口中输入下列命令：

　　x=3

　　STORE x*2 TO a,b,c

　　?a,b,c

屏幕上显示的结果是(　　)。

　　A) 3　　　　　　B) 2 2　　　　　C) 6 6 6　　　　　D) 3 3 3

(15) 下列叙述中，正确的是(　　)。

　　A) 在命令窗口中被赋值的变量均为局部变量

　　B) 在命令窗口中用 PRIVATE 命令说明的变量均为局部变量

　　C) 在被调用的下级程序中用 PUBLC 命令说明的变量都是全局变量

　　D) 在程序中用 PRIVATE 命令说明的变量均为全局变量

(16) ABC.DBF 是一个具有两个备注型字段的数据表文件，若使用 COPY TO TEMP 命令进行复制操作，其结果是(　　)。

　　A) 得到一个新的数据表文件

　　B) 得到一个新的数据表文件和一个新的备注文件

　　C) 得到一个新的数据表文件和两个新的备注文件

　　D) 错误信息，不能复制带有备注型字段的数据表文件

(17) 表设计器中的"有效性规则"框中不包括的规则是(　　)。

　　A) 规则　　　　　B) 信息　　　　　C) 默认值　　　　　D) 格式

(18) 在当前表中，查找第 2 个男同学的记录，应使用命令(　　)。

　　A) LOCATE FOR　性别="男" NEXT 2

　　B) LOCATE FOR　性别="男"

　　C) LOCATE FOR　性别="男"　　　　　　　CONTINUE

　　D) LIST FOR　性别="男" NEXT 2

(19) 以下关于视图的描述中，正确的是(　　)。

　　A) 视图结构可以使用 MODIFY STRUCTURE 命令来修改

　　B) 视图不能同数据库表进行联接操作

　　C) 视图不能进行更新操作

　　D) 视图是从一个或多个数据库表中导出的虚拟表

(20) 在当前目录下有数据表文件 student.dbf，执行如下 SQL 语句后(　　)。

　　　SELECT * FORM student INTO DBF student ORDER BY 学号/D
　　　A) 生成一个按"学号"升序的表文件，将原来的 student.dbf 文件覆盖
　　　B) 生成一个按"学号"降序的表文件，将原来的 student.dbf 文件覆盖
　　　C) 不会生成新的排序文件，保持原数据表内容不变
　　　D) 系统提示出错信息

(21) 语句"DELETE FROM 成绩表 WHERE 计算机<60"的功能是(　　　)。
　　　A) 物理删除成绩表中计算机成绩在 60 分以下的学生记录
　　　B) 物理删除成绩表中计算机成绩在 60 分以上的学生记录
　　　C) 逻辑删除成绩表中计算机成绩在 60 分以下的学生记录
　　　D) 将计算机成绩低于 60 分的字段值删除，但保留记录中其他字段值

(22) 在命令按钮 Command1 的 Click 事件中，改变该表单的标题 Caption 属性为"学生管理"，下面正确的命令为(　　　)。
　　　A) Myform.Caption="学生管理"
　　　B) This.Parent.Caption="学生管理"
　　　C) Thisform.Caption="学生管理"
　　　D) This.Caption="学生管理"

(23) 利用数据环境，将表中备注型字段拖到表单中，将产生一个(　　　)。
　　　A) 文本框控件　　　B) 列表框控件　　　C) 编辑框控件　　　D) 容器控件

(24) 下列叙述中，不属于表单数据环境常用操作的是(　　　)。
　　　A) 向数据环境添加表或视图　　　　　B) 向数据环境中添加控件
　　　C) 从数据环境中删除表或视图　　　　D) 在数据环境中编辑关系

(25) 用于指明表格列中显示的数据源的属性是(　　　)。
　　　A) RecordSourceType　　　　　　　　B) RecordSource
　　　C) ColumnCount　　　　　　　　　　　D) ControlSource

(26) 执行下列程序后，屏幕上显示的结果是(　　　)。
　　　X=2
　　　Y=3
　　　?X,Y
　　　DO SUB1
　　　??X,Y
　　　PROCEDURE SUB1
　　　PRIVATE Y
　　　X=4
　　　Y=5
　　　RETURN
　　　A) 2 3 4 5　　　　　B) 2 3 4 3　　　　　C) 4 5 4 5　　　　　D) 2 3 2 3

(27) 执行如下程序，最后 s 的显示值为(　　　)。
　　　SET TALK OFF
　　　s=0

```
i=5
x=11
DO WHILE s<=x
s=s+i
i=i+1
ENDDO
?s
SET TALK ON
```

   A) 5   B) 11   C) 18   D) 26

(28) 执行下列命令, 输出结果是( )。

   STORE −3.1561 TO X

   ? " X= " +STR(X,6,2)

   A) 3.16   B) X=−3.16   C) −3.16   D) X=3.16

(29) Visual FoxPro 参照完整性规则不包括( )。

   A) 更新规则   B) 删除规则   C) 查询规则   D) 插入规则

(30) 检索职工表中工资大于 800 元的职工号, 正确的命令是( )。

   A) SELECT 职工号 WHERE 工资>800

   B) SELECT 职工号 FROM 职工 SET 工资>800

   C) SELECT 职工号 FROM 职工 WHERE 工资>800

   D) SELECT 职工号 FROM 职工 FOR 工资>800

(31) 在表单控件中, 要保存多行文本, 可创建( )。

   A) 列表框   B) 文本框   C) 标签   D) 编辑框

(32) 通过项目管理器窗口的命令按钮, 不能完成的操作是( )。

   A) 添加文件   B) 运行文件   C) 重命名文件   D) 连编文件

(33) 下列选项中, 不属于 SQL 数据定义功能的是( )。

   A) SELECT   B) CREATE   C) ALTER   D) DROP

(34) SQL 查询语句中, 用来实现关系的投影运算的短语是( )。

   A) WHERE   B) FROM   C) SELECT   D) GROUP BY

(35) 有"工资"表和"职工"表, 结构如下:

   职工.dbf: 部门号 C(8),职工号 C(10),姓名 C(8),性别 C(2),出生日期 D

   工资.dbf: 职工号 C(10),基本工资 N(8,2),津贴 N(8,2),奖金 N(8,2),扣除 N(8,2)

查询职工实发工资的正确命令是( )。

   A) SELECT 姓名,(基本工资+津贴+资金−扣除)AS 实发工资 FROM 工资

   B) SELECT 姓名,(基本工资+津贴+资金−扣除)AS 实发工资 FROM 工资;

     WHERE 职工.职工号=工资.职工号

   C) SELECT 姓名,(基本工资+津贴+资金−扣除)AS 实发工资;

     FROM 工资,职工 WHERE 职工.职工号=工资.职工号

   D) SELECT 姓名,(基本工资+津贴+资金−扣除)AS 实发工资;

     FROM 工资 JOIN 职工 WHERE 职工.职工号=工资.职工号

(36) 下列程序段中，空格"？"处的结果是(　　　)。

```
CLOSE DATA
a=0
USE 教师
GO TOP
DO WHILE ．NOT．EOF()
IF 主讲课程＝"数据结构"．OR．主讲课程＝"C 语言"
a=a+1  ENDIF  SKIP
ENDDO
？a
```

A) 4　　　　　　　　　B) 5　　　　　　　　　C) 6　　　　　　　　　D) 7

(37) 为"教师"表的职工号字段添加有效性规则：职工号的最左边 3 位字符是 110，正确的 SQL 语句是(　　　)。

A) CHANGE TABLE 教师 ALTER 职工号 SETCHECK LEFT(职工号，3)="110"

B) ALTER TABLE 教师 ALTER 职工号 SETCHECK LEFT(职工号，3)="110"

C) ALTER TABLE 教师 ALTER 职工号 CHECK LEFT(职工号，3)="110"

D) CHANGE TABLE 教师 ALTER 职工号 SETCHECK OCCURS(职工号,3)="110"

(38) 建立一个视图 salary，该视图包括了系号和(该系的)平均工资两个字段，正确的 SQL 语句是(　　　)。

A) CREATE VIEW salary AS 系号，AVG(工资)AS 平均工资 FROM 教师 GROUP BY 系号

B) CREATE VIEW salary ASSELECT 系号，AVG(工资)AS 平均工资 FROM 教师 GROUP BY 系名

C) CREATE VIEW salary SELECT 系号，AVG(工资)AS 平均工资 FROM 教师 GROUP BY 系号

D) CREATE VIEW salary ASSELECT 系号，AVG(工资)AS 平均工资 FROM 教师 GROUP BY 系号

(39) 有 SQL 语句：

SELECT COUNT(*)AS 人数，主讲课程 FROM 教师 GROUP BY 主讲课程 ORDER BY 人数 DESC

该语句执行结果的第一条记录的内容是(　　　)。

A) 4 数据结构　　　　　　　　　　B) 3 操作系统

C) 2 数据库　　　　　　　　　　　D) 1 网络技术

(40) 有 SQL 语句：

SELECT 学院.系名，COUNT(*)AS 教师人数 FROM 教师，学院 WHERE 教师.系号=学院．系号;

GROUP BY 学院．系名

与如上语句等价的 SQL 语句是(　　　)。

A) SELECT 学院.系名，COUNT(*)AS 教师人数;

FROM 教师 INNER JOIN 学院 教师.系号=学院.系号 GROUP BY 学院.系名

B) SELECT 学院.系名，COUNT(*)AS 教师人数;

FROM 教师 INNER JOIN 学院 ON 系号 GROUP BY 学院.系名

C) SELECT 学院. 系名，COU NT(*)AS 教师人数;

FROM 教师 INNER JOIN 学院 ON 教师. 系号=学院. 系号 GROUP BY 学院. 系名

D) SELECT 学院.系名，COU NT(*)AS 教师人数;

FROM 教师 INNER JOIN 学院 ON 教师.系号=学院. 系号

二、基本操作(计18分)

1. 请在考生文件夹下建立一个项目 Ks3。

2. 将考生文件夹下的数据库 cust_m 加入到项目 Ks3 中。将 cust 表和 order1 表添加到 cust_m 中。

3. 为表 cust 建立主索引，索引名、索引表达式均为客户编号。

为表 order1 建立普通索引，索引名、索引表达式均为客户编号。

4. 表 cust 和表 order1 的索引建立以后，为两表建立永久性的联系。

三、简单应用(计24分)

1. 根据考生文件夹下的 txl 表和 jsh 表建立一个查询 query2，查询出单位是"南京大学"的所有教师的姓名、职称、电话，要求查询去向是表，表名是 query2.dbf，并执行该查询。

2. 建立表单 enterf，表单中有两个命令按钮，按钮的名称分别为 cmdin 和 cmdout，标题分别为"进入"和"退出"。

四、综合应用(计18分)

在考生文件夹下有仓库数据库 CK3，包括如下所示两个表文件：

CK(仓库号 C(4)，城市 C(8)，面积 N(4))

ZG(仓库号 C(4)，职工号 C(4)，工资 N(4))

设计一个名为 ZG3 的菜单，菜单中有两个菜单项"统计"和"退出"。

程序运行时，单击"统计"菜单项应完成下列操作：检索出所有职工的工资都大于 1220 元的职工所管理的仓库信息，将结果保存在 wh1 数据表文件中，该文件的结构和 CK 数据表文件的结构一致，并按面积升序排序。单击"退出"菜单项，程序终止运行。

解 题 分 析

一、选择题

(1) C。程序流程图是人们对解决问题的方法、思路或算法的一种图形方式的描述。其中，图框表示各种操作的类型，图框中的文字和符号表示操作的内容；流程线表示操作的先后次序。带箭头的线段在数据流程图中表示数据流；带箭头的线段在程序流程图中表示控制流。题中给出的选项中，在图元之间用带有箭头的线段表示图元关系。在模块之间用带有箭头的线段表示调用关系。

(2) C。软件设计遵循软件工程的基本目标和原则，建立了适用于在软件设计中应该遵循的基本原理和与软件设计有关的概念，它们具有抽象、模块化、信息隐蔽和数据独立性。自底向上是集成测试中增量测试的一种。

(3) C。模块之间的耦合程度反映了模块的独立性，也反映了系统分解后的复杂程度。按照耦合程度从强到弱分别是：内容耦合、公共耦合、外部耦合、控制耦合、标记耦合、数据耦合和非直接耦合，没有异构耦合这种方式。

(4) D。软件需求规格说明书(SRS，Software Requirement Specification)是需求分析阶段的最后成果，是软件开发中的重要文档之一。它具有以下几个方面的作用：① 便于用户、开发人员进行理解和交流；② 反映出用户问题的结构，可以作为软件开发工作的基础和依据；③ 作为确认测试和验收的依据。

(5) C。算法的复杂度主要包括算法的时间复杂度和空间复杂度。所谓算法的时间复杂度是指执行算法所需要的计算工作量，即算法执行过程中所需要的基本运算的次数；算法的空间复杂度一般是指执行这个算法所需要的内存空间。

(6) B。堆排序的比较次数为 $n \, lbn$；直接插入排序的比较次数为 $n(n-1)/2$；快速排序的比较次数为 $n \, lbn$。

(7) B。栈操作原则上"后进先出"，栈底至栈顶依次存放元素 A、B、C、D，则表明这 4 个元素中 D 是最后进栈，B、C 处于中间，A 最早进栈，所以出栈时一定是先出 D，再出 C，最后出 A。

(8) A。数据库设计包括数据库概念设计和数据库逻辑设计两个方面的内容。

(9) A。关系表中，每一行称为一个元组，对应表中的一条记录；每一列称为一个属性，对应表中的一个字段；在二维表中凡能唯一标识元组的最小属性集称为该表的键或码。

(10) C。"选课 SC"表是"学生 S"表和"课程 C"表的映射表，主键是两个表主键的组合。

(11) C。.prg 类型的文件为命令文件或程序文件，在命令窗口输入 MODIFY COMMAND 命令可以建立该类型文件，不能通过连编建立。

(12) D。CTOD()函数是将字符串转换成日期型数据，选项 B 逻辑表达式，结果为.F.，选项 C 的结果是两个字符串相减，函数值是字符型数据。LEN()函数是求字符串长度的函数，函数值为数据型。

(13) A。掌握表中每个字段类型的区别及特点，表中所有的备注型和通用型字段的内容都是统一存放在表的备注文件中。表中所有的备注型和通用型字段的内容都是统一存放在表的 1 个备注文件中，无论有几个该类型字段都一样。

(14) C。STORE 是用于给内存变量赋值，此题将 X*2 赋给 a、b 和 c，因为 X=3，所以答案为 6 6 6。

(15) C。理解局部变量、全局变量和私有变量之间的区别。PUBLC 说明的变量均是全局变量。在命令窗口中，只有 LOCAL 说明的变量才是局部变量，且无论在哪一层程序中，只要 PUBLC 说明的变量均是全局变量。

(16) B。在 Visual FoxPro 中，数据库表中的所有备注型字段和通用型字段内容是单独存放在数据表的备注文件(.fpt)中。当复制数据表时，系统自动复制备注文件，生成 1 个新的数据表备注文件。

(17) D。掌握表设计器中各项功能的使用。在表设计器的"有效性规则"框内，共包含三个规则，分别是：规则、信息和默认值。"格式"属于"显示"区域中的内容。

(18) C。LOCATE FOR 是指查找到第一条满足要求的记录，然后使用 CONTINUE 继续查找下一条满足要求的记录。选项 B 是查找所有满足要求的记录。选项 A、D 命令格式错误。

(19) A。视图是根据表定义的，要依赖数据表而存在，但视图可以同数据表进行联接操作，而且可以用来更新数据。由于视图并不是独立存在的基本表，它是由基本表派生出来的，因此不能利用 MODIFY STRUCTURE 命令修改视图结构。

(20) D。在 SQL 语句中，查询结果存放到新表的表名不能与原表表名相同，否则提示出错信息。

(21) C。在使用 SQL 语句的删除命令时，根据 WHERE 短语删除满足指定条件的记录，如果不使用 WHERE 短语，则表示删除表中的所有记录。此处是对表中的记录进行逻辑删除，如果要物理删除表中记录，还需要加上 PACK 命令。

(22) C。设置表单标题 Caption 属性，命令短语是 Thisform.Caption。

(23) C。了解表单设计器和表单数据环境两者之间的关系，通过拖动不同类型的字段，在表单上可生成相应的控件，备注型字段产生编辑框控件。在 Visual FoxPro 中，利用数据环境，将字段拖到表单中，默认情况下，如果拖动的是字符型字段，将产生文本框控件；逻辑型字段产生复选框控件；表或视图则产生表格控件。

(24) B。数据环境中不能添加控件，只能向表单中添加控件，可以在数据环境中添加或删除表及视图，以及编辑表间的关系。

(25) D。用于指明表格列数的属性是 ColumnCount，RecordSourceType 属性是用于指明表格数据源的类型，RecordSource 属性用于指定表格数据源，ControlSource 属性指定在列中要显示的数据源。

(26) B。主程序中有两个变量 X 和 Y，未指定类型默认为 PUBLIC，第一个?X，Y 语句先显示"X，Y"的值为"2，3"，然后调用 SUB1 程序，在 SUB1 中，使用了两个与主程序同名的变量"X，Y"，变量 Y 被定义为私有变量，这样，Y 值的变化不会被反映到主程序的 Y 中，而 X 的值默认为 PUBLIC。

(27) C。该循环语句中，变量 s 和 i 每次执行循环后值的变化如下：程序在第四次执行循环时，因条件(18<=11)为假而退出循环。

(28) B。STORE 是用于给内存变量赋值，STR()函数是将数值转换成字符，转换时自动四舍五入，本题是要保存两位小数点，所以正确答案应是 X=-3.16。

(29) C。Visual FoxPro 参照完整性规则包括更新规则、删除规则、插入规则。

(30) C。SELECT 查询语句最基本的格式为 SELECT—FROM—WHERE。选项 A 缺少 FROM 短语，选项 B 和 D 中条件短语错误。

(31) D。在表单控件的使用中，标签控件用来存放单行文本，存放多行文本一般使用编辑框控件。列表框和文本框都没有保存文本的功能。

(32) C。在项目管理器窗口上有六个按钮，分别是新建、添加、修改、浏览(运行)、移去和连编按钮，但不具有重命名文件的功能。

(33) A。选项 A 用来查询数据，属于 SQL 的查询功能。选项 B 用来创建表，选项 C 用来修改表结构，选项 D 用来删除表文件，都属于 SQL 的定义功能。

(34) C。SELECT 用于实现关系的投影操作，使用时将所选的字段名放在 SELECT 之后，多个字段名间用逗号隔开；WHERE 用于实现关系的选择操作；FROM 指定查询数据的来源，GROUP BY 用于实现分组。

(35) C。在 SQL 查询语句中，续行符号应使用分号";"。进行多表查询时，指定两表关键字进行联接时，JOIN 短语应该与 ON 短语连用。

(36) C。题中是统计主讲课程为数据结构和 C 语言的记录条数，没有找到记录 a 的值如 1，所以答案为选项 C。

(37) B。为表添加字段语法为 ALTER TABLE tablename，根据题意职工号的最右边 3 个字符是 110 的语法为 SET CHECK LEFT(职工号, 3)= "110"，所以答案为 B。

(38) D。本题的 SQL 语句的含义是通过作者表和图书表的内部联接查询符合条件的记录，注意表间关联字段定义视图的 SQL 语法为 CREATE VIEW Vie w__nameAS secece … Stalement，选项 B 中，用于指定分组条件设置错误，教师表中设有"系名"字段，而 A 和 C 选项语法错误。

(39) D。SQL 语句的含义为统计"教师"表中主讲课程的总人数并按照人数进行降序排列。

(40) C。本题中 SQL 语句的含义是统计每个系的教师人数各是多少，通过 AS 指定一个新的字段名"教师人数"，"教师"和"学院"表通过"系号"字段进行联接。联接方法为 SELECT FROM TABLE JOIN Table ON JOIN Condition WHERE…。

二、基本操作

考核知识点：项目的建立、主索引和普通索引的建立、为已建立索引的表建立联系。

操作剖析：

1. 新建项目可按下列步骤：选择"文件"菜单中的"新建"命令，在"新建"对话框中选择"项目"，单击"新建文件"按钮，弹出"创建"对话框，输入项目文件名 Ks3，点击"保存"，出现项目管理器窗口。

2. 选中数据选项卡，选取"数据库"项，单击"添加"按钮，在"打开"的对话框中，在文件类型下拉列表中选取"数据库"，然后选定 cust_m，单击"确定"。最后项目管理器窗口内容如图 9-1 所示(参考)。

3. 在项目管理器选定"数据库"展开项中的"表"，点击"添加"，将 cust 表、order1 表添加到数据库 cust_m 中。然后选取 cust，单击"修改"，选择 cust 表设计器中的索引选项卡，建立索引和索引表达式为客户编号的主索引。用同样方法建立表 order1 索引和索引表达式为客户编号的普通索引。

4. 在项目管理器中打开数据库 cust_m，在数据库设计器中建立两个表的联系。在数据库设计器中，选中 cust 表中的主索引"客户编号"，按住鼠标左键拖动到 order1 表的普通索引"客户编号"上，如图 9-2 所示。

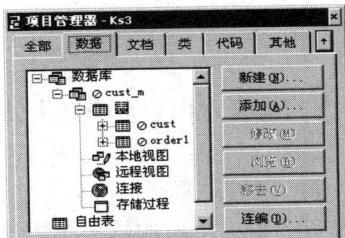

图 9-1

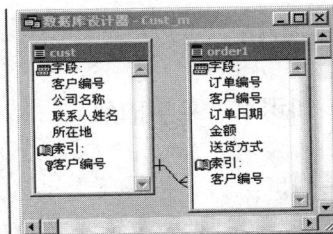

图 9-2

三、简单应用

1. 考核知识点：建立查询以及查询去向。

操作剖析：

建立查询可以使用"文件"菜单完成，选择文件—新建—查询—新建文件，将 txl 和 jsh 添加到查询中，从字段中选择姓名、职称和电话字段，单击查询菜单下的查询去向，选择"表"，输入表名 query2.dbf。最后运行该查询。查询建立过程示意图及查询运行结果如图 9-3 所示(参考)。

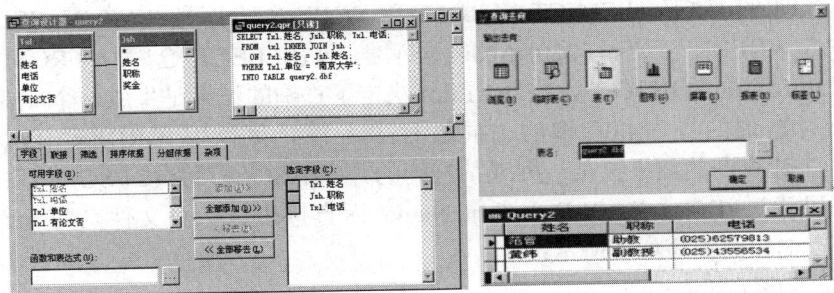

图 9-3

2. 考核知识点：表单的建立。

操作剖析：

可以用三种方法调用表单设计器，在项目管理器环境下调用；单击"文件"菜单中的"新建"，打开"新建"对话框，选择"表单"；在命令窗口输入 CREATE FORM 命令。

打开表单设计器后，在表单控件工具栏上单击"命令按钮"，在表单上放置两个命令按钮控件。分别修改其属性 Name 为 cmdin 和 cmdout，Caption 属性设置为"进入"和"退出"，如图 9-4 所示(参考)。

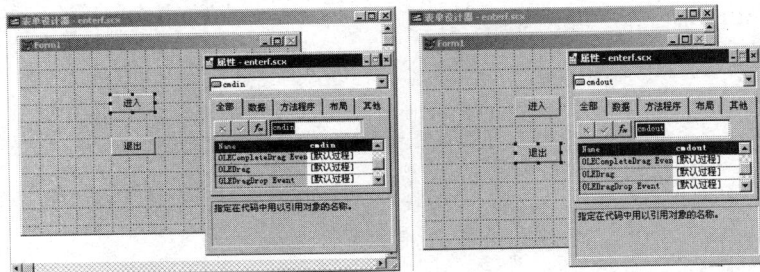

图 9-4

四、综合应用

考核知识点：菜单的建立、结构化查询语言(SQL)中的嵌套查询、查询结果的去向等知识。

操作剖析：

利用菜单设计器定义两个菜单项，在菜单名称为"统计"的菜单项的结果列中选择"过程"，并通过单击"编辑"按钮打开一个窗口来添加"统计"菜单项要执行的命令。在菜单名称为"退出"的菜单项的结果列中选择"命令"，并在后面的"选项"列中输入退出菜单的命令：SET SYSMENU TO DEFAULT，"统计"菜单项要执行的程序。打开数据库文件，OPEN DATABASE CK3.DBC。

下面分析所要用到的查询语句的实现，题目要求"检索出所有职工的工资都大于 1220 的职工所管理的仓库信息"，所以得到满足以上条件的仓库号成为解答本题的关键。"所有职工的工资都大于 1220 的职工所管理的仓库信息"，这个条件可以将其分解为同时满足以下两个条件的结果："职工的工资小于等于 1220 的职工仓库号不存在于 ck.dbf 所管理的仓库号中，并且仓库号存在于表 ZG 中"，而以上两个条件可以利用 SQL 轻松写出来。所以最后形成的查询语句如下：SELECT * FROM CK WHERE 仓库号 NOT IN (SELECT 仓库号 FROM ZG WHERE 工资<=1220) AND 仓库号 IN (SELECT 仓库号 FROM ZG) INTO TABLE wh1.dbf。后面的 INTO TABLE wh1.dbf 决定了查询的结果是生成一个 wh1.dbf 文件。

本题还对查询的排序和查询的去向进行了考核。可以用 ORDER BY order_Item [ASC|DESC]来让查询的结果按某一列或某几列的升序(ASC)或降序(DESC)进行排列。而查询的去向可以通过 INTO TABLE strTableName 而直接生成一个文件名为 strTableName 的 .dbf 表。查询应用程序如下所示：

```
SET TALK OFF
SET SAFETY OFF
OPEN DATABASE ck3.dbc
USE CK
SELECT * FROM CK WHERE 仓库号 NOT IN (SELECT 仓库号 FROM ZG WHERE 工资
<=1220);
   AND 仓库号 IN (SELECT 仓库号 FROM ZG) ORDER BY 面积 INTO TABLE wh1.dbf
CLOSE ALL
SET SAFETY ON
SET TALK ON
```

模拟试题十及解题分析

一、选择题(计40分)

下列各题 A、B、C、D 四个选项中，只有一个选项是正确的。

(1) 算法的空间复杂度是指(　　)。

　　A) 算法程序的长度　　　　　　　　　B) 算法程序中的指令条数

　　C) 算法程序所占的存储空间　　　　　D) 执行算法需要的内存空间

(2) 在结构化程序设计中，模块划分的原则是(　　)。

　　A) 各模块应包括尽量多的功能

　　B) 各模块的规模应尽量大

　　C) 各模块之间的联系应尽量紧密

　　D) 模块内具有高内聚度、模块间具有低耦合度

(3) 下列叙述中，不属于测试的特征的是(　　)。

　　A) 测试的挑剔性

　　B) 完全测试的不可能性

　　C) 测试的可靠性

　　D) 测试的经济性

(4) 下面关于对象概念的描述中，错误的是(　　)。

　　A) 对象就是 C 语言中的结构体变量

　　B) 对象代表着正在创建的系统中的一个实体

　　C) 对象是一个状态和操作(或方法)的封装体

　　D) 对象之间的信息传递是通过消息进行的

(5) 下列关于队列的叙述中正确的是(　　)。

　　A) 在队列中只能插入数据

　　B) 在队列中只能删除数据

　　C) 队列是先进先出的线性表

　　D) 队列是先进后出的线性表

(6) 已知二叉树后序遍历序列是 dabec，中序遍历序列是 debac，它的前序遍历序列是(　　)。

　　A) acbed　　　　　B) decab　　　　　C) deabc　　　　　D) cedba

(7) 某二叉树中有 n 个度为 2 的结点，则该二叉树中的叶子结点数为(　　)。

　　A) n+1　　　　　B) n−1　　　　　C) 2n　　　　　D) n/2

(8) 设有如下三个关系表

R
A
m
n

B	C
S	
1	3

A	B	C
T		
m	1	3
n	1	3

下列操作中正确的是(　　)。

A) T=R∩S 　　　　B) T=R∪S 　　　　C) T=R×S 　　　　D) T=S /R

(9) 下列叙述中，正确的是(　　)。

A) 用 E-R 图能够表示实体集间一对一的联系、一对多的联系和多对多的联系

B) 用 E-R 图只能表示实体集之间一对一的联系

C) 用 E-R 图只能表示实体集之间一对多的联系

D) 用 E-R 图表示的概念数据模型只能转换为关系数据模型

(10) 下列有关数据库的描述，正确的是(　　)。

A) 数据处理是将信息转化为数据的过程

B) 数据的物理独立性是指当数据的逻辑结构改变时，数据的存储结构不变

C) 关系中的每一列称为元组，一个元组就是一个字段

D) 如果一个关系中的属性或属性组并非该关系的关键字，但它是另一个关系的关键字，则称其为本关系的外关键字

(11) 有班级表和学生表如下：

班级表	班级号	班级名称	班级人数		
	200301	03计算机一班	55		
	200302	03计算机二班	48		
	200303	03计算机三班	50		
学生表	班级号	学号	姓名	性别	籍贯
	200301	1001	王伟	男	北京
	200301	1002	刘红	女	上海
	200301	1003	李林	女	北京
	200302	2001	张清	女	上海
	200302	2002	刘雷	男	上海

有如下 SQL 语句：SELECT MAX(班级人数) INTO ARRAY arr FROM 班级表

执行该语句后(　　)。

A) arr[1]的内容为 48 　　　　　　B) arr[1]的内容为 55

C) arr[0]的内容为 48 　　　　　　D) arr[0]的内容为 55

(12) 用二维表数据来表示实体及实体之间联系的数据模型为(　　)。

A) 层次模型　　　　B) 网状模型　　　　C) 关系模型　　　　D) E-R 模型

(13) 下列关于运行查询的方法中，不正确的一项是(　　)。

A) 在项目管理器"数据"选项卡中展开"查询"选项，选择要运行的查询，单击"运行"命令按钮

B) 单击"查询"菜单中的"运行查询"命令

C) 利用快捷键 Ctrl+D 运行查询

D) 在命令窗口输入命令 DO <查询文件名.qpr>

第(14)～第(16)题使用如下的班级表和学生表。

班级表	班级号	班级名称	班级人数		
	200301	03计算机一班	55		
	200302	03计算机二班	48		
	200303	03计算机三班	50		
学生表	班级号	学号	姓名	性别	籍贯
	200301	1001	王伟	男	北京
	200301	1002	刘红	女	上海
	200301	1003	李林	女	北京
	200302	2001	张清	女	上海
	200302	2002	刘雷	男	上海

(14) 下面是关于表单数据环境的叙述，其中错误的是(　　)。

A) 可以在数据环境中加入与表单操作有关的表

B) 数据环境是表单的容器

C) 可以在数据环境中建立表之间的联系

D) 表单运行时自动打开其数据环境中的表

(15) 有如下 SQL 语句：

SELECT 班级名称,姓名,性别 FROM 班级表,学生表;

WHERE 班级表.班级号=学生表.班级号;

AND 姓名 LIKE "刘%";

ORDER BY 班级号

该语句的含义是(　　)。

A) 查找学生表中姓"刘"的学生记录，并根据班级号分组显示学生的班级名称、姓名和性别

B) 查找学生表中姓"刘"的学生记录，按班级号升序显示学生的班级名称、姓名和性别

C) 查找学生表中不是姓"刘"的学生记录，按班级号升序显示学生的班级名称、姓名和性别

D) 语句错误

(16) 有如下 SQL 语句：

SELECT 班级名称 FROM 班级表 WHERE NOT EXISTS;

(SELECT * FROM 学生表 WHERE 班级号=班级表.班级号)

执行该语句后，班级名称的字段值是(　　)。

A) 03 计算机一班　　　　　　　B) 03 计算机二班

C) 03 计算机三班　　　　　　　D) 03 计算机一班和 03 计算机二班

(17) 有如下 SQLSELECT 语句

SELECT * FROM HH WHERE 单价 BETWEEN 10.6 AND 13.4

与该语句等价的是(　　)。

A) SELECT * FROM HH WHERE 单价<=13.4 AND 单价>=10.6

B) SELECT * FROM HH WHERE 单价<13.4 AND 单价>10.6

C) SELECT * FROM HH WHERE 单价>=13.4 AND 单价<=10.6

D) SELECT * FROM HH WHERE 单价>13.4 AND 单价<10.6

(18) 下列关于 HAVING 子句的描述，错误的是(　　)。

A) HAVING 子句必须与 GROUP BY 子句同时使用，不能单独使用

  B) 使用 HAVING 子句的同时不能使用 WHERE 子句

  C) 使用 HAVING 子句的同时可以使用 WHERE 子句

  D) HAVING 子句的使用是限定分组的条件

(19) 有如下 SQL 语句：

  SELECT 姓名,MAX(工资) AS 工资 FROM 教师表 GROUP BY 系号

该语句的作用是(　　)。

  A) 检索出所有教师中工资最高的教师的姓名和工资

  B) 检索出各系教师中工资最高的教师的姓名和工资

  C) 检索出所有教师中工资最低的教师的姓名和工资

  D) 检索出各系教师中工资最低的教师的姓名和工资

(20) 保证表中记录唯一的特性是(　　)。

  A) 实体完整性　　　B) 域完整性　　　　C) 参照完整性　　　　D) 数据库完整性

(21) 若在教师表中查找还没有输入工龄的记录，使用的 SQL 语句为(　　)。

  A) SELECT * FROM 教师 WHERE 工龄 IS NOT NULL

  B) SELECT * FROM 教师 WHERE 工龄=0

  C) SELECT * FROM 教师 WHERE 工龄 IS NULL

  D) SELECT * FROM 教师 WHERE 工龄=NULL

(22) 在某个程序模块中使用命令 PRIVATE XI 定义一个内存变量，则变量 XI(　　)。

  A) 可以在该程序的所有模块中使用

  B) 只能在定义该变量的模块中使用

  C) 只能在定义该变量的模块及其上层模块中使用

  D) 只能在定义该变量的模块及其下属模块中使用

(23) 用命令"INDEX ON 姓名 TAG index_name UNIQUE"建立索引，其索引类型是(　　)。

  A) 主索引　　　　B) 普通索引　　　　C) 候选索引　　　　D) 唯一索引

第(24)～第(26)题使用如下的仓库表和职工表。

仓库表	仓库号	所在城市	
	A1	北京	
	A2	上海	
	A3	天津	
	A4	广州	
职工表	职工号	仓库号	工资
	M1	A1	2000.00
	M3	A3	2500.00
	M4	A4	1800.00
	M5	A2	1500.00
	M6	A4	1200.00

(24) 有如下 SQL 语句：

  SELECT DISTINCT 仓库号 FROM 职工表 WHERE 工资>=ALL;

  (SELECT 工资 FROM 职工表 WHERE 仓库号="A1")

执行语句后，显示查询到的仓库号有(　　)。

A) A1   B) A3   C) A1,A2   D) A1，A3

(25) 求至少有两个职工的每个仓库的平均工资(　　)。

  A) SELECT 仓库号, COUNT(*), AVG(工资) FROM 职工表;

  HAVING COUNT(*)>=2

  B) SELECT 仓库号, COUNT(*), AVG(工资) FROM 职工表;

  GROUP BY 仓库号 HAVING COUNT(*)>=2

  C) SELECT 仓库号, COUNT(*), AVG(工资) FROM 职工表;

  GROUP BY 仓库号 SET COUNT(*)>=2

  D) SELECT 仓库号, COUNT(*), AVG(工资) FROM 职工表;

  GROUP BY 仓库号 WHERE COUNT(*)>=2

(26) 有如下 SQL 语句:

  SELECT SUM(工资) FROM 职工表 WHERE 仓库号 IN;

  (SELECT 仓库号 FROM 仓库表 WHERE 所在城市="北京" OR 所在城市="上海")

执行语句后，工资总和是

  A) 3500.00   B) 3000.00   C) 5000.00   D) 10500.00

(27) 把表中"单价"字段的有效性规则取消，使用 SQL 语句

  A) ALTER TABLE ORDER ALTER 单价 DROP CHECK

  B) ALTER TABLE ORDER DELETE 单价 DROP CHECK

  C) ALTER TABLE ORDER DELETE CHECK 单价

  D) ALTER TABLE ORDER DROP CHECK 单价

(28) 使用 SQL 删除数据命令时，如果不使用 WHERE 子句，则(　　)。

  A) 逻辑删除表中当前记录   B) 物理删除表中当前记录

  C) 逻辑删除表中所有记录   D) 物理删除表中所有记录

(29) 数据库表的索引类型共有

  A) 1 种   B) 2 种   C) 3 种   D) 4 种

(30) 有班级表和学生表如下:

班级表	班级号	班级名称	班级人数		
	200301	03计算机一班	55		
	200302	03计算机二班	48		
	200303	03计算机三班	50		
学生表	班级号	学号	姓名	性别	籍贯
	200301	1001	王伟	男	北京
	200301	1002	刘红	女	上海
	200301	1003	李林	女	北京
	200302	2001	张清	女	上海
	200302	2002	刘雷	男	上海

有如下 SQL 语句:

  SELECT 班级名称, 姓名, 性别 FROM 班级表, 学生表;

  WHERE 班级表.班级号=学生表.班级号;

  AND 籍贯="上海" AND 性别="女";

ORDER BY 班级名称 DESC

执行该语句后，查询结果中共有几条记录，且第一条记录的学生姓名是( )。

　　A) 1　李林　　　　　B) 2　张清　　　　　C) 2　刘红　　　　　D) 3　张清

(31) 有图书表如下：

图书编号	书名	出版单位	价格/元	作者编号
0001	计算机应用	清华出版社	26.50	1001
0002	C++	电子工业出版社	32.00	1001
0003	计算机基础知识	电子工业出版社	28.00	1002
0004	网络应用	清华出版社	24.50	1003
0005	数据库应用	清华出版社	26.00	1003
0006	数据库组成原理	清华出版社	23.00	1003
0007	Java	电子工业出版社	27.50	1004
0008	网页设计	电子工业出版社	31.00	1004

执行如下 SQL 语句:

　　　　SELECT DISTINCT 价格 FROM 图书;

　　　　WHERE 价格=(SELECT MAX(价格) FROM 图书) INTO ARRAY arr

则?arr[2]的结果是( )。

　　A) 23.00　　　　　　B) 32.00　　　　　　C) .F.　　　　D) 系统报错

(32) 使用如下的 3 个数据表：学生、课程和成绩。

　　学生(学号 C(8)，姓名 C(8)，性别 C(2)，班级 C(8))

　　课程(课程编号 C(8)，课程名称 C(20))

　　成绩(学号 C(8)，课程编号 C(8)，成绩 N(5，1))

查询每门课程的最高分，要求得到的信息包括课程名和最高分，正确的命令是( )。

　　A) SELECT 课程.课程名称，MAX(成绩) AS 最高分 FROM 成绩，课程;

　　WHERE 成绩.课程编号 = 课程.课程编号;

　　GROUP BY 课程.课程编号

　　B) SELECT 课程.课程名称，MAX(成绩) AS 最高分 FROM 成绩，课程;

　　WHERE 成绩.课程编号 = 课程.课程编号;

　　GROUP BY 课程编号

　　C) SELECT 课程.课程名称，MIN(成绩) AS 最高分 FROM 成绩，课程;

　　WHERE 成绩.课程编号 = 课程.课程编号;

　　GROUP BY 课程.课程编号

　　D) SELECT 课程.课程名称，MIN(成绩) AS 最高分 FROM 成绩，课程;

　　WHERE 成绩.课程编号 = 课程.课程编号;

　　GROUP BY 课程编号

(33) 在数据库中可以存放的文件是( )。

　　A) 数据库文件　　　B) 数据库表文件　　　C) 自由表文件　　　D) 查询文件

(34) 下面对表单若干常用事件的描述中，正确的是( )。

A) 释放表单时，Unload 事件在 Destroy 事件之前引发

B) 运行表单时，Init 事件在 Load 事件之前引发

C) 单击表单的标题栏，引发表单的 Click 事件

D) 上面的说法都不对

(35) 下列关于报表带区及其作用的叙述，错误的是(　　)。

A) 对于"标题"带区，系统只在报表开始时打印一次该带区所包含的内容

B) 对于"页标头"带区，系统只打印一次该带区所包含的内容

C) 对于"细节"带区，每条记录的内容只打印一次

D) 对于"组标头"带区，系统将在数据分组时每组打印一次该内容

(36) 在 SQLSELECT 语句中与 INTO TABLE 等价的命令是(　　)。

A) INTO DBF　　　　B) TO TABLE　　　　C) INTO FORM　　　　D) INTO FILE

(37) CREATE DATABASE 命令用来建立(　　)。

A) 数据库　　　　B) 关系　　　　C) 表　　　　D) 数据文件

(38) 欲执行程序 temp.prg，应该执行的命令是(　　)。

A) DO PRG temp.prg　　　　　　　　　　　B) DO temp.prg

C) DO CMD temp.prg　　　　　　　　　　　D) DO FORM temp.prg

(39) 执行命令 MyForm=CreateObject("Form")可以建立一个表单，为了让该表单在屏幕上显示，应该执行命令(　　)。

A) MyForm.List　　　　　　　　　　　B) MyForm.Display

C) MyForm.Show　　　　　　　　　　　D) MyForm.ShowForm

(40) 假设有 student 表，可以正确添加字段"平均分数"的命令是(　　)。

A) ALTER TABLE student ADD 平均分数 F(6，2)

B) ALTER DBF student ADD 平均分数 F6，2

C) CHANGE TABLE student ADD 平均分数 F(6，2)

D) CHANGE TABLE student INSERT 平均分数 6，2

二、基本操作题(计 18 分)

1. 请在考生文件夹下建立一个项目 WY。

2. 将考生文件夹下的数据库 KS4 加入到新建的项目 WY 中去。

3. 利用视图设计器在数据库中建立视图 NEW_VIEW，视图包括 GJHY 表的全部字段(顺序同 GJHY 中的字段)和全部记录。

4. 从表 HJQK 中查询"奖级"为一等的学生的全部信息(HJQK 表的全部字段)，并按分数的降序存入新表 NEW1 中。

三、简单应用(计 24 分)

1. 在考生文件夹下，有一个数据库 CADB，其中有数据库表 ZXKC 和 ZX。表结构如下：

ZXKC(产品编号，品名，需求量，进货日期)

ZX(品名，规格，单价，数量)

在表单向导中选取一对多表单向导创建一个表单。要求：从父表 ZXKC 中选取字段产品编号和品名，从子表 ZX 中选取字段规格和单价，表单样式选取"阴影式"，按钮类型使用"文本按钮"，按产品编号升序排序，表单标题为"照相机"，最后将表单存放在考生文件夹中，表单文件名是 form2。

2. 在考生文件夹中有如下数据库 CADB，其中有数据库表 ZXKC 和 ZX。建立单价大于等于 800，按规格升序排序的本地视图 CAMELIST，该视图按顺序包含字段产品编号、品名、规格和单价，然后使用新建立的视图查询视图中的全部信息，并将结果存入表 v_camera 中。

四、综合应用(计 18 分)

在考生文件夹下有仓库数据库 CHAXUN3 包括三个表文件：

ZG(仓库号 C(4)，职工号 C(4)，工资 N(4))

DGD(职工号 C(4)，供应商号 C(4)，订购单号 C(4)，订购日期 D，总金额 N(10))

GYS(供应商号 C(4)，供应商名 C(16)，地址 C(10))

设计一个名为 CX3 的菜单，菜单中有两个菜单项"查询"和"退出"。

程序运行时，单击"查询"应完成下列操作：检索出由工资多于 1230 元的职工向北京的供应商发出的订购单信息，并将结果存放在 ord1 文件(和 DGD 文件具有相同的结构)中。单击"退出"菜单项，程序终止运行。

解 题 分 析

一、选择题

(1) D。算法的复杂度主要包括算法的时间复杂度和算法的空间复杂度。所谓算法的时间复杂度是指执行算法所需要的计算工作量；算法的空间复杂度是指执行这个算法所需要的内存空间。

(2) D。在结构化程序设计中，一般较优秀的软件设计尽量做到高内聚、低耦合，这样有利于提高软件模块的独立性，也是模块划分的原则。

(3) C。软件测试的目标是在精心控制的环境下执行程序，以发现程序中的错误，给出程序可靠性的鉴定。它有三个方面的重要特征，即测试的挑剔性、完全测试的不可能性及测试的经济性。其中，没有测试的可靠性这一说法。

(4) A。对象是由数据和容许的操作组成的封装体，与客观实体有直接的对应关系，对象之间通过传递消息互相联系，从而模拟现实世界中不同事物彼此之间的联系，B、C 和 D 是正确的，对象的思想广泛应用于 C++、Java 等语言中，因此 A 错误。

(5) C。队列是一种操作受限的线性表。它只允许在线性表的一端进行插入操作，另一端进行删除操作。其中，允许插入的一端称为队尾(rear)，允许删除的一端称为队首(front)。

队列具有先进先出的特点，是按"先进先出"的原则组织数据的。

(6) D。依据后序遍历序列可确定根结点为 c；再依据中序遍历序列可知其左子树由 deba 构成，右子树为空；又由左子树的后序遍历序列可知其根结点为 e，由中序遍历序列可知其左子树为 d，右子树由 ba 构成，求得该二叉树的前序遍历序列为选项 D。

(7) A。对于任何一棵二叉树 T，如果其终端结点(叶子)数为 n1，度为 2 的结点数为 n2，则 n1=n2+1，所以该二叉树的叶子结点数等于 n+1。

(8) C。对于两个关系的合并操作可以用笛卡尔积表示。设有 n 元关系 R 和 m 元关系 S，它们分别有 p 和 q 个元组，则 R 与 S 的笛卡儿积记为 R×S，它是一个 m+n 元关系，元组个数是 p，由题意可得，关系 T 是由关系 R 与关系 S 进行笛卡尔积运算得到的。

(9) A。两个实体之间的联系实际上是实体集间的函数关系，这种函数关系可以有下面几种，即一对一的联系、一对多(或多对一)的联系和多对多的联系；概念模型便于向各种模型转换。由于概念模型不依赖于具体的数据库管理系统，因此，容易向关系模型、网状模型和层次模型等各种模型转换。

(10) D。数据处理是指将数据转换成信息的过程，故选项 A 叙述错误；数据的物理独立性是指数据的物理结构的改变，不会影响数据库的逻辑结构，故选项 B 叙述错误；关系中的行称为元组，对应存储文件中的记录，关系中的列称为属性，对应存储文件中的字段，故选项 C 叙述错误。

(11) B。此命令是将班级人数字段值中的最大数保存到数组中，数组元素的上标和下标都是从 1 开始的。

(12) C。数据库管理系统支持的数据模型有 3 种：层次模型、网状模型和关系模型。关系模型是用二维表结构来表示实体及实体之间的联系。

(13) C。在 Visual FoxPro 中，运行查询的方法有多种，利用快捷键的命令应该是 Ctrl+Q，本题中的其他 3 种方法均可运行查询。

(14) B。在数据环境设计器环境下，可以向数据环境添加表或视图，选项 A 正确；如果添加到数据环境的两个表来自于某个数据库，且在数据库中已经为它们设置了永久联系，那么这两个表在数据环境中会自动产生一个相应的关联，选项 C 正确；数据环境中的表、视图和关联会随着表单的运行而打开和建立，并随着表单的关闭而关闭，选项 D 正确。

(15) B。该 SQL 语句的功能是查找学生表中姓"刘"的学生记录，要求显示该生的班级名称、姓名和性别，并按班级号升序排序。这里的 LIKE 是字符串匹配运算符，通配符"*"表示 0 个或多个字符。

(16) C。该 SQL 语句的功能是查找还没有学生记录的班级名称。在学生表中暂时还没有"03 计算机三班"学生的记录，所以查询结果为"03 计算机三班"。

(17) A。BETWEEN 与 AND 表示的是在两个数值之间，等同于大于小的数并小于大的数。

(18) B。HAVING 子句总是跟在 GROUP BY 子句之后，不可以单独使用。HAVING 和 WHERE 子句不矛盾，在查询中是先用 WHERE 子句限定元组，然后进行分组，最后再用 HAVING 子句限定分组。

(19) B。本题 SQL 语句的含义是统计各个系中工资最高的职工记录，并显示该职工的姓名和工资。

(20) A。实体完整性是保证表中记录唯一的特性，即在一个表中不允许有重复的记录。在 Visual FoxPro 中利用主关键字或候选关键字来保证表中的记录唯一，即保证实体完整性。

(21) C。在 SQL 查询中，查询空值时可以使用 IS NULL 短语；NOT IS NULL 短语表示非空。

(22) D。PRIVATE 命令并不建立内存变量，它只是隐藏指定的上层模块中可能已经存在的内存变量，但是当模块程序返回到上层模块时，被隐藏的变量就自动恢复有效性，保持原值。用 PRIVATE 定义的变量只能在定义该变量的模块及其下属模块中使用。

(23) D。该命令的含义是建立一个对"姓名"字段的索引项，索引名为"index_name"，UNIQUE 说明建立唯一索引。

(24) D。本题查询的是职工的工资大于或等于 A1 仓库中所有职工工资的仓库号。在 SQL 语句中可以使用 ANY、ALL 等量词进行查询。其中 ANY 在进行比较运算时，只要子查询中有一行能使结果为真，则结果就为真；而 ALL 则要求子查询中的所有行都使结果为真时，结果才为真。

(25) B。本题利用 SQL 分组查询的功能，计算至少有两个职工的每个仓库的平均工资，利用 HAVING 子句可以对分组条件做进一步限定。

(26) A。本题 SQL 查询语句的功能是统计在北京和上海仓库工作的职工的工资总和。

(27) A。修改表结构的 SQL 语句如下：ALTER TABLE 表名 [CHECK| ALTER [COLUMN] 字段名 |DROP [CHECK] 字段名，表示删除有效性规则。

(28) C。在使用 SQL DELECT 删除数据时，若不使用 WHERE 子句，则删除表中全部的记录，SQL 删除属于逻辑删除。

(29) D。数据库表的索引有主索引、候选索引、唯一索引和普通索引四种。

(30) C。该 SQL 语句是查找每个班中籍贯为上海的女生记录，查询结果按班级名称降序排列，要求显示该生的班级名称、姓名和性别。

(31) D。本题是一个简单的嵌套查询,将图书表中价格最高的值存放到数组 arr 中，其中 DISTINCT 短语的作用是去掉查询结果中的重复值。由于查询结果只有一个图书价格的最大值，所以执行"?arr[2]"命令时，所求的数组下标超出范围，系统报错。

(32) A。求最大值要利用 MAX 函数。要查询每门课程中的最高分，需要对课程进行分组。由于课程名称可能出现重名，因此分组依据为课程编号，且注意记录的唯一性。利用 AS 短语，可将"成绩"字段名重新命名为"最高分"作为新的字段名，用于显示查询结果。选项 B 的分组条件中，没有指定从哪个表中进行记录分组，因此系统报错。选项 C 和选项 D 的计算函数使用错误。

(33) B。数据库文件的作用是把相互关联的属于同一数据库的数据库表组织在一起，并不存储用户数据。数据库表文件存储数据。

(34) D。在表单的常用事件中，Init 事件在表单建立时引发，Load 事件在表单建立之前引发，Unload 事件在表单释放时引发，单击表单引发表单的 Click 事件。

(35) B。打印或预览报表时，系统会以不同的方式处理各个带区的数据，对于"页标头"带区，系统将在每一页上打印一次该带区的内容。

(36) A。使用短语 INTO DBF | TABLE TABLEN AME 可以将查询结果存放到永久表 (.dbf 文件)。所以 INTO DBF 和 INTO TABLE 是等价的。

(37) A。建立数据库的命令为：CREATE DATABASE［Database Name ｜？］，其中参数 Database Name 给出了要建立的数据库名称。

(38) B。可以通过菜单方式和命令方式执行程序文件，其中命令方式的格式为：DO ＜文件名＞。该命令既可以在命令窗口发出，也可以出现在某个程序文件中。

(39) C。表单的常用事件和方法中，SHOW 表示显示表单；HIDE 表示隐藏表单；RELEASE 表示将表单从内存中释放。所以为了让表单在屏幕上显示，应该执行命令 MyForm.Show。

(40) C。对表添加字段的命令格式为 ALTET TABLE 表名 ADD 字段名类型(长度，小数位数)。

二、基本操作

考核知识点：建立项目、视图、SQL 语句查询及查询去向等知识点。

操作剖析：

1. 操作方法与第二套基本操作题的第 1 小题相同。

2. 操作方法与第二套基本操作题的第 2 小题相同。

3. 在"项目管理器"中选取"数据"选项卡，然后选中本地视图项单击"新建"，在新建本地视图对话框中点击"新建视图"，添加 GJHY 表及所有字段到视图中，将视图以文件名 NEW_VIEW 保存。

4. SQL 查询语句：

SELECT * FROM HJQK　WHERE 奖级="一等"；

ORDER BY 分数　DESC INTO TABLE NEW1

操作结束项目管理器显示的内容以及 HJQK 表和 NEW1 表的记录信息如图 10-1 所示。

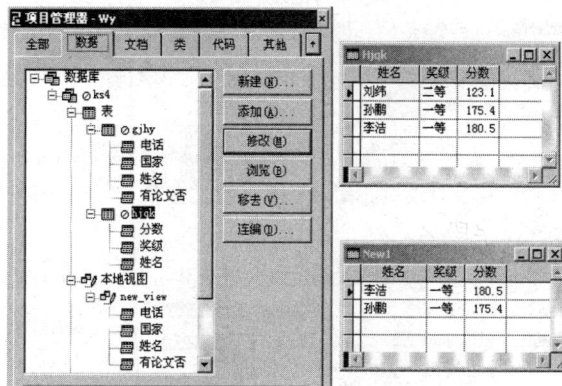

图 10-1

三、简单应用

1. 考核知识点：使用表单向导制作表单。

操作剖析：

启动表单向导可在"文件"菜单中选择"新建"或者单击工具栏上的"新建"按钮，打开"新建"对话框，文件类型选择表单，单击向导按钮。或者在"工具"菜单中选择"向导"子菜单，选择"表单"，或直接单击工具栏上的"表单向导"图标按钮。在"向导选取"对话框中选择"一对多表单向导"。然后按照表单向导操作即可。一对多表单数据源设置及表单布局如图 10-2 所示(参考)。

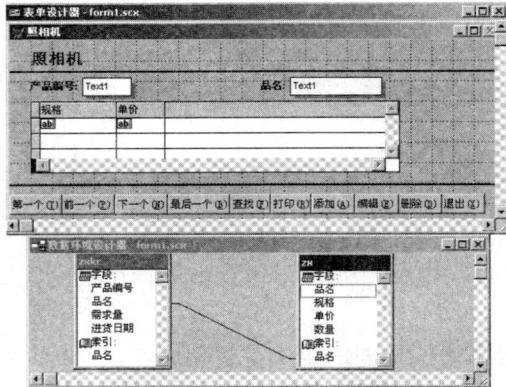

图 10-2

2. 考核知识点：建立视图。

操作剖析：

在"项目管理器"中选择数据库 CADB，选择"本地视图"，然后选择"新建"按钮，打开"视图设计器"。将 ZXKC 和 ZX 添加到视图中，选择字段产品编号、品名、规格和单价，在"筛选"栏内输入条件"单价>=800"，关闭并保存。在数据库设计器中打开视图，用 COPY TO v_camera 命令或在"文件"菜单中选择"导出"，将结果存入新表 v_camera。视图创建过程操作界面及生成的视图查询信息如图 10-3 所示(参考)。

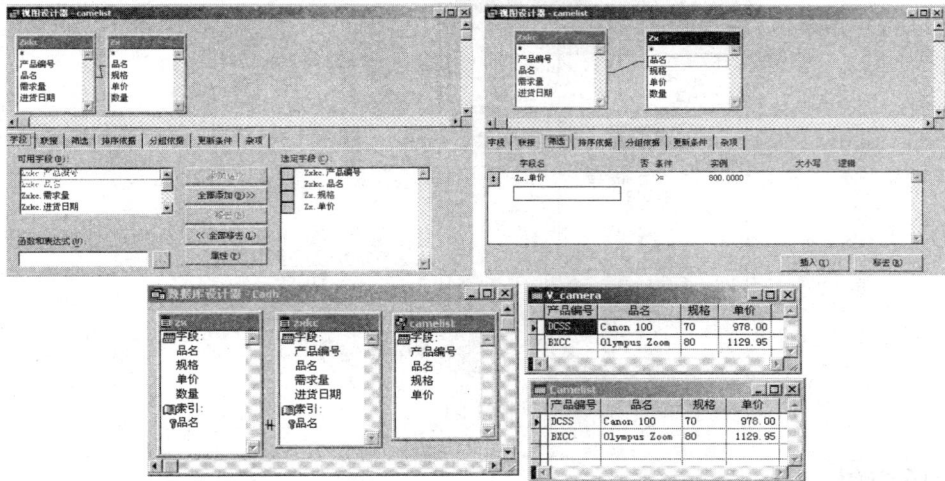

图 10-3

四、综合应用

考核知识点：菜单的建立、结构化查询语言(SQL)中的嵌套查询、查询的排序、查询结果的去向等知识。

操作剖析：

利用菜单设计器定义两个菜单项，在菜单名称为"查询"的菜单项的结果列中选择"过程"，并通过单击"编辑"按钮打开一个窗口来添加"查询"菜单项要执行的命令。在菜单名称为"退出"的菜单项的结果列中选择"命令"，并在后面的"选项"列中输入退出菜单的命令：

    SET SYSMENU TO DEFAULT

"查询"菜单项要执行的程序：

首先打开数据库 Open database CHAXUN3.dbc；然后可以通过下面的查询得到工资多于 1230 元的所有职工的职工号 SELECT 职工号 FROM ZG WHERE 工资>1230；可以通过下面的查询得到地址在北京的所有供货商的供货商号：

    SELECT 供货商号 FROM GYS WHERE 地址="北京"。

本题所要求的正是同时满足以上两个条件的订购单信息,也就是职工号满足第一个条件，可用职工号 IN (SELECT 职工号 FROM ZG WHERE 工资>1230) 来实现；供货商号满足第二个条件，可用供货商号 IN (SELECT 供货商号 FROM GYS WHERE 地址="北京")来实现。因此可得到如下满足条件的订购单的 SQL 查询程序。

本题还对查询的排序和查询的去向进行了考核，一般可以用 ORDER BY order_Item [ASC|DESC]来让查询的结果按某一列或某几列的升序(ASC)或降序(DESC)进行排列。而查询的去向可以通过 INTO TABLE strTableName 而直接生成一个文件名为 strTableName 的 .dbf 表。

    SET TALK OFF

    SET SAFETY OFF

    SELECT * FROM DGD WHERE 职工号 IN (SELECT 职工号 FROM ZG WHERE 工资 >1230) ;

    AND 供应商号 IN (SELECT 供应商号 FROM GYS WHERE 地址="北京") ;

    ORDER BY 总金额 DESC INTO TABLE ord1

    SET SAFETY ON

    SET TALK ON